高等职业教育“十四五”规划教材

U0965237

宠物疾病临床诊疗技术

孙　健　张凡建　主编

中国农业大学出版社
·北京·

内容简介

本教材综合了快速发展的国内外宠物疾病诊疗研究的新成果与新技术，以宠物临床诊疗岗位职责为主线，以诊疗技术实践为重点，融教、学、训为一体，体现了科学性、实用性与可操作性。内容包括临床诊断技术、化验室检验分析技术、仪器分析诊断技术、临床治疗技术以及异宠疾病临床诊疗技术5个模块，精心设计了多项专项诊疗技术。各项目后有知识目标、能力目标和素质目标；各任务有学习任务单，明确学习目标、学习资源和学习任务；各模块后有测试题以检验和巩固学习效果。本书可供高等职业院校动物医学、宠物医学、畜牧兽医等相关专业学生使用，也可供广大畜牧兽医科技工作者阅读参考。

图书在版编目(CIP)数据

宠物疾病临床诊疗技术 / 孙健，张凡建主编. -- 北京：中国农业大学出版社，2023.10
ISBN 978-7-5655-2938-2

Ⅰ.①宠… Ⅱ.①孙…②张… Ⅲ.①宠物-动物疾病-诊疗-高等职业教育-教材
Ⅳ.①S858.93

中国国家版本馆CIP数据核字(2023)第018160号

书　名　宠物疾病临床诊疗技术
作　者　孙　健　张凡建　主编

策划编辑　张　玉　郭建鑫　　**责任编辑**　张　玉　杨　芬
封面设计　郑　川　李尘工作室
出版发行　中国农业大学出版社
社　址　北京市海淀区圆明园西路2号　　**邮政编码**　100193
电　话　发行部 010-62733489，1190　　编辑部 010-62732617，2618
出版部 010-62733440　　读者服务部 010-62732336
网　址　http://www.caupress.cn　　**E-mail**　cbsszs@cau.edu.cn
经　销　新华书店
印　刷　运河（唐山）印务有限公司
版　次　2023年12月第1版　2023年12月第1次印刷
规　格　185 mm×260 mm　16开本　17印张　424千字
定　价　49.00元

图书如有质量问题本社发行部负责调换

编审人员

主　编　孙　健（北京农业职业学院）
张凡建（北京农业职业学院）
副主编　马　文（北京农业职业学院）
曹　雷（山东畜牧兽医职业学院）
李　璟（北京农业职业学院）
贾荣玲（南阳农业职业学院）
赵柏林（中国动物疾病预防控制中心）
参　编　骆雨朦（南京艾贝尔宠物医院）
唐国梁（北京美联众合动物医院转诊中心）
张　华（北京农学院）
张　涛（北京农学院）
刘　玥（北京中农大动物医院有限公司）
刘　畅（北京中农大动物医院有限公司）
曲　艺（北京中农大动物医院有限公司）
张雪芳（北京中农大动物医院有限公司）
雷莉辉（北京农业职业学院）
曹　允（北京农业职业学院）
马建民（北京农业职业学院）
段素云（北京农业职业学院）
关文怡（北京农业职业学院）
周旭平（北京农学院）
彭兴武（北京农业职业学院）
主　审　李　志（北京农业职业学院）

前　言

党的二十大报告提出，教育是国之大计、党之大计。教材是教育教学的基础，是育人育才的重要依托。随着我国小动物临床医学的快速发展，为适应当前高等职业院校的教学需要，我们编写了本教材。本教材的出版得到了北京市特色高水平职业院校动物医学专业群建设项目的大力支持。

本书内容包括以犬、猫疾病为主的临床诊断技术、化验室检验分析技术、仪器分析诊断技术、临床治疗以及异宠疾病临床诊疗技术，共计5个模块。面向宠物医院的诊断室、治疗处置室、仪器诊断分析室、化验室及护理观察室、住院室等医疗技术岗位，开发多项实用诊疗技术任务。诊疗技术以岗位任务为驱动，以岗位诊疗技术能力培养为核心，以宠物医师、宠物医师助理等各个职业资质为评估标准，力求培养技能型、实用型、高素质的宠物疾病诊疗人才。

在本教材编写过程中，听取了宠物行业专家和宠物医学界同仁提出的宝贵建议，参考了同行专家的研究成果和珍贵资料，在此表示诚挚的谢意。在编写过程中引用了一些行业经典教材的内容和图谱，在此，对原作者和出版者表示衷心的谢意。

由于教材编者水平有限，书中错误之处在所难免，恳请读者和同仁批评指正。

编　者

2023年9月

目　录

数字资源目录

模块1

临床诊断技术

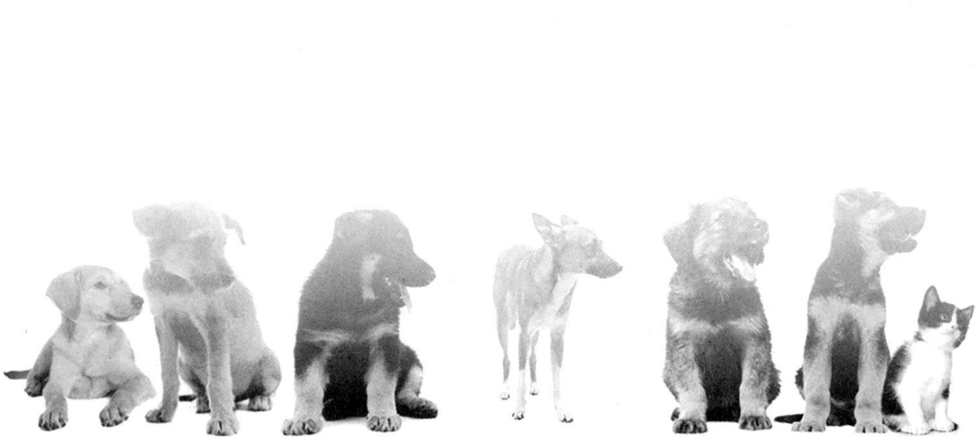

自以为知道的人就不可能再去学习。

It is impossible for anyone to begin to learn what he thinks he already knows.

——*Epictetus*

生命的质量胜于价格。

The recollection of quality remains long after the price has been forgotten.

——*Benjamin Franklin*

做成了的小事胜过计划中的大事。

Small deeds done are better than great deeds planned.

——*Peter Marshall*

项目 1

犬、猫保定技术

【知识目标】

1.熟悉犬、猫的习性与生理特点。

2.了解犬、猫的肢体语言信号。

3.掌握犬、猫的接近方法。

4.掌握犬、猫的保定方法及注意事项。

【能力目标】

1.能够熟练进行犬、猫的徒手保定。

2.能根据现场实际情况合理选择犬、猫的保定方法。

【素质目标】

1.培养严谨的科学态度和良好的职业道德。

2.培养学生爱护动物、尊重生命的人文素养。

3.培养学生好学敬业和吃苦耐劳的精神。

任务 1　犬、猫的接近

学习任务单

学习目标:掌握犬、猫的接近方法及注意事项,能根据现场实际情况选择犬、猫的接近方法。

学习资源:1.教材及信息化教学资源。2.实验动物:犬、猫。

学习任务:灵活掌握犬、猫的接近方法。

【相关知识】

犬、猫对主人有较强的依恋性,在接近犬、猫时,最好有主人在场。要询问犬、猫的主人,了解该犬、猫是否咬人,平时是否愿意让别人抚摸等;然后向其发出接近信号(如呼唤犬、猫的名字或发出温和的呼声,以引起犬、猫的注意),从其前方缓缓绕至前侧方动物的视线范围内,一面观察其反应,一面接近。

犬、猫有攻击人的习性。犬主要用锋利的牙齿咬人，猫除了用牙齿咬人外，还可用利爪抓人，这是在临床接触犬、猫时必须随时警惕的安全问题。要先让动物看到医生在接近它们，若是看诊单眼盲的动物则要从健侧接近，若是看诊双眼盲的动物则从头部抚摸接近。接近犬、猫后检查者用手掌或其他软物轻轻抚摸其头部或背部，并密切观察其反应，待其安静后方可进行保定和诊疗活动。切不要有粗暴动作或突然刺激，以免引起犬、猫惊恐、应激，主人反感，甚至造成动物伤人。

在犬、猫的接近过程中，应注意以下几点：

(1)首先向主人了解动物的习性，是否咬人、抓人及有无特别敏感部位不愿让人接触。

(2)边接近边观察其反应，当其怒目圆睁、龇牙咧嘴，甚至发出低吼声时，应特别小心。

(3)检查者接近动物时，不能手拿棍棒或其他闪亮或发出声响的器械，以免引起动物惊恐不安。

(4)检查人员在接近犬、猫时禁止一哄而上，应避免粗暴的恐吓和突然的动作以及其他可能引起犬、猫防御性反应的各种刺激。检查者着装应符合兽医卫生和公共卫生要求。

任务 2　犬的保定

学习任务单

学习目标：1.掌握犬的保定方法及注意事项。2.能根据现场实际情况合理选择犬的保定方法，并能正确进行保定。

学习资源：1.教材及信息化教学资源。2.实验动物：犬。3.实验器材及药物：颈圈、口笼、绷带、保定绳、保定钳、手术台等。

学习任务：1.根据现场实际情况选择合理的保定方法。2.同学之间相互配合，正确进行犬的保定。

【相关知识】

一、口笼保定法

犬口笼用塑料、牛皮革或帆布制成。可根据动物个体大小选用适宜的口笼给犬套上，将其带子绕过耳后扣牢(图 1-1-1、图 1-1-2)。

图 1-1-1　保定用口笼

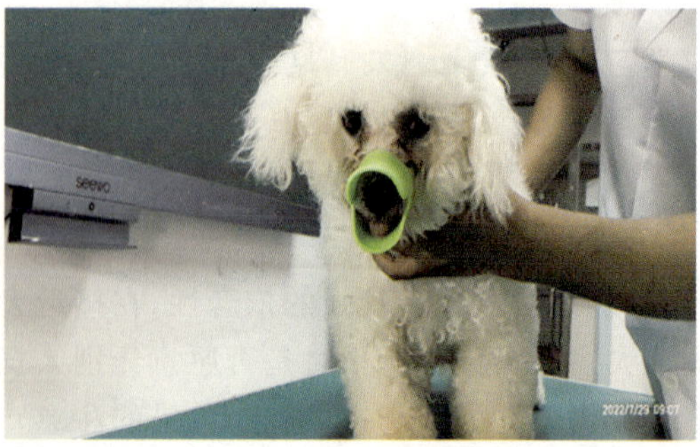

图 1-1-2　口笼保定

二、保定钳保定法

持保定钳夹持犬颈部，强行将犬按倒在地，并由助手按住犬四肢。本法多用于未驯服或凶猛犬的检查和简单治疗，也可用于捕犬（图 1-1-3）。

三、扎口保定法

为防止人被犬咬伤，对性情急躁、有伤痛的犬，应采用扎口保定。取一根 1 m 左右的绷带或细的软绳，在中间打一个活结圈（猪蹄结），套在犬嘴后的颜面部，在犬下颌交叉。然后，将绷带两游离端沿犬下颌拉向耳后，在颈背侧枕部收紧打结（图 1-1-4）。这种方法保定可靠，一般不易被犬抓挠松脱。

视频 1-1-1 犬的扎口保定

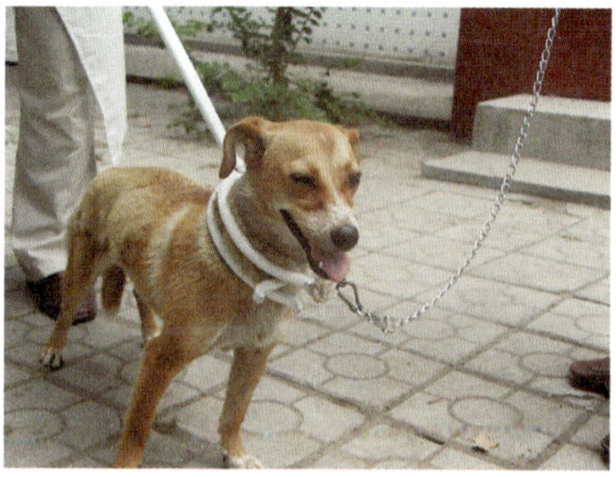

图 1-1-3 保定钳保定

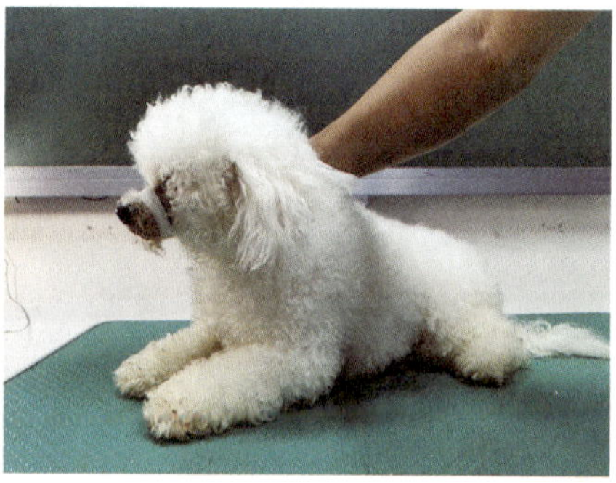

图 1-1-4 扎口保定

四、站立保定法

在很多情况下，站立保定有助于体检和治疗。

（1）地面站立保定法 犬站立于地面时，保定者先给犬戴上口笼，而后蹲于犬右侧，右手抓住犬颈圈，左手托住犬腹部（图 1-1-5）。此法适用于大型品种犬的保定。

（2）诊疗台站立保定法 犬站立于诊疗台上（有的犬因胆怯，不愿站立，会影响操作），保定者先给犬戴上口笼，而后站在犬一侧，一手臂托住犬胸前部；另一手臂搂住犬腹部，使犬靠近保定者胸前（图 1-1-6）。

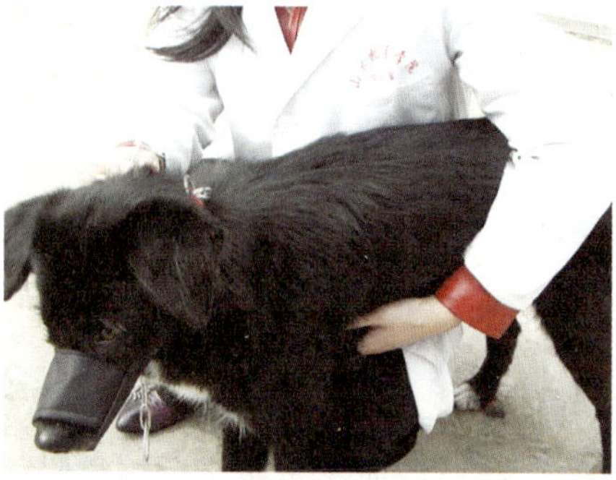

图 1-1-5 地面站立保定
（引自李玉冰《宠物疾病临床诊疗技术》）

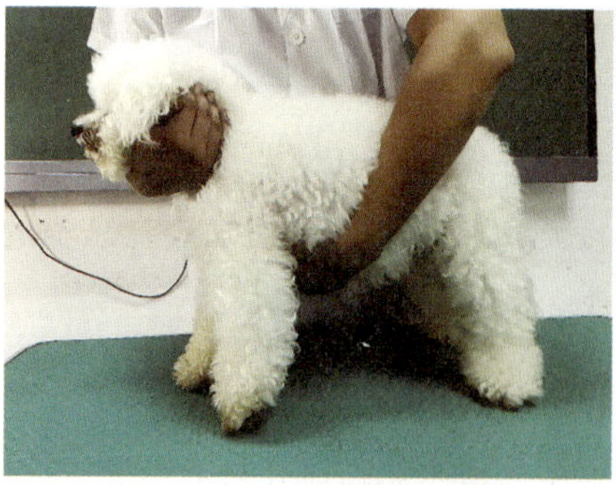

图 1-1-6 诊疗台站立保定

五、倒卧保定法

根据诊疗的需要，常将动物放倒进行侧卧、俯卧或仰卧保定，此法多在平整的桌面或手术台上进行，必要时结合化学保定法使用。此法犬、猫均适用。

1. 侧卧保定法

主人保定犬、猫的头部，保定人员用温和的声音呼唤犬、猫，一边用手抓住犬、猫四肢的掌部和跖部，向一侧搬动四肢，犬、猫即可侧卧于地，然后用细绳分别捆绑两前肢和两后肢(图 1-1-7)。

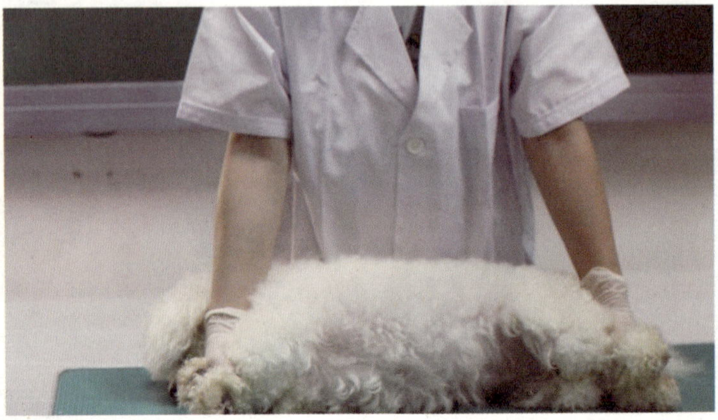

图 1-1-7　犬的侧卧保定

视频 1-1-2　单人犬侧卧保定

视频 1-1-3　双人犬侧卧保定

2. 俯卧保定法

主人或保定人员一边用温和的声音呼唤犬、猫，一边用细绳或纱布条分别系于犬、猫四肢球节上方，向前后拉紧细绳使犬、猫四肢伸展呈俯卧姿势，头部用细绳或纱布条固定于手术台或桌面上，也可用毛巾绕颈项缠绕使头部相对固定。此法适用于静脉注射、耳部修整术以及一些局部处理。

3. 仰卧保定法

按犬、猫的俯卧保定方法，将犬、猫的身体翻转仰卧，保定于手术台上。此保定法适用于腹腔手术。

六、握耳保定法

对于性情不温顺或狂暴型的犬，可以从后部紧紧握住双耳，同时尽量防止后躯滑脱。结合口笼保定更为安全(图 1-1-8)。

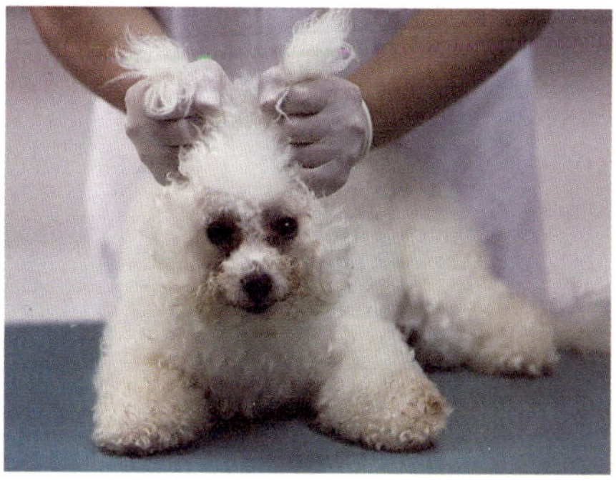

图 1-1-8　握耳保定

七、伊丽莎白氏项圈保定法

商品化的宠物项圈是由坚韧且有弹性的塑料薄板制成的。使用时将其围成圆环套在犬、猫颈部，然后利用上面的扣带将其固定(图 1-1-9)。此法多用于限制犬、猫回头舔咬躯干或四肢的术部，以免引起感染，有利于创口愈合。也常用于防止治疗时动物咬人。

八、怀抱保定

保定者站在犬一侧，两只手臂分别放在犬胸前部和股后部将犬抱起，然后一只手将犬头颈部紧贴自己胸部，另一只手抓住犬两前肢限制其活动。此法适用于对小型犬和幼龄大、中型犬进行听诊等检查，并常用于皮下或肌内注射(图 1-1-10)。

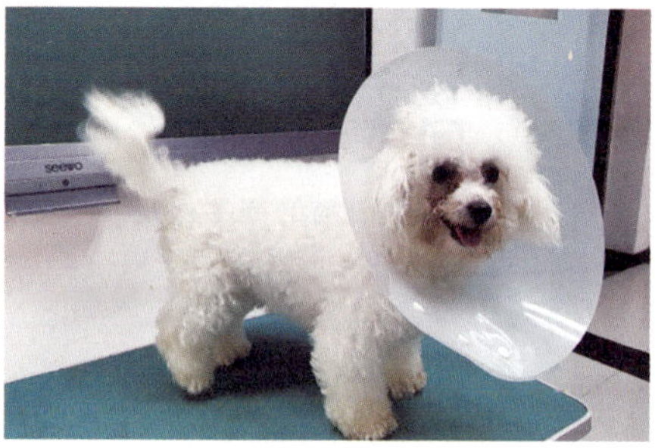

图 1-1-9　项圈保定

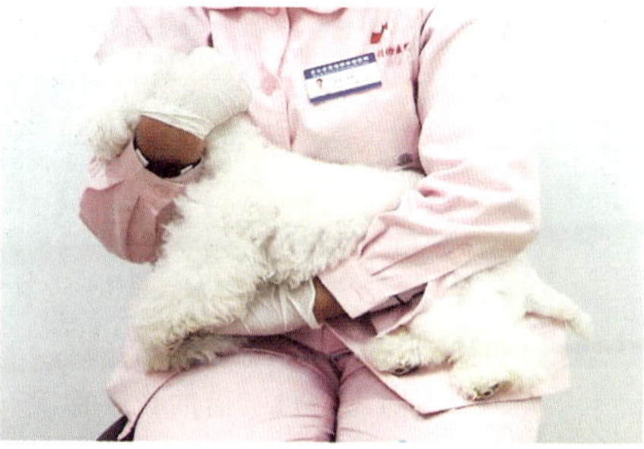

图 1-1-10　怀抱保定

九、化学保定法

化学保定法是应用一些化学药物，使动物暂时失去正常反抗能力的保定方法。此法达不到真正麻醉的要求，仅使犬的肌肉松弛、意识减退、消除反抗。常用的药物包括镇静剂、安定剂、催眠剂、镇静止痛剂、分离麻醉剂等，如氯丙嗪、安定、静松灵、速眠新、氯胺酮、噻胺酮等。此法适用于对犬进行长时或复杂的检查、治疗，方便操作，对人安全，但增加了用药可能带来的一些风险。

任务 3　猫的保定

学习任务单

学习目标：1. 掌握猫的保定方法。2. 能根据现场实际情况合理选择猫的保定方法，并能正确进行保定。

学习资源：1. 教材及信息化教学资源。2. 实验动物：猫。3. 实验器材及药物：颈圈、猫袋、毛巾、保定绳等。

学习任务：1. 根据现场实际情况合理选择不同类型的猫进行保定。2. 同学之间相互配合，练习猫的正确保定方法。

【相关知识】

保定猫时，要防止被猫咬伤或抓伤，还要关好门窗，防止猫逃离诊疗室。其保定方法有以下几种。

一、徒手保定法

保定小猫时，可用右手抓住颈部或背部的皮肤，左手轻轻托起猫的臀部。也可先把一只手放在小猫的胸腹下，用手掌托起，再用另一只手扶住头颈部即可(图 1-1-11)。保定成年猫时，应由两人进行，一人先抓住猫颈部皮肤，另一人用双手分别抓住猫的两前肢和两后肢，将猫牢牢地固定住。

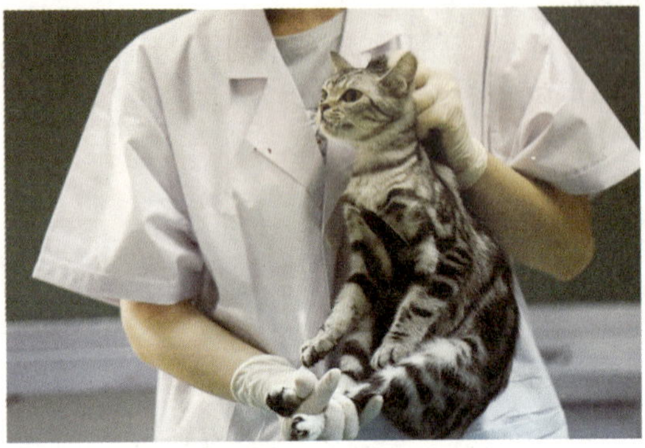

图 1-1-11　猫的徒手保定

视频 1-1-4　猫的徒手保定

二、猫袋保定法

选用一与猫体大小相适的猫袋(用人造革或帆布缝制)，将猫头从近端袋口装入与猫身等长的圆筒形保定袋，使猫头从远端袋口露出；将袋口带子收紧，使猫头不能缩回袋内；最后收紧近端袋口，使前肢露在外面。可进行体温测量、注射、灌肠等(图 1-1-12、图 1-1-13)。

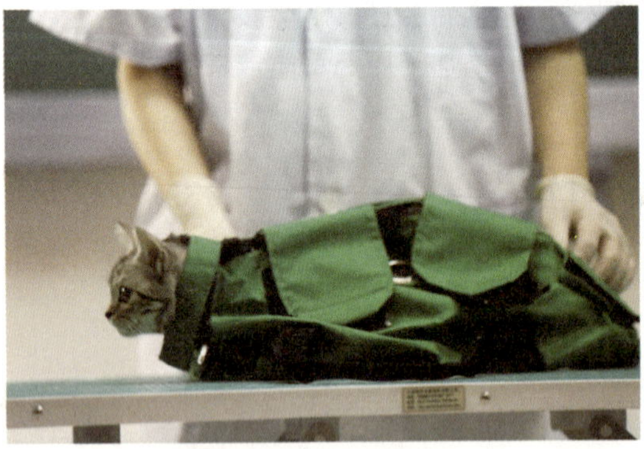

图 1-1-12　猫袋保定(一)

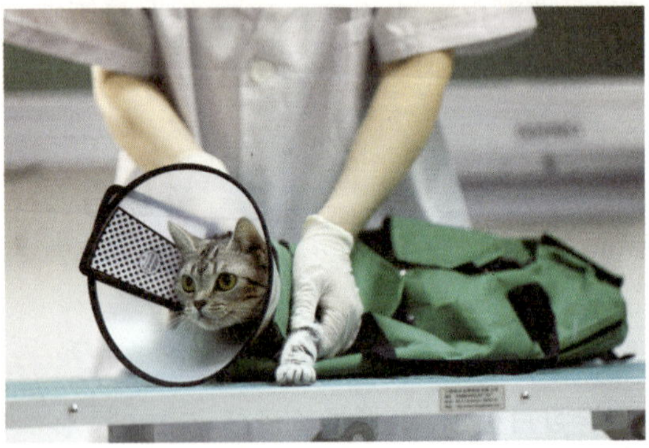

图 1-1-13　猫袋保定(二)

三、毛巾裹保定法

将毛巾铺在诊疗台上。保定者抓起猫肩背部皮肤放在毛巾近端 1/4 处，按压猫体使之伏卧。随即提起近端毛巾覆盖猫体，并顺势连布带猫向外翻滚，将猫卷裹系紧(图 1-1-14)。

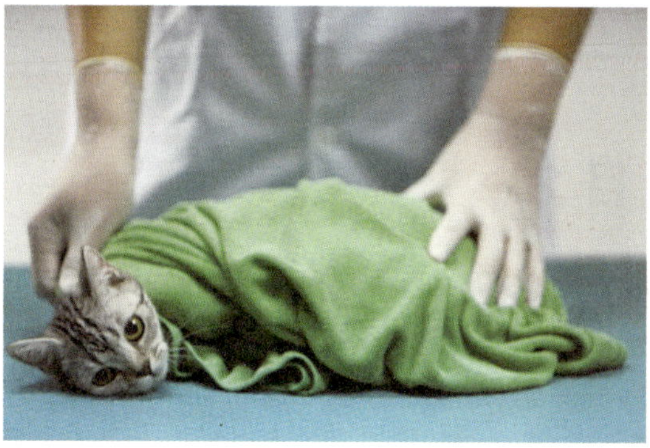

图 1-1-14 毛巾裹保定

视频 1-1-5 猫的毛巾裹保定

项目 2

临床基本检查

【知识目标】

1. 熟练掌握问诊、视诊、触诊、叩诊、听诊、嗅诊的概念。
2. 熟练掌握问诊、视诊、触诊、叩诊、听诊、嗅诊的方法。
3. 熟练掌握问诊、视诊、触诊、叩诊、听诊、嗅诊的应用范围及注意事项。

【能力目标】

1. 能够根据问诊、视诊、触诊、叩诊、听诊、嗅诊的操作规程进行宠物临床基本检查。
2. 能通过临床基本检查获取有价值的临床诊断信息。

【素质目标】

1. 培养学生严谨的科学态度和良好的职业道德。
2. 培养学生的团结协作意识。
3. 培养学生自主探究、总结与归纳的能力。

任务 1　问　　诊

学习任务单

学习目标：1. 熟练掌握问诊的方法、应用范围及注意事项。2. 能通过问诊获取有价值的临床诊断信息。

学习资源：1. 教材。2. 实验用犬、猫。3. 信息化教学资源。

学习任务：在训练过程中同学之间相互配合，一方扮演动物主人，一方扮演宠物医生进行问诊训练。

【相关知识】

问诊是以询问的方式听取主人关于宠物现病史、既往病史和生活史的情况介绍。问诊可在检查前进行，也可边检查边问，检查后还可补充问诊，并将问诊情况和临床检查结果相结合，进行全面综合分析。问诊时除了解犬、猫的品种、性别、年龄及特征外，应着重了解以下内容。

一、犬、猫的来源及饲养期限

若是刚从外地购回的宠物，应考虑是否带有传染病、地方病或由于环境因素突变致病。

二、生活史

询问平时的饲养管理情况，应详细询问喂养方式尤其是动物性饲料的来源及有无霉败变质现象，临床上由于饲养管理不当而引起的胃肠疾患较多。同时询问周围环境情况（如灭鼠、灭蝇等）。

三、现病史

现病史是指该动物现在所发疾病的可能病因、疾病表现、经过及就诊情况等。在进行现病史调查时，应该重点了解的是以下几点。

1. 发病的时间、地点

主人最先发现动物不正常的时间、地点。了解发病时间和地点是为了估计可能的致病原因。在发病时间上，除了季节性因素外，应着重了解发病时间与气候、饮食、嬉戏、调教、训练或运动、早晚、产前产后等的关系。对于发病地点，主要了解舍内或舍外及其周边的环境状况，了解各类事故发生的可能性，如惊吓、外伤、斗殴、中毒、车祸等。有些地域可能是某些疾病易发区、高发区。

2. 发病的初始表现

动物异常的初始表现往往是食欲不振、呕吐、便秘或腹泻，尿淋漓、排尿疼痛、红尿，精神沉郁或过度兴奋，咳嗽、呼吸困难、流鼻液或流涎，运动障碍，腹胀等。初始症状对提示病因有很大帮助，宠物医生可以向主人询问有关情况，以求详细了解。

3. 疾病过程

动物发病后又出现了哪些异常情况；初始症状是减轻了、消失了、掩盖了还是加重了；病后饲养管理有哪些改变；是否就医；其他宠物医生诊断的是什么病，临床处置的药物组方和方法是什么，效果怎样。根据以上信息，宠物医生可以了解疾病经过、发展趋势（病势），为抓住疾病的本质提供科学依据；可以了解前面宠物医生诊治的优缺点，作为本次诊治的参考依据，避免走弯路；根据病势也可以正确地推断该病例的预后。

4. 主人对病因的估计

主人对病因的估计往往是客观具体的，是宠物医生推断病因的重要依据，但不一定是主要的。兽医对于主人对病因的估计要鉴别。

5. 同种动物发病情况

此时周边地区同种动物是否存在大量发病，疾病症状和经过如何，采用哪些方法治疗，转归怎样。这对群发病的诊断很有帮助。

四、既往史

1. 以往发病情况

该宠物在过去还有哪些疾病，有没有类似疾病的发生，当时诊断结果如何，采用了哪些药物治疗，效果如何。对于普通病，动物往往易复发或习惯性发生。如果有类似疾病的发生，对诊断和治疗大有帮助。

2. 疾病预防情况

过去什么时候发生过流行病，当时采用了哪些治疗措施；动物免疫接种的疫苗种类、生产厂家、接种日期、方法、免疫程序等，周边同种动物是否也接种了疫苗。通过对疾病预防情况的了解，兽医可以知道该动物对某种或某些流行病的免疫能力，避免误诊。

任务2　视　　诊

学习任务单

学习目标：1. 熟练掌握视诊的方法、应用范围及注意事项。2. 能通过视诊获取有价值的临床诊断信息。

学习资源：1. 教材。2. 实验用犬、猫。3. 信息化教学资源。

学习任务：选择不同类型的犬、猫进行视诊的方法训练。

【相关知识】

视诊是直接利用肉眼或借助器械对病例整体状况、局部状况、分泌物和排泄物等进行观察，收集临床诊治资料和其他资料。视诊的主要内容如下。

一、整体状况

如体格大小、发育程度、营养状况、体质强弱、躯体及四肢的对称性和匀称性等。整体状况的判断必须以动物品种、年龄、性别、生理状态等为前提。

二、精神状态

动物精神状态包括精神抑制、精神正常、精神兴奋三方面。异常情况表现为沉郁或兴奋（详见神经系统的临床检查）。

三、姿势与步态

姿势是指动物站立时的状态，步态是指行走时的体态。动物站立时的异常情况有交替负重，四肢集于腹下，悬肢，曲颈，僵直等；步态异常有共济失调，盲目运动，骚动不安，跛行等。

四、表被状态

如被毛状态，皮肤及黏膜的颜色及特征，体表的创伤、溃疡、疹块、疮疖、肿物、局部炎症、疥癣及外寄生虫等。

五、观察天然腔道

如口腔、鼻腔、咽喉、肛口、阴道等处的颜色、完整性、排泄物或分泌物等。

六、观察生理活动是否异常

如呼吸、咀嚼、吞咽、饮水、呕吐、排粪动作、排尿姿势、尿液变化等。

任务3　触　　诊

学习任务单

学习目标：1. 熟练掌握触诊的方法、应用范围及注意事项。2. 能通过触诊获取有价值的临床诊断信息。

学习资源：1. 教材。2. 实验用犬、猫。3. 信息化教学资源。

学习任务：选择不同类型的犬、猫进行触诊训练。

【相关知识】

触诊是兽医用手指、手掌、手背或拳来对动物被检部位进行触压或冲击，利用触觉对动物身体结构及生理功能进行感觉感知，了解动物身体结构和功能的改变，为兽医临床诊断提供依据。

一、触诊检查的内容

1. 体表状况

如感觉感知动物体表的温度、湿度，皮肤及皮下组织的质地、弹性、硬度，浅表淋巴结及局部病变的位置、大小、形态、性质、硬度及疼痛反应等。

2. 组织器官生理或病理性活动

如心脏搏动或脉搏的强度、频率、节律、性质等。

3. 腹部状况

腹壁的紧张度、敏感性，腹腔内组织器官的大小、硬度、游动性等。

4. 感觉功能

如疼痛反射等。

视频 1-2-1　犬的腹部触诊

二、触诊的具体方法

1. 浅表触诊

用手背感觉感知体表的温度、湿度。

2. 深部触诊

用手指轻压或揉捏：如检查皮肤浮肿（指压留痕）、皮肤及皮下硬节或肿块、气肿、液肿、疼痛反应等。

（1）按压触诊法　将手掌平放在动物被检部位适度按压，以感觉内容物的性状和敏感性等（图 1-2-1）。

(2)冲击触诊法　用拳或手掌连续冲击动物被检部位 2～3 次，以感觉深部组织器官的性状或状况。此法不宜用于小型动物(图 1-2-2)。

(3)切入触诊法　用一个或几个并拢的手指沿一定部位或方向向深部组织器官切入，如检查肝脏、肾脏、脾脏、胃及妊娠检查等。在小动物，多用两手从腹部两侧相对触摸，感知腹腔内组织器官的部位、大小、硬度、游动性等(图 1-2-3)。

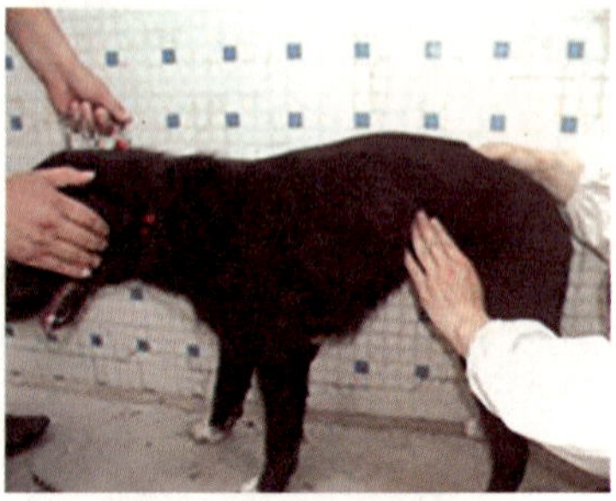

图 1-2-1　按压触诊法

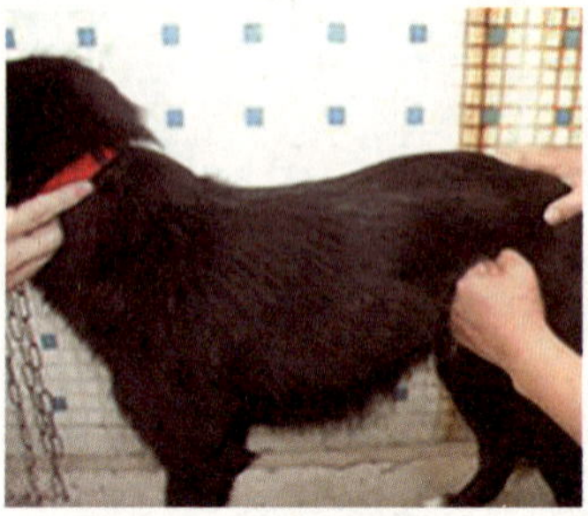

图 1-2-2　冲击触诊法

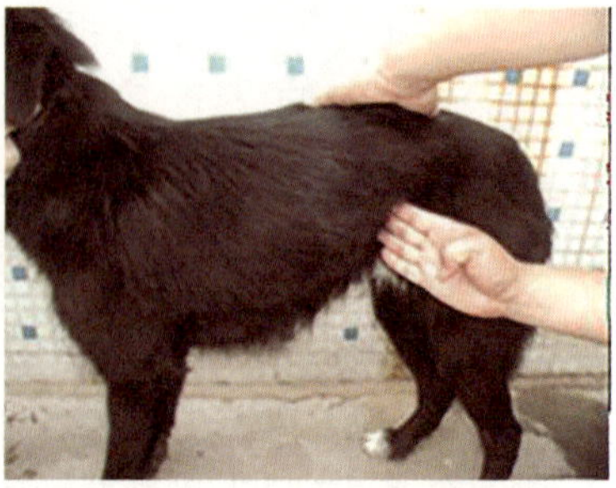

图 1-2-3　切入触诊法

任务 4　叩　　诊

学习任务单

学习目标：1. 熟练掌握叩诊的方法、应用范围及注意事项。2. 能通过叩诊获取有价值的临床诊断信息。

学习资源：1. 教材及信息化教学资源。2. 实验用犬、猫。3. 实验器材：叩诊槌等。

学习任务：选择不同类型的犬、猫进行叩诊训练。

【相关知识】

叩诊是对宠物被检部位进行叩击，引起振动，产生声响，根据所发出的声响的特性以检查被检组织器官的物理状态的一种诊断方法。各个组织器官有不同的弹性、振动能力和产生不同性质的声响是叩诊的物理学基础。

一、叩诊的基本方法

叩诊的基本方法有直接叩诊和间接叩诊。其中，直接叩诊是小动物临床常用的叩诊方法(图 1-2-4)。

1. 直接叩诊法

用手指或叩诊槌对动物被检部位进行叩击，产生声响以期诊断的方法称为直接叩诊法。直接叩诊又分为指叩诊和槌叩诊，其中指叩诊更为多用。

2. 间接叩诊法

间接叩诊法分为指指叩诊(图 1-2-5)和槌板叩诊(图 1-2-6)，是指在动物被叩部位与扣指或叩诊槌之间放一个增振体进行叩诊，如以手指对手指进行叩诊称为指指叩诊，以叩诊槌对叩诊板进行叩诊则称为槌板叩诊。槌板叩诊在小动物临床上几乎不用。

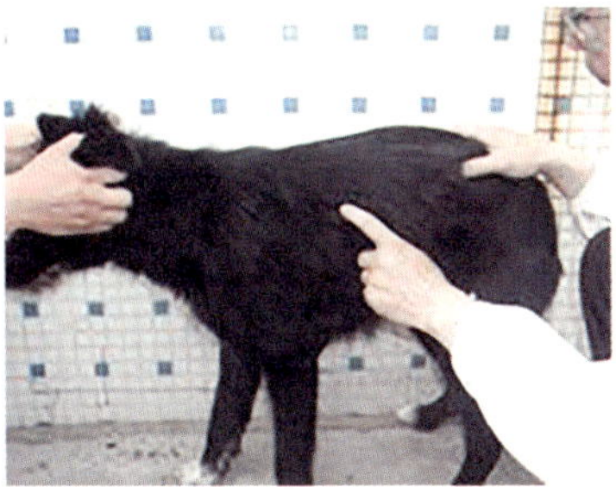
图 1-2-4　直接叩诊

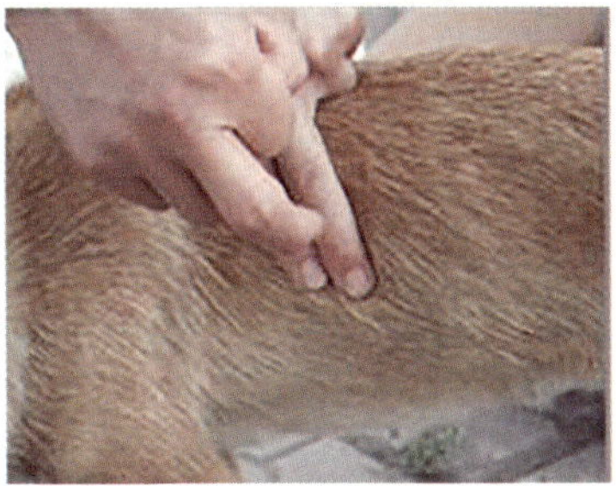
图 1-2-5　指指叩诊

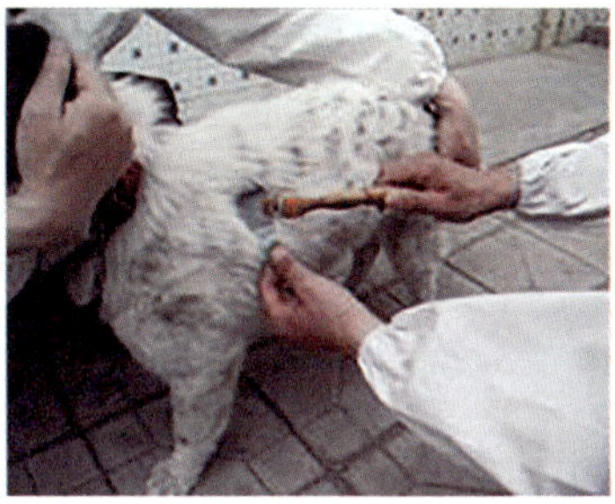
图 1-2-6　槌板叩诊

二、叩诊注意事项

视频 1-2-2　犬的指指叩诊

（1）叩诊应在安静的环境中进行。

（2）要选定好叩诊部位，不可盲目。

（3）叩诊板或被叩手指应该平放在被叩部位，紧密连接但不可强力按压，更不可枕于骨骼之上或之间。

（4）要利用腕力使叩诊指或叩诊槌垂直打击被叩部位，之后，叩诊指或叩诊板要自然弹起，连续叩击 2～3 次。

（5）叩击力量要适中并根据被叩部位而适当改变。

三、叩诊的应用范围

（1）检查动物体腔内容物数量、性质等及含气量，如鼻窦、鼻弯窦、胸腔、腹腔等的叩诊。

（2）体腔内含气器官的含气量、病变的物理形状，如肺脏、胃肠道等。

（3）叩诊实质器官，了解其位置、大小、轮廓、性质、位移情况及其与周边组织器官的结构关系，如肺、心、肝、胃等。

（4）检查动物的深部感觉功能及各部位的敏感性，包括疼痛反应。

（5）检查各种腱反射功能等。

四、叩诊音

叩诊音响的基本性质包括音响的强度、持续时间、高低、鼓性或非鼓性等。

音响的强度取决于被叩部位的弹性、含气量及叩诊力的大小。弹性越大、含气量越足、叩诊力越强，则叩诊音也越强，反之则弱。音响持续的时间与被叩部位的大小有关。被叩体体积越大，声音扩散力越强，持续的时间也越长，反之则短。声音的高低取决于被叩部位振动的频率。频率越高，音响越高。

各种组织器官因其组成和结构的稳定性而具有相对稳定的音响性质，其音响性质的改变意味着其物理组成或结构发生了改变。这就是我们利用叩诊诊断疾病的科学依据。

叩诊的基本音响有浊音、清音和鼓音。

1. 浊音

浊音又称实音，是厚实的肌肉和不含气的实质器官，如心、肝、脾等与体壁直接接触部位在叩诊时发出的叩诊音，其声音强度弱、持续时间短、声音高、不带有鼓音性质。

2. 清音

清音是正常肺区的叩诊音，其音响强、持续时间长、音调低、非鼓性。

3. 鼓音

鼓音是指含有气囊的组织器官的叩诊音，对宠物来说主要是胃肠气囊或气胀时腹部相应部位发出的叩诊音，其音响性质为音响强、持续时间长、音调高或低、鼓性。

任务5 听　　诊

学习任务单

学习目标：1.熟练掌握听诊的方法、应用范围及注意事项。2.能通过听诊获取有价值的临床诊断信息。

学习资源：1.教材及信息化教学资源。2.实验用犬、猫。3.实验器材：听诊器。

学习任务：选择不同类型的犬、猫进行听诊的方法训练。

【相关知识】

听诊是利用听觉去辨别体内各种组织器官运动或气流发出的声响的一种临床检查方法，在兽医临床上应用较为广泛。

一、听诊的方法

听诊方法主要有直接听诊法和间接听诊法（图1-2-7）。间接听诊是最常用的听诊方法。间接听诊即听诊器听诊或器械听诊。应用于小动物的听诊器最好是两级听诊器，即听头是双面的，一面有共鸣装置，一面没有，通过旋转，两面间可以转换（图1-2-8）。

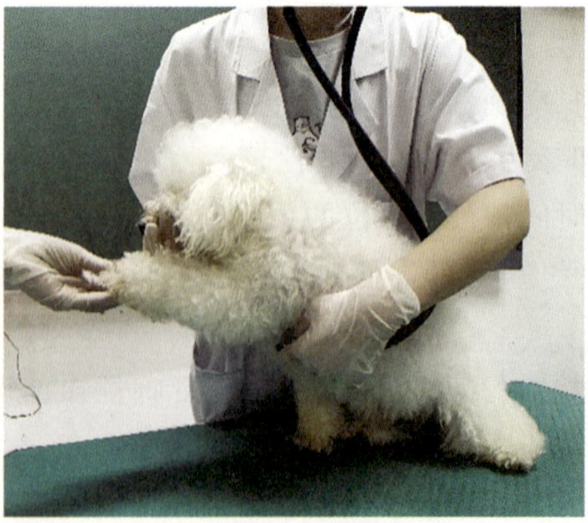

图1-2-7　间接听诊

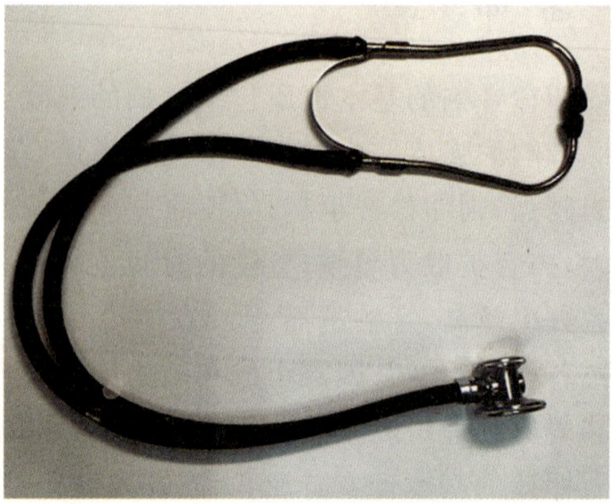

图1-2-8　听诊器

二、听诊应用范围

1. 心血管系统

听取心搏或脉搏的声音，了解其频率、强度、性质、节律、杂音，注意心包击水音和心包摩擦音。

视频 1-2-3　犬心脏听诊

2. 呼吸系统

听取鼻、喉、气管等呼吸道及肺实质的呼吸音，了解其频率、节律、强度、性质、杂音及胸膜异常音(如摩擦音等)。

3. 消化系统

听取胃肠蠕动音，了解其频率、强度、性质等。

4. 生殖系统

听取胎动音、胎心音等。

三、听诊注意事项

(1)待动物安定后在安静的环境中听诊。

(2)听诊器的耳插向前与耳孔紧密接触，不留缝隙。

(3)听头与动物被听部位紧密接触，但不可滑动，不可用力按压。

(4)听诊器的传导装置不可与任何物体接触、摩擦，防止外界摩擦音等干扰。

(5)听诊时应集中注意力听取并辨别各种听诊音，观察动物的各种行为表现。

(6)对一个目标的听诊应持续 2～3 min。

(7)听诊要有针对性，是在问诊之后有目的地进行的。

任务6　嗅　　诊

学习任务单

学习目标：1. 熟练掌握嗅诊的方法、应用范围及注意事项。2. 能通过嗅诊获取有价值的临床诊断信息。

学习资源：1. 教材。2. 实验用犬、猫。3. 信息化教学资源。

学习任务：选择不同类型的犬、猫进行嗅诊训练。

【相关知识】

嗅诊就是利用嗅觉去感受动物体表、口腔、呼出气、排泄物、分泌物、呕吐物等的气味，以此来判断动物所发生的可能的病理变化或可能的病理过程。

若呼出气体和鼻液有腐败气味，提示呼吸道或肺脏有坏疽性病变；若有口臭，提示口腔炎症，牙齿、齿龈疾病，或胃炎、胃溃疡等；若呼出的气体和消化道内容物中有大蒜气味，提示有机磷中毒；若粪便带有腐败臭味，多由消化不良或胰腺功能不足引起；若阴道分泌物化脓、有腐败臭味，提示子宫蓄脓或胎衣停滞；若尿液中有烂苹果味，提示酮尿症。

在临床检查时，对各种物理检查方法所得出的结果应加以综合分析、归纳、判断，必要时还要借助其他诊断方法加以确证。

项目3

整体及一般检查

【知识目标】

1. 掌握整体检查的内容和方法。
2. 掌握一般检查的方法和注意事项。

【能力目标】

1. 掌握整体及一般检查的操作方法，并能获取有价值的临床诊断信息。
2. 掌握整体状态观察的内容及临床意义，能正确分析整体状态的临床意义与疾病本质的关系并进行初步诊断。

【素质目标】

1. 培养学生善于思考、严谨务实的职业素质。
2. 培养学生辩证分析问题的能力和逻辑思维能力。

任务1　整体状态的观察

学习任务单

学习目标：掌握整体及一般检查的方法，并能利用这些方法获取有价值的临床诊断信息。
学习资源：1. 教材。2. 实验用犬、猫。3. 信息化教学资源。
学习任务：根据实际情况选择犬、猫进行整体状态检查方法训练。

【相关知识】

接触患病动物进行检查的第一步，就是观察其整体状态。应着重判定其体格、发育、营养程度、精神状态、姿势、体态，运动与行为的变化和异常表现。

一、体格和发育状况

体格和发育状况一般可根据骨骼与肌肉的发育程度来确定。为了确切地判定，可应用测量器械测定其体高、体长、体重、胸围的数值。一般依视诊观察的结果，可区分体格的大、中、小或发育良好与发育不良。体格的大小，可作为发育程度的参考，在决定药量尤其是有毒副作用药的用量时，也应注意。

体格发育良好的犬、猫，其外貌清秀，结构匀称，肌肉结实，给人以强壮有力的印象。强壮的体格，不仅生产性能良好，而且对疾病的抵抗力也强。发育不良的犬、猫，多表现躯体矮小，结构不匀称，特别是幼龄阶段，常呈发育迟缓甚或发育停滞。一般可提示营养不良或慢性消耗性疾病（慢性传染病、寄生虫病或长期的消化紊乱）。在幼龄犬、猫可见其比同种、同窝的犬、猫发育显著落后，往往是慢性传染病、寄生虫病（尤其是蛔虫病）以及营养不良（先天性或母乳不足）的后果，尤多见于矿物质、维生素代谢障碍而引起的骨质疾病（骨软症与佝偻病）。幼龄动物的佝偻病，在体格矮小的同时其躯体结构呈明显改变，如头大颈短、关节粗大、肢体弯曲或脊柱凸凹等特征形象。

二、营养程度

营养程度通常根据肌肉的丰满度，特别是皮下脂肪的蓄积量而判定，被毛的状态和光泽，也可作为参考。幼龄犬、猫可与同窝犬、猫相比较。

营养程度标志着机体物质代谢的总趋势。临床上常用宠物营养体况评分的方式来划分营养程度等级，一般可将营养程度划分为三级或以膘成来表示：营养良好（八九成膘）；营养中等（六七成膘）；营养不良（五成膘以下）。动物表现肌肉丰满，皮下脂肪充盈，被毛光泽，躯体圆满而骨骼棱角不突出，是营养良好的标志。营养不良表现为消瘦，且被毛蓬乱、无光，皮肤缺乏弹性，骨骼表露明显（如肋骨）。营养不良的患病动物，多同时伴有精神不振与躯体乏力。消瘦是临床常见的症状。如动物于短期内急剧消瘦，主要应考虑有急性热性病的可能或由于急性胃肠炎、频繁下痢大量失水而导致的结果。如病程发展缓慢，则多提示为慢性消耗性疾病（主要为慢性传染病、寄生虫病、长期的消化紊乱或代谢障碍性疾病等）。此外，所有幼龄动物的消瘦，应注意营养不良、贫血、佝偻病、维生素 A 缺乏症、白肌病[硒和（或）维生素 E 缺乏症]以及其他营养、代谢紊乱性疾病等。高度的营养不良，称恶病质，是判断预后不良的一个重要指征。

视频 1-3-1　营养体况评分

三、精神状态

动物的精神状态是其中枢神经机能的标志。可根据其对外界刺激的反应能力及其行为表现而判定。正常时中枢神经系统的兴奋与抑制两个过程保持动态平衡。动物表现为静止时较安静，行动时较灵活，经常注意外界，对各种刺激较为敏感。

一般情况下，健康犬、猫眼神灵活，反应灵敏。正常犬、猫对主人（或饲养员）较为熟悉，见到主人喜撒娇，活泼可爱，服从指令；但对生人较为警惕，有人接近，即起立做防御状，或发出威胁声或退避。有病犬、猫则反应迟钝，双眼无神，常卧地不起，人走近也不知躲避，重者呈昏睡状态，这些属神经抑制状态，称为精神沉郁、嗜睡或昏迷；有时也可见兴奋不安，四处游走，乱跳乱窜，做圆圈运动，乱咬东西，攻击人、畜等，这种精神状态称精神兴奋或狂躁。

应该指出，精神状态的异常表现不仅常随病程的发展而有程度上的改变，如最初的兴奋不安逐渐变为高度的狂躁，或由轻度的沉郁而渐呈嗜睡乃至昏迷，此系病程加重的结果；而且有时在同一疾病的不同阶段中，可因兴奋与抑制过程的相互转化，而表现为临床症状的转变或两者的交替出现，如初期兴奋，到后期可转变为昏迷，或可见到兴奋、昏迷与昏睡、兴奋的交替出现。由此可见，对某些临床症状及其诊断意义的分析，不能简单地、机械地和固定地、绝对地看待。疾病不是一个静止的过程，症状也自然要有动态的变化。

四、姿势与体态

姿势与体态系指动物在相对静止时或运动过程中的空间位置及其姿态表现。健康状态时，动物的姿势自然、动作灵活而协调。病理状态下所表现的反常状态常由中枢神经系统疾病及其调节机能失常，骨骼、肌肉或内脏器官的病痛及外周神经的麻痹等原因而引起。

1. 木马样姿态

表现全身肌肉强直性收缩及应激性增高，患病犬、猫步态僵硬，尾巴高举，呈典型的角弓反张姿势；瞳孔散大，屈肌反射降低，牙关紧闭，咀嚼及吞咽困难，流涎，瞬膜外露，面肌痉挛。

2. 肢爪疼痛

如单肢疼痛则驻立时呈不自然的姿势，患肢常提起不敢触地；运步时姿态强拘，患肢不敢负重。多肢异常时则站立或运步时四肢软弱无力。

3. 躯体失去平衡

站立不稳时，则呈躯体歪斜、醉酒样姿态，常见于中枢神经系统疾病，特别当病程侵害小脑之际尤为明显。

4. 体躯蜷缩

若犬躺卧时头置于腹下或卧姿不自然，不时翻动，为腹痛表现。猫腹痛时则表现坐姿蜷缩，人若抱之，呈痛苦呻吟状。

任务2　被毛和皮肤状态的检查

学习任务单

学习目标：掌握被毛和皮肤检查的内容、方法及临床意义，能正确分析被毛和皮肤的临床意义与疾病本质的关系并进行初步诊断。

学习资源：1. 教材。2. 实验用犬、猫。3. 信息化教学资源。

学习任务：根据实际情况选择犬、猫进行被毛和皮肤检查方法训练。

【相关知识】

检查表被状态，主要应注意其被毛、皮肤、皮下组织的变化以及表在的外科病变的有无及特点。健康犬、猫的被毛平整、有光泽，皮肤富有弹性。被毛和皮肤的异常变化是皮肤、被毛疾病及维生素缺乏症或营养代谢疾病的一种表现。检查被毛和皮肤主要通过视诊和触诊。对体外寄生虫或霉菌等引起的皮肤病，还可以刮取病料进行显微镜检查。

视频 1-3-2　被毛和皮肤检查

一、被毛检查

应注意被毛的光泽、长度、色泽、卷曲、脱落情况等。要区分正常换毛与疾病引起的脱毛。被毛蓬乱而无光泽或大面积脱毛常为营养不良的标志，可见于慢性消耗性疾病（如内寄生虫病、结核病等）及长期的消化紊乱；营养物质不足及患某些代谢紊乱性疾病时也可见。

局限性脱毛处应注意皮肤病或外寄生虫病，如于头颈及躯干部有多处脱毛、落屑病变，当伴有剧烈痒感（动物经常向周围物体上摩擦或啃咬，甚至病变部皮肤出血、结痂或形成龟裂）时，应提示螨病（疥癣）的可能，为确诊，应刮取皮屑（宜在皮肤的病变和健康部交界处刮取）进行镜检。

此外，当饲养管理不当，或长期饲料配合不合理，被毛可能出现卷毛、无光泽和色泽变化，并可影响皮肤的健康。

二、皮肤颜色

白色皮肤部分，颜色的变化容易辨识；有色素的皮肤，则应参照可视黏膜的颜色变化。白色皮肤的犬、猫（或有白色斑片状被毛和皮肤），其皮色改变可表现为苍白、黄染、发绀及潮红与出血斑点。

1. 苍白

皮肤苍白为贫血之症，可见于各型贫血（如猫传染性贫血）。

2. 黄疸

皮肤黄染可见于肝病（如实质性肝炎、中毒性肝营养不良、肝变性及肝硬化），胆道阻塞（肝片吸虫症、胆道蛔虫病），溶血疾病（如新生仔犬黄疸等）。

3. 发绀

皮肤呈蓝紫色又称为发绀。轻则以耳尖、鼻盘及四肢末端为明显；重者可遍及全身。可见于严重的呼吸器官疾病；重度的心力衰竭；多种中毒病，尤以亚硝酸盐中毒最为明显。此外，中暑时常见显著的发绀。多种疾病的后期均可见全身皮肤明显发绀，以致全身皮肤重度发绀，常为预后不良的指征。

4. 潮红

皮肤发红是充血的结果或发热的表现，如犬瘟热。

5. 出血斑

皮肤上有红色斑点及疹块。犬瘟热后期，可见下腹部和股内侧皮肤上有米粒大红点、水肿和化脓性丘疹。

三、皮肤的温度、湿度及弹性

1. 温度检查

可用手或手背触诊动物躯干、股内等部位而判定，为确定躯体末梢部位皮温分布的均匀性，可触诊鼻端、耳根及四肢的末梢部位。皮温增高是体温升高、皮肤血管扩张、血流加快的结果。全身性皮温增高可见于一切热性病；局限性皮温增高提示局部的发炎。皮温降低是体温过低的标志，可见于衰竭症及营养不良，大失血及重度贫血，严重的脑病及中毒。皮温分布不均乃重度循环障碍的结果，表现为耳鼻发凉，肢梢冷感，可见于心力衰竭及虚脱、休克之时。

2. 湿度检查

犬、猫的汗腺不发达，正常情况下很少出汗，但鼻镜处正常时较湿润。鼻镜干燥，可见于发热病及重度消化障碍与全身病。严重时可发生龟裂，揭示犬瘟热等。

3. 弹性检查

犬、猫的皮肤弹性可从另一侧面反映机体的营养水平和健康状况。检查皮肤的弹性，通常可于犬、猫背部，用手将皮肤捏成皱褶并轻轻拉起，然后放开，根据其皱褶恢复的速度而判定。皮肤弹性良好的动物，拉起、放开后，皱褶很快恢复平展；如恢复很慢，是皮肤弹性降低的标志，可见于机体的严重脱水（腹泻、呕吐）、休克、虚脱以及慢性皮肤病（如疥癣、湿疹等）。老龄动物的皮肤弹性减退，是自然现象。

四、皮肤及皮下组织的肿胀

皮肤或皮下组织的肿胀，可由多种原因引起，不同原因引起的肿胀又有不同的特点。

大面积的弥散性肿胀伴有局部的热、痛及明显的全身反应（如发热等），应考虑蜂窝织炎的可能，尤多发于四肢，常因创伤感染而继发。

皮下浮肿多发于胸、腹下的大面积肿胀或阴囊与四肢末端的肿胀。一般局部无热、痛反应，多提示为皮下浮肿，触诊呈生面团样硬度且指压后留有指压痕为其特征。依发生原因可分为营养性、肾性及心性浮肿。营养性浮肿常见于重度贫血，高度的衰竭（低蛋白血症）；肾性浮肿多由于肾炎或肾病；心性浮肿则是心脏衰弱、末梢循环障碍并进而发生淤血的结果。

任务3 可视黏膜的检查

学习任务单

学习目标：1. 掌握眼结膜检查的内容、方法及临床意义。2. 能正确分析眼结膜的临床意义与疾病本质的关系并进行初步诊断。

学习资源：1. 教材。2. 实验用犬、猫。3. 信息化教学资源。

学习任务：根据实际情况选择犬、猫进行可视黏膜检查方法训练。

【相关知识】

凡是肉眼能看到或借助简单器械可观察到的黏膜，均称可视黏膜，如眼、鼻腔、口腔、阴道等部位的黏膜。常以眼结膜颜色代表可视黏膜的颜色。健康犬、猫的可视黏膜湿润，有光泽，呈淡红色，猫的比犬的要深些。检查时应保定，在自然光下观察，避免强烈压迫和摩擦。

检查可视黏膜时，除应注意其温度、湿度、有无出血、完整性外，更要仔细观察颜色变化，尤

视频 1-3-3　可视黏膜检查

其是眼结膜的颜色变化。结膜的颜色变化，不仅可反映其局部的病变，还可推断动物全身的循环状态及血液某些成分的改变，在诊断和预后的判定上均有一定的意义。

眼结膜的颜色决定于黏膜下毛细血管中的血液数量及其性质，以及血液和淋巴液中胆色素的含量。正常时，结膜呈淡红色。结膜颜色的改变，可表现为潮红、苍白、发绀或黄疸色。

一、潮红

潮红是结膜下毛细血管充血的征象。单眼的潮红，可能是局部的结膜炎所致；如双侧均潮红，除可见于眼病外，多标志全身的循环状态。弥漫性潮红常见于各种热性病及某些器官、系统的广泛性炎症过程，如犬瘟热；小血管充盈特别明显而呈树枝状，称为树枝状充血，多为血液循环或心脏机能障碍的结果。

二、苍白

眼结膜色淡，甚至呈灰白色，是各型贫血的特征。如病程发展迅速而伴有急性失血的全身及其他器官、系统的相应症状变化，可考虑大创伤、内出血或偶见于内脏破裂（如肝、脾破裂）。慢性经过的逐渐苍白并有全身营养衰竭的体征，则多为慢性营养不良或消耗性疾病（如衰竭症、慢性传染性疾病或寄生虫病等）。由于红细胞大量被破坏而形成的溶血性贫血（如焦虫病），则在苍白的同时常带有不同程度的黄染为其特征。

三、发绀

发绀即可视黏膜呈蓝紫色，系血液中还原血红蛋白增多或形成大量变性血红蛋白的结果。一般引起发绀的常见病因是：①因高度吸入性呼吸困难（如当上呼吸道高度狭窄时）或肺呼吸面积显著减少（如各型肺炎、胸膜炎时）而引起动脉血的氧饱和度下降，即肺部氧合作用的不足。②因血流过缓（淤血）而使血液经过体循环的毛细血管时，过量的血红蛋白被还原，称外周性发绀。多见于全身性淤血，特别是心脏机能障碍时（如心脏衰弱与心力衰竭）。③血红蛋白的化学性质的改变，常见于某些毒物中毒、饲料中毒（如亚硝酸盐中毒等）或药物中毒，形成变性血红蛋白或硫血红蛋白。不同病因引起的发绀，在结膜呈紫色的同时，应具有不同的其他临床症状，要注意全面检查、综合分析。

四、黄疸

结膜被黄染，于巩膜处常较为明显而易于发现。

（1）因肝实质的病变，致使肝细胞发炎、变性或坏死，并有毛细胆管的淤滞与破坏，造成胆汁色素混入血液或血液中的胆红素增多，称为实质性黄疸，可见于实质性肝炎、肝变性以及引起肝实质发炎、变性的某些传染病、营养代谢病与中毒病。

（2）因胆管被结石、异物、寄生虫所阻塞或被其周围的肿物压迫，引起胆汁淤滞、胆管破裂，造成胆色素混入血液而发生黏膜黄染，称为阻塞性黄疸。可见于胆结石、华支睾吸虫病、胆道蛔虫等；此外，当小肠黏膜发炎、肿胀时，由于胆管开口被阻，可有轻度的黏膜黄染现象。

（3）因红细胞被大量破坏，使胆色素蓄积并增多而形成黄疸，称溶血性黄疸，如血孢子虫病等。此时，由于红细胞被大量破坏而同时造成机体的贫血，所以，在可视黏膜黄染的同时常伴有苍白现象。结膜的重度苍白与黄疸色乃溶血性疾病的特征。应该说明，某些疾病的黄疸现象，可能是多种因素综合作用的结果。

任务4　浅在淋巴结检查

学习任务单

学习目标：掌握浅在淋巴结检查的内容、方法及临床意义，能正确分析浅在淋巴结临床意义与疾病本质的关系并得出有价值的临床诊断信息。

学习资源：1. 教材。2. 实验用犬、猫。3. 信息化教学资源。

学习任务：根据实际情况选择犬、猫进行浅在淋巴结检查方法训练。

【相关知识】

浅在淋巴结的检查，在确定感染或诊断某些传染病上有重大的意义。临床检查中应予以注意的淋巴结主要有：下颌淋巴结、耳下及咽喉周围的淋巴结、颈部淋巴结、肩前及膝襞淋巴结、腹股沟淋巴结、乳房淋巴结等。淋巴结的检查方法，可用视诊，更常用触诊的方法，必要时可配合应用穿刺检查法。

进行浅在淋巴结的视诊、触诊检查时，主要应注意其位置、大小、形状、硬度及表面状态、敏感性及其可动性（与周围组织的关系）。淋巴结的病理变化主要表现为急性或慢性肿胀，有时可呈现化脓。淋巴结的急性肿胀，通常呈明显肿大，表面光滑，且伴有明显的热、痛（局部热感、敏感）反应。淋巴结的慢性肿胀，一般呈肿胀、硬结、表面不平，无热、无痛，且多与周围组织黏连而固着，有难以活动的特点。淋巴结化脓则在肿胀、热感、呈疼痛反应的同时，触诊有明显的波动。如配合进行穿刺，则可吸出脓性内容物。淋巴结的急性肿胀，可见于周围组织、器官的急性感染。淋巴结的慢性肿胀，在犬淋巴性白血病的早期可见全身体表淋巴结发生无热无痛的慢性肿胀。淋巴结的慢性肿胀也可见于各淋巴结的周围组织、器官的慢性感染及炎症时。

任务5　体温、脉搏及呼吸数的测定

学习任务单

学习目标：掌握体温、脉搏及呼吸数的测定方法、正常指标及临床意义，能正确分析体温、脉搏及呼吸数的临床意义与疾病本质的关系并得出有价值的临床诊断信息。

学习资源：1. 教材及信息化教学资源。2. 实验用犬、猫。3. 实验器材：体温计等。

学习任务：根据实际情况选择犬、猫进行体温、脉搏、呼吸数测定方法训练。

【相关知识】

体温、脉搏、呼吸数，是动物生命活动的重要生理指标。在正常情况下，除受外界气候及运动等环境条件的暂时性影响外，一般在一个较为恒定的范围之内变动。但是，在病理过程中，受病原因素的影响，会发生不同程度和形式的变化。因此，临床上测定这些指标，在诊断疾病和分析病程的变化上有重要的实际意义。

视频 1-3-4 体温测定

一、体温测定

1. 正常体温

所有恒温动物均具有较为发达的体温调节中枢及产热散热机制，所以能在外界不同的温度条件下保持着基本恒定的体温，其正常指标在较为稳定的范围之内变动。健康成年犬体温为 37.5～39.0 ℃，幼犬为 38.5～39.5 ℃。健康成年猫的体温为 38.0～39.0 ℃，幼猫为 38.5～39.5 ℃。

健康动物的体温，受某些生理因素的影响，可引起一定程度的生理性变动。首先是年龄因素的影响，动物体温通常在幼龄阶段均比成年阶段为高。其次，性别、品种、营养及生产性能等特点，对体温的生理性变动也有一定影响。一般母犬、母猫于妊娠后期及分娩之前体温稍高。此外，动物在兴奋、运动以及采食、咀嚼活动之后等，体温呈暂时性升高（0.1～0.3 ℃）。至于外界气候条件（温度、湿度、风力、风速等）和地区性的影响，不仅可表现为季节性的变化（一般夏季外界温度高时体温可稍高，冬季外界气温低时体温可稍低）或地区性的差异，甚至在高温的夏季，受长期日光直射或在密闭且通风不良的条件下可引起动物中暑或中热；相反，冬季室外条件下，特别瘦弱的个体，体温可低于常温。

一般健康动物体温昼夜的变动，晨温较低，午后稍高，其昼夜温差变动在 1.0 ℃左右。在排除生理的影响之后，体温的增、减变化即为病态。某些疾病时，在临床上其他症状尚未显现之前，体温升高即先出现，所以，测量体温可以早期发现患病动物，做到早期及时诊断。

2. 体温测定方法

通常测直肠温度，测温时，先将体温计的水银柱甩到 35 ℃以下，用酒精棉球擦拭消毒并涂以润滑剂后，将动物尾根稍上举，将体温计斜向上呈 15°缓慢地插入动物肛门内，体温计后端系一小夹子，把夹子固定在背部毛上。经 3～5 min 后取出，读取度数。用酒精棉球擦拭消毒后将体温计的水银柱甩至 35 ℃以下，放入消毒瓶内备用。

3. 临床意义

体温升高见于多数传染病、炎症及日射病和热射病等；体温降低主要见于重度衰竭、濒死期等。

二、脉搏检测

1. 正常脉搏

伴随每次心室收缩，心脏向主动脉搏送一定数量的血液，同时引起动脉的冲动，以触诊的方法，可感知浅在动脉的搏动，称为脉搏。诊查脉搏可获得关于心脏活动机能与血液循环状态的概况，这在疾病的诊断及预后的判定上都有重要的实际意义。检脉时宜注意其频率、节律及性质的变化。脉搏的频率，即每分钟内的脉搏次数。

某些外界条件、地区性以及生理因素等均可引起脉搏次数发生改变：如外界温度、海拔高度的变化（升高），动物的运动，采食活动，因外界刺激而引起的恐惧与兴奋等，一般均会引起动物心脏活动的加快和脉搏次数的一时性增多。

在动物个体的特点中，宜首先注意其年龄因素，一般动物幼龄阶段比成年阶段的脉搏数有明显加快。其次，性别、品种、生产性能也有一定影响。脉搏的病理性变化主要表现为次数（次/min）、性质及其节律的变化。

2. 脉搏检查的方法

犬、猫主要检查股动脉或肱动脉。将食指和中指放于动脉上，适度按压，以感知动脉跳动。检脉时宜注意其频率、节律及性质的变化。健康成年犬的脉搏数为 70～120 次/min，猫为 120～140 次/min。

视频 1-3-5　脉搏测定

3. 临床意义

脉搏快而强，见于热性病、疼痛性疾病。脉搏快而弱，见于心力衰竭、心包炎等疾病。脉搏变慢，见于颅内压升高的疾病（脑积水、脑肿瘤）、胆血症（肝炎、胆管阻塞）、某些药物中毒（洋地黄中毒）。

三、呼吸次数的测定

1. 正常呼吸次数

动物的一次呼吸活动由吸入及呼出两个阶段组成。呼吸的频率一般以次/min 表示。一般幼龄动物比成年动物为多；雌性动物于妊娠期可增多。品种有一定影响，特别应注意外界温度和地区性的影响：炎热的夏季，环境温度过高、日光直射、通风不良时，会引起动物的呼吸次数显著增多。运动也可引起呼吸次数增多，因此，门诊动物应待休息、安静后再检测；还应注意动物的体位、姿势。健康成年犬的呼吸数为 10～30 次/min，猫为 15～35 次/min。

2. 计测呼吸次数的方法

一般可观察动物胸、腹壁的起伏动作或鼻翼的开张动作（不甚准确）进行计算。当寒冷季节，可按其呼出的气流计数。鸟可注意观察肛门部羽毛的缩动而计算。一般应计测 2～3 min 的次数后取平均数。

视频 1-3-6　呼吸数测定

3. 临床意义

呼吸次数增多，见于呼吸系统疾病（肺炎、肺水肿）、心脏血液疾病（心力衰竭、贫血）、疼痛病、热性病等；呼吸次数减少见于脑部疾病和中毒性疾病后期引起的颅内压增高及濒死期，也可见于喉、气管、支气管狭窄性疾病。呼吸次数显著减少并伴有呼吸节律改变，常提示预后不良。

项目 4

系统检查

【知识目标】

1. 了解心血管系统检查的目的，熟悉心血管系统的临床病理表现及临床意义。
2. 了解呼吸系统检查的目的，熟悉呼吸系统的临床病理表现及临床意义。
3. 了解消化系统检查的目的，熟悉消化系统的临床病理表现及临床意义。
4. 了解泌尿生殖系统检查的目的，熟悉泌尿生殖系统的临床病理表现及临床意义。
5. 了解神经系统检查的目的，熟悉神经系统的临床病理表现及临床意义。

【能力目标】

1. 掌握心血管系统检查的内容及检查方法；能正确分析心血管系统的病理意义与疾病本质的关系并进行初步诊断。
2. 掌握消化系统检查的内容及检查方法；能熟练运用消化系统的检查方法诊断消化系统相应部位的疾病；通过了解动物采食、饮水、呕吐、排粪动作的改变及粪便的感观检查，会分析各种不同改变在临床中的诊断作用及意义。
3. 掌握呼吸系统检查的内容及检查方法；能正确分析呼吸系统的病理意义与疾病本质的关系并进行初步诊断。
4. 掌握泌尿生殖系统检查的内容及检查方法；能正确分析泌尿生殖系统的病理意义与疾病本质的关系并进行初步诊断。
5. 掌握神经系统检查的内容及检查方法；能正确分析神经系统的病理意义与疾病本质的关系并进行初步诊断。

【素质目标】

1. 培养严谨的科学态度和良好的职业道德。
2. 培养学生辩证分析问题的能力。
3. 培养学生自我学习、自我总结的素养。

任务1　心血管系统检查

学习任务单

学习目标：1. 掌握心血管系统检查的内容及检查方法。2. 能正确分析心血管系统的病理意义与疾病本质的关系。

学习资源：1. 教材。2. 实验用犬、猫。3. 信息化教学资源。

学习任务：1. 根据实际情况利用犬、猫进行心血管系统检查方法的训练。2. 根据心血管系统的病理意义与疾病本质的关系对心血管系统疾病做出初步诊断。

【相关知识】

一、心搏动检查

心搏动是指在心室收缩时，由于紧张心肌的冲动，心脏部位的胸壁发生的振动。

（一）心搏动检查的方法

检查心搏动，一般在左侧进行。犬、猫的心搏动在左侧第 4～6 肋间胸廓的下 1/3 处，而以第 5 肋间最为明显。

一般通过视诊和触诊的方法检查心搏动。视诊时，在健康的动物可见相应心区的胸壁发生有节律的跳动。触诊时，先由助手握住动物左前肢并向前方提举，然后检查者再将左手掌置于心区进行触诊，必要时，检查者可用双手同时从两侧胸壁进行触诊（图 1-4-1）。

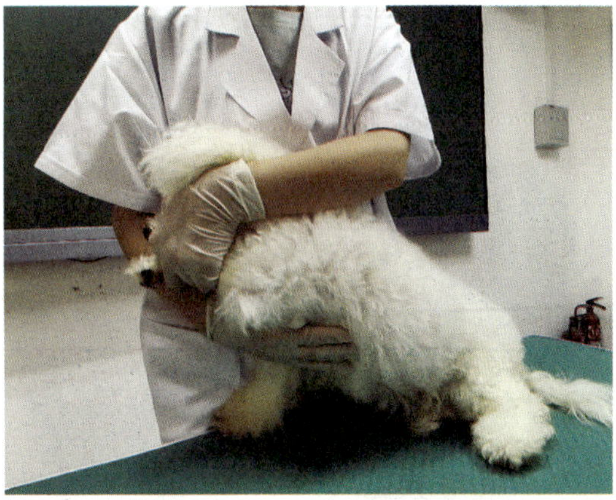
图 1-4-1　心搏动检查

检查心搏动时，应注意其强度、位置、频率各方面的变化，心搏动的强度主要受心脏的收缩力量、心脏大小与位置、胸壁厚度、心脏与心壁之间的介质状态等因素的影响。所以，在考虑是否存在异常的心搏动时，必须要排除正常条件下一些因素（如营养状况、年龄、神经类型、运动、兴奋与恐惧等）对心搏动强度的影响。

（二）异常的心搏动

1. 心搏动增强

触诊时感到心搏动强而有力，并且区域扩大。一般是由心脏机能亢进的疾病引起，主要见于热性病初期、心脏病（如心肌炎、心内膜炎、心包炎）的代偿期、贫血性疾病及伴有剧烈疼痛的疾病。心搏动过度增强，并伴有整个体壁的振动，称为心悸。

2. 心搏动减弱

触诊时感到心搏动力量减弱，并且区域缩小，甚至难以感知。一般是由于心肌收缩无力的疾病(见于心脏病的代偿机能降低时)、胸壁与心脏之间的介质状态改变(见于胸壁水肿、胸膜炎、胸腔积液、慢性肺泡气肿、心包炎等)所引起的。

3. 心搏动移位

心搏动移位是由于心脏受邻近器官、渗出液、肿瘤等的压迫，而造成心搏动位置的改变。表现形式有向前移位，见于胃扩张、腹水、膈疝等，向右移位，见于左侧胸腔积液等。

4. 心区压痛

触诊心区胸壁的肋间部，可发现动物对触压呈敏感反应，强压时表现回顾、躲避、呻吟，反映出存在心包炎、胸膜炎等。但要排除敏感动物的反抗表现，以免混淆。

二、心脏叩诊

通过心脏叩诊，可以判定心脏的大小、形状及其在胸腔内的位置，并能判断出心区是否出现敏感反应。

(一)心脏叩诊的方法

叩诊时先由助手提举动物左前肢，充分暴露心区。根据动物的大小可分别采用指指叩诊法或槌板叩诊法。叩诊时沿着肋间从上向下叩诊，在每个肋间叩诊时，把肺的清音过渡为半浊音处，分别做出记号，连成一条曲线，即为心脏相对浊音区的后上界，把半浊音过渡为浊音处，分别做出记号，连成一条曲线，即为心脏绝对浊音区的上界。

根据这种叩诊方法，可以确定具体的心脏叩诊区(图 1-4-2、图 1-4-3)。

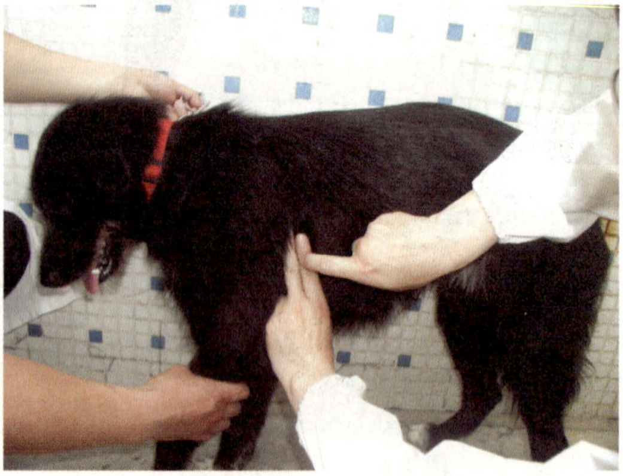

图 1-4-2　心脏指指叩诊

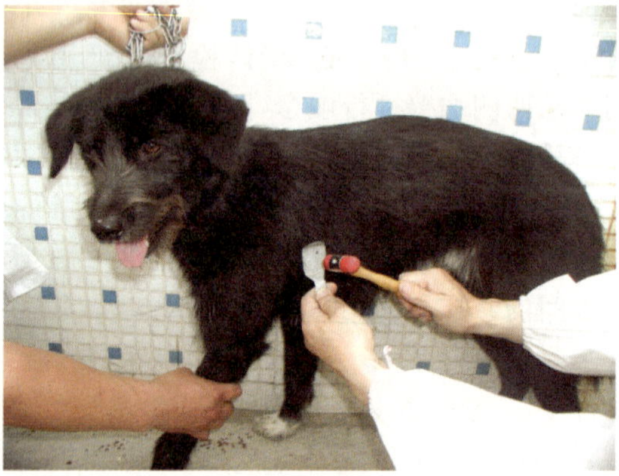

图 1-4-3　心脏槌板叩诊

(二)心脏浊音区

心脏前部为肩胛肌肉所掩盖，而延伸到肩胛肌肉后方的部分还不到心脏的一半，直接与胸壁接触的只是心脏的一小部分，叩诊这一部分时，呈浊音，这就是心脏的绝对浊音区，标志着心脏靠近胸壁的部分。心脏的大部分被肺脏掩盖，叩诊这一部分时，呈半浊音，这就是心脏的相对浊音区，标志着心脏的真正大小。

心脏的绝对浊音区，位于左侧第 4～6 肋间，前缘达第 4 肋骨，上缘达肋骨和肋软骨结合部，大致与胸骨平行，后缘受肝浊音的影响而无明显界限。

(三)心脏叩诊所发现的病理变化

1. 心脏浊音区扩大

由于心脏容积增大(见于心肥大、心扩张)及心包容积增大(见于心包积液、心包炎)，使心脏相对浊音区扩大。由于肺萎缩，造成心脏被肺覆盖的面积缩小，使心脏绝对浊音区扩大。

2. 心脏浊音区缩小

由于肺泡气肿及气胸，使心脏被掩盖或包围的面积增大，所以心脏绝对浊音区缩小，由于肺萎缩及掩盖心脏的肺叶发生实变，使心脏的相对浊音区缩小。

3. 心区敏感

提示心包炎或胸膜炎。

三、心脏听诊

(一)正常心音

在健康动物的每个心动周期中，可以听到"嗵—嗒"有节律交替出现的两个声音，称为心音。前一个是低而浊的长音，即第一心音，后一个是稍高而短的声音，即第二心音。

1. 第一心音

发生于心室收缩期，故称为缩期心音。是在心室收缩时，主要由两个房室瓣(二尖瓣、三尖瓣)突然关闭产生的振动所形成，其他次要因素有心房收缩的振动、半月瓣开放和心脏射血冲击大动脉管壁所产生的振动等。

2. 第二心音

发生于心室舒张期，故称为张期心音。主要是由于心室舒张时，两个半月瓣突然关闭产生的振动所形成，其他次要因素有心室舒张时的振动、房室瓣开放和血流的振动等。

(二)心脏听诊的方法和部位

先由助手提举动物左前肢，充分暴露心区。通常于左侧肘头后上方心区部听取，必要时在右侧心区听诊，加以对比。在心区的任何一点，都可以听到两个心音，但由于心音是沿着血流的方向传导到前胸部的一定部位，那么在这个部位听诊时，心音最为清楚，该部位就是心音的最强听取点。在临床上，通常利用心音的最强听取点来确定某一心音增强或减弱，并判断心杂音产生的部位。

犬的心音最强听取点：①二尖瓣口第一心音：左侧第 5 肋间，胸廓下 1/3 的中央水平线上；②三尖瓣口第一心音：右侧第 4 肋间，肋软骨固着部上方；③主动脉口第二心音：左侧第 4 肋间，肩关节水平线直下方；④肺动脉口第二心音：左侧第 3 肋间，靠胸骨的边缘处(图 1-4-4)。

视频 1-4-1　心脏听诊

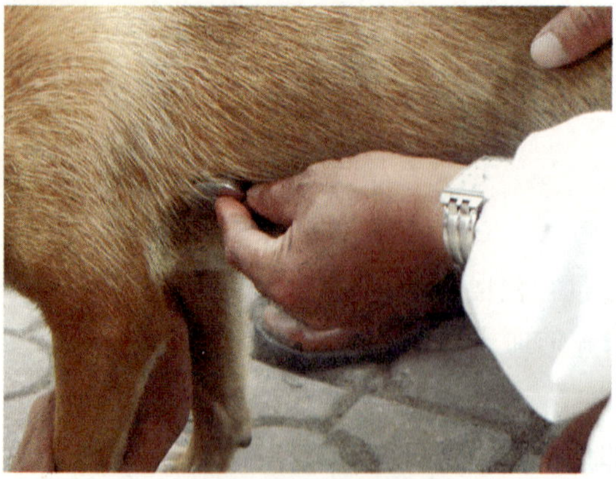
图 1-4-4　心脏听诊

(三)心音异常

对心音是否发生异常，要从频率、强度、性质及节律各方面加以考虑。

1. 心音节律的改变

(1)窦性心动过速　由于窦房结频繁发出的兴奋向外扩散传导，引起整个心脏的兴奋和收缩，表现为心率均匀而快速。一般见于热性病、心功能不全、伴有剧烈疼痛性的疾病，贫血或失血性疾病，迷走神经麻痹时。心率越来越快，往往是心脏储备力不良的标志。

(2)窦性心动过缓　表现为心率均匀而缓慢，一般见于迷走神经兴奋(如颅内高压、胆血症、洋地黄中毒等)、心脏传导功能障碍时。

(3)窦性心律不齐　冲动从窦房结发出，但其发生的速率不一致，而引起心率在较短时间内出现增快与减慢的交替现象。

(4)期前收缩(过早搏动，期外收缩)　是由窦房结以外的异位兴奋灶发出的兴奋而引起心脏收缩。期前收缩经常取代该次本来应发生的正常收缩，因而在其后面有一个比平常延长的间歇期，称为代偿间歇期。

期前收缩的诊断意义：频繁的、有规律的、多发性期前收缩常为病理性的，见于器质性心脏病、心力衰竭、缺钾及药物中毒(如洋地黄、锑制剂、肾上腺素)等。

2. 心音强度的改变

心音强度由本身的强度与心音向外传导的介质状态所决定。影响心音本身强度的因素，包括心肌收缩力、瓣膜紧张度(迅速达到紧张则心音强，缓慢紧张则心音弱)、心室充盈度、循环血量及血液成分等；影响心音传导介质状态的因素，包括胸壁厚度、胸膜腔与心包状态、肺脏心叶的状态、心脏位置等。当判定心音强度时，必须在心尖部和心基底部进行对比听诊，才能得到准确结果。心音强度的变化，表现为两个心音同时增强或减弱，也可以表现为某一心音的增强或减弱。

(1)心音增强

①两心音同时增强　当心肌收缩力加强，心脏排血量增多时，两个心音都增强。病理性的心音增强，见于心脏病的代偿期，非心脏病的代偿适应反应(如发热、贫血、应用强心剂等)及心脏周围肺组织的病变(肺萎缩、无气肺)。

②第一心音增强　见于心肥大、贫血及二尖瓣口狭窄等。

③第二心音增强　见于急性肾炎、左心室肥大、肺淤血、慢性肺泡气肿及二尖瓣闭锁不全等。

(2)心音减弱

①两心音同时减弱　多见于心脏衰弱的后期、其他疾病的濒死期、心音传导不良的疾病(渗出性心包炎、胸膜炎和慢性肺泡气肿)。

②第一心音减弱　临床比较少见，见于心肌梗死或心肌炎的末期以及房室瓣钙化等。

③第二心音减弱　多见于大失血、严重脱水、休克、主动脉瓣闭锁不全及主动脉瓣口狭窄等。

3. 心音性质的改变

心音性质改变有以下几种。

(1)心音浑浊　即心音不纯，低浊，含糊不清，两个心音缺乏明显的界限。主要是由心肌变性或心肌营养不良，瓣膜病变(肥厚、硬化等)，使心肌收缩无力或瓣膜活动不充分而引起的。见于热性病、贫血、高度衰竭症等。

(2)胎性心音　前一个心动周期的第二心音与下一个心动周期的第一心音之间的休止期缩短，而且第一心音与第二心音的强度、性质相似，心脏收缩期和舒张期时间也略相等，加上心动过速，听诊时酷似胎儿心音。又因为类似钟摆"滴答"声，故称"钟摆律"。胎性心音提示着心肌损伤。

(四)心音分裂

第一心音或第二心音分裂成两个声音，这两个声音的性质与心音完全一致，称为心音分裂。

1. 第一心音分裂

第一心音分裂是由于左、右心室收缩有先有后，二尖瓣和三尖瓣关闭则有早有晚造成的，见于传导阻滞。

2. 第二心音分裂

第二心音分裂是由于主动脉瓣、肺动脉瓣关闭不同时造成的，见于主动脉高压或肺动脉高压。

(五)心脏杂音

心脏杂音是与心脏活动相联系，在心音以外的附加声音，这种声音可与心音完全分开，也可以与心音相连，甚至完全掩盖心音。

心脏杂音的音性与心音完全不同，呈吹风样、锯木样、哨音、皮革摩擦音等。心杂音对心脏瓣膜疾病和心包疾病的诊断具有重要意义。

1. 心内性杂音

心内性杂音指心脏运动时产生的杂音。

(1)杂音产生的因素

①血液黏稠度降低　当血液稀薄时，容易形成血流旋涡，如贫血时，可出现"贫血性杂音"。

②血流速度加快　运动、发热、兴奋、甲状腺功能亢进时均能使心排血量增加，血流速度加快，而产生杂音或使原有的杂音增强，在发生心力衰竭时，心肌收缩力明显减弱，血流速度缓慢，可以使原有的杂音减弱或消失。

③大血管狭窄　当血流通过血管狭窄部时，即产生旋涡。在一定程度内，狭窄越严重，旋

涡越明显，杂音越响亮，如见于主动脉缩窄。

④大血管扩张　旋涡容易产生在管腔有突然扩张的部位，如见于肺动脉高压、高血压引起的主动脉扩张、主动脉瘤等。

⑤瓣膜口狭窄　血流通过狭窄的瓣膜口，同样易产生旋涡。在一定限度内，狭窄程度越明显，旋涡越多，旋涡的速度也越大，杂音也越响亮，如见于房室瓣口及半月瓣口狭窄。

⑥瓣膜闭锁不全　血流通过闭锁不全的瓣膜时，向后返流，易产生杂音，如见于房室瓣闭锁不全。

(2)杂音性质　杂音的性质有柔和与粗糙之分，柔和的杂音如吹风样(吹风样杂音)，粗糙的杂音如隆隆的滚筒音(滚筒样杂音)、雷鸣声(雷鸣样杂音)、锯木声等。

(3)杂音的分类

①器质性心内杂音　是瓣膜(瓣膜口)或心脏内部具有解剖形态学变化时所产生的杂音，其主要原因涉及先天性心脏缺陷及后天性瓣膜病。

②非器质性心内杂音　是瓣膜和心脏内部不存在解剖形态学变化时而出现的杂音。

2. 心外性杂音

心外性杂音是发生在心腔以外的杂音。

(1)心包摩擦音　当心包腔的相对膜面上由于炎性渗出物、结缔组织增生及钙化物沉着而变为粗糙时，随着心脏搏动，引起两层粗糙膜面发生摩擦，出现杂音。杂音与呼吸运动无关，在心收缩期和舒张期都能听到，而以收缩期较明显。呈局限性，常在心尖部明显，较粗糙，如皮革摩擦音。心包摩擦音是纤维素性心包炎的主要症状。

(2)心包拍(击)水音　当心包腔内蓄积液体时，随着心脏收缩而引起振荡，即发生拍(击)水音，类似盛有半量液体的玻璃瓶振动时发生的音响，或如倾注液体声，一般由心收缩期移行到心舒张期。见于心包炎、心包积水。

四、动脉压测定

(一)正常动脉血压

动脉压是指动脉管内的压力，简称血压。血压是血管内血液作用于血管壁的侧压。心室收缩时，血液急速流入动脉；动脉管达到最高紧张度时的血压，即最高血压，称收缩压，收缩压主要受心脏收缩力的支配。心室舒张时，主动脉瓣关闭，动脉血压逐渐下降，血液流向周围血管系统，动脉管的紧张度降到最低时的血压，即最低血压，称舒张压，舒张压主要受周围血管的阻力所决定。此外，大动脉管壁的弹性、循环血量和血管容量及血液的黏滞性，也影响着血压的变动。收缩压与舒张压之差，称为脉压。

健康犬的最高血压为 14.39～22.52 kPa，平均为 19.7 kPa；最低血压为 9.99～16.26 kPa，平均为 13.31 kPa。健康猫的最高血压为 20.66 kPa，最低血压为 13.3 kPa。

一定的血压水平是保证各器官血液供应的必要条件。如果血压过低，组织得不到充足的血液，则新陈代谢无法进行；如果血压过高，在心脏射血时遇到更大的阻力，无形中增加心脏负担，长此下去，则会引起心脏的代偿适应反应，以致心力衰竭。

(二)测定血压的方法

1. 测定部位

以股动脉最为方便，也可在前肢的正中动脉测定。

2. 测定方法

常用的血压计有水银柱式、弹簧式两种，弹簧式血压计携带和使用较为方便。动物进行站立保定，将血压计的袖带(橡皮气囊)缠绕于尾根部(或股部)。

用听诊法测定时，袖带的松紧度以能塞入听诊器的胸件为宜。将听诊器胸件固定在股动脉搏动最明显处。关闭气压表上的阀门后，开始向袖带内充气，当气压表指针接近26.66 kPa时，停止充气。小心扭开阀门缓慢放气(以指针每秒钟下降2～3刻度为宜)，当指针逐渐下降到能听到第一个声音时，计压表指针所指刻度即为收缩压；随着缓缓放气，听到的声音逐渐加强，以后又逐渐减弱，并且很快消失，在声音消失前瞬间，计压表上指针所指刻度即为舒张压。

用触诊法测定时，先要感触到待检动脉的脉搏，然后向袖带内充气，直到袖带绑压部下方触不到脉搏时，继续充气，使袖带内压力稍有增高。然后一面缓缓放气，一面触诊脉搏，当感触到脉搏重又出现的瞬间，计压表上的指针发生摆动时所指的刻度，即为收缩压；以后再缓缓放气，使袖带内压降低，脉搏随之逐渐增大，脉搏增大到一定程度，并很快恢复正常，计压表上的指针摆动由大到小，由明显变为不明显时，这时的刻度即代表舒张压。临床应用可将听诊法和触诊法结合起来使用。

测定后的报告方式为：收缩压/舒张压，如14.39/9.99 kPa。

(三)测定血压注意事项

测定血压时应该注意，动物要保持安静，尽量避免骚动不安，防止肢体移动使袖带内压力发生变化，影响测定结果。目前，所用的人用血压计，其袖带设计不适用于家畜测压部位的缠绕，其松紧度难以掌握，如袖带较松，则所测舒张压偏高，如袖带过紧，则所测舒张压偏低，应调整袖带松紧度，力求得到准确度较高的血压值，反复测定3～4次，并取其平均值，要求熟练掌握测定方法。

(四)血压的病理改变

能导致心肌收缩力大小、心脏搏出量多少、外周血管阻力大小及动脉壁弹性高低发生病理改变的因素，就可能使血压出现异常变化。

1. 血压升高

见于剧烈疼痛性疾病、热性病、左心室肥大、肾炎、动脉硬化、铅中毒、红细胞增多症、输液过多等。

2. 血压降低

见于心功能不全、外周循环衰竭、大失血、慢性消耗性疾病等。

任务 2　呼吸系统检查

学习任务单

学习目标：1. 掌握呼吸系统检查的内容及检查方法。2. 能正确分析呼吸系统的病理意义与疾病本质的关系。

学习资源：1. 教材。2 实验用犬、猫。3. 信息化教学资源。

学习任务：1. 根据实际情况利用犬、猫进行呼吸系统检查方法的训练。2. 根据呼吸系统的病理意义与疾病本质的关系对心血管系统疾病做出初步诊断。

视频 1-4-2　呼吸系统检查

【相关知识】

一、呼吸动作检查

1. 呼吸数

健康动物每分钟的呼吸数，虽不绝对一致，但有一定的标准范围。在生病、运动、高温、兴奋、惊慌、采食或妊娠期间等，呼吸次数都有增加。健康成年犬每分钟的呼吸数为 10～30 次/min，猫为 15～35 次/min。计数动物安静时的呼吸次数，时间为 1 min。为了避免误差，也可以计数 2～3 min 的呼吸次数，然后再求出每分钟的平均数。呼吸数可以用看胸廓起伏、腹壁运动、呼出气流或听诊气管、胸廓等方法检查。呼吸数增加，常见于肺脏、胸膜、心脏、胃肠疾病，发热性疾病，大失血，某些中毒，腹压增大及兴奋性增高的神经性疾病。呼吸数减少，常见于代谢紊乱、脑肿瘤、脑水肿、尿毒症、狂犬病的末期及其他使大脑皮层阻抑的脑部疾患。

2. 呼吸型

吸气时胸廓及腹壁开张，呼气时胸廓及腹壁收缩，这种呼吸形式叫作胸腹式呼吸或混合式呼吸。呼吸时，胸廓运动占优势，叫作胸式呼吸，健康犬、猫为这种呼吸。呼吸时，腹壁运动占优势，叫作腹式呼吸，见于胸膜炎、肋骨骨折、肋间肌炎、胸腔积液、心包炎及严重的肺气肿等疾病。

3. 呼吸节律

健康宠物吸气后立即呼气，之后有一极短的间歇，再吸气，这是正常而有节律的呼吸。吸气和呼气的时间比例，犬为 1∶1.64。呼吸节律的改变，主要有下列几种。

(1)吸气延长　其特征是吸气的时间显著延长。这是由于空气进入肺脏发生障碍的结果，常见于上部呼吸道狭窄。

(2)呼气延长　其特征是呼气时间显著延长。这是由于肺中空气排出受到阻碍，呼气动作不能顺利进行导致的，主要见于细支气管炎症和慢性肺泡气肿等。

(3)断续性呼吸　断续性呼吸又称间断性呼吸，即吸气或呼气时，把一个连续的动作分解为两次或两次以上的动作来完成，这是由于患病动物为了缓解胸部疼痛，将吸气分为多次进行，或一次呼气不能将肺内气体排出，而又进行额外呼气动作所致。见于细支气管炎、慢性肺泡气肿、胸膜炎伴有疼痛的胸腹部疾病。

(4)陈施二氏呼吸　又称潮式呼吸，是不整呼吸的代表。特点为呼吸短促，节律反常。呼吸先浅而快，逐渐深而徐缓，达最高度以后，又逐渐浅而快，短时休止后，又反复发生。这是呼吸中枢严重缺氧(供氧不足)、兴奋性降低所致。当缺氧加重和二氧化碳急剧增多，发展到一定程度时，才能刺激衰弱的呼吸中枢，使呼吸恢复和加强；当积聚的二氧化碳逐渐呼出，衰弱的呼吸中枢又失去有效刺激，呼吸又再减弱乃至暂停，从数秒至数十秒不等。在较长的呼吸间隙中，患病动物意识障碍，瞳孔反应消失。见于心力衰竭、脑炎、尿毒症、肺炎、中毒等。

(5)毕欧特氏呼吸　又称间歇呼吸，表现为深度正常或稍加强的呼吸与呼吸暂停(数秒至数十秒)相交替，是呼吸中枢兴奋性显著降低的表现，较潮式呼吸更为严重。主要见于脑膜炎，所以又称脑膜炎性呼吸。另外还可见于尿毒症等。

(6)库斯茂尔氏呼吸　又称大呼吸，其特征是呼吸运动显著深长(呼气与吸气两个动作持续的时间均延长)，呼吸数减少，甚至减少到每分钟3～4次，但无呼吸终止期，混有呼吸杂音(啰音、鼾声)，常见于代谢性酸中毒，如糖尿病酮症、尿毒症等，这是由于酸性产物强烈地刺激呼吸中枢，从而产生深而慢的呼吸。另外本型呼吸还可见于濒死期。

4. 呼吸困难

如果呼吸特别费力，呼吸数、呼吸型及呼吸节律发生变化，则为呼吸困难。检查时注意观察动物的姿态和呼吸活动，健康动物呼吸时，自然而平顺，动作协调而不费力，呼吸频率相对正常，节律整齐，肛门无明显抽动。呼吸困难依其发生的原因及表现，可分为下列3种。

(1)吸气性呼吸困难　取使气体可顺利吸入的姿势，表现为吸气时间延长，前肢分开，站立不动，颈平伸，胸廓扩展，严重时呈张口吸气。常见于上部呼吸道高度狭窄，如鼻腔、咽喉的炎性肿胀或被肿瘤压迫等疾病。

(2)呼气性呼吸困难　取使气体可顺利呼出的姿势，表现为呼气延长而且紧张，呼气末期腹肌强力收缩，沿肋骨端形成喘线(又称息劳沟)，肷部及肛门突出。常见于慢性肺泡气肿、弥散性毛细支气管炎、肺炎和胸膜炎等疾病。

(3)混合性呼吸困难　呼气及吸气均困难，且伴有呼吸次数增加，是临床上最常见的一种呼吸困难。有肺源性呼吸困难，可见于各种呼吸系统疾病(如支气管炎、肺炎、肺水肿、肺泡气肿、胸膜疾患、胸腔积气、气胸等)；心源性呼吸困难，可见于心功能不全如心脏衰弱及心包炎等；血源性呼吸困难，如重度贫血、大出血和休克等(致机体缺氧)；腹压增高性呼吸困难，如急性胃扩张、急性肠臌气、肠变位、腹腔积液等，生理性情况可见于动物妊娠后期(胎儿压迫及胎儿需氧增多)；中毒性呼吸困难，如亚硝酸盐中毒、氰化物中毒、尿毒症、酮血病和重症胃肠炎等；病症引起的代谢性酸中毒等；中枢神经性呼吸困难，如脑积水、脑炎、脑出血、脑肿瘤、脑膜炎、破伤风等。

二、上呼吸道检查

1. 呼出气

主要检查呼出气流的强度、温度及气味3项。健康犬、猫呼气时两鼻孔气流相等、温度一致、呼出气无特殊臭味。呼气强弱的检查，在冬季可观察呼出气流的长短，其他季节可将手背放在动物鼻孔前面，以感觉呼出气流的强弱。两鼻孔呼出气流不一致或只用一鼻孔呼吸时，是鼻道狭窄或堵塞的结果，此时，多伴有鼾声或吸气性呼吸困难。这种现象常见于鼻黏膜炎症、肥厚、肿胀，腭窦蓄脓症及头部骨质疾病等。呼气温度的检查，可把手背放在动物鼻孔前边以感觉呼出气的温度。呼出气温度增高，见于热性病及呼吸道炎症；温度降低，见于虚脱和临死前的体温下降。呼气气味的检查，肺或呼吸道内腐败化脓时，呼出气有恶臭味，鼻腔、副鼻腔、气管的假膜性炎症，鼻甲骨坏疽，龋齿，齿槽化脓或坏死，肺坏疽等病，都有这种气味。嗅到呼出气有臭味时，要仔细追查原因，闭口有臭味是真正来源于呼出气。如由齿槽或牙齿疾病引起的，口腔有病变。如由鼻道引起，常只有一个鼻孔有臭味；如两个鼻孔都有臭味，多为喉、气管或肺有病变。如由腭窦或骨疾患引起，颜面常肿大变形。

2. 鼻液

犬、猫的鼻端有特殊的分泌结构，健康者常呈湿润状，热性病和代谢紊乱时鼻端干燥有热感，正常情况下在睡觉和刚睡醒时鼻尖也干燥，要注意区别。鼻液，是由呼吸道黏膜的分泌物、炎性渗出物、剥脱上皮或崩解组织及流至呼吸道内的血液、唾液、食物、饮水和呕吐物等组成的。健康动物一般不见鼻液流出，冬季可能会有少量浆液性鼻液。检查时，首先要观察动物有无鼻液，检查鼻液应注意下列各项。

(1)如果仅一个鼻孔有鼻液，则这个鼻孔或这一侧鼻旁窦有病变。两侧鼻液是两侧鼻腔、咽喉、气管、支气管或肺的疾病。

(2)如鼻液无色透明如水样，称为浆液性鼻液，可见于呼吸道黏膜急性炎症初期、感冒和犬瘟热初期等。

(3)鼻液黏稠蛋清样或灰白色不透明，内含多量黏液(白细胞和脱落上皮细胞)，呈牵丝状，称为黏性鼻液，见于呼吸道黏膜炎症中期或恢复期，如急性气管卡他的 2 期有黏性鼻液，以后常变为脓性。

(4)鼻液黏稠、浑浊、不透明，呈黄色、灰黄色或黄绿色，内含许多白细胞和黏液，称脓性鼻液，见于呼吸道黏膜急性炎症后期、副鼻窦炎、支气管或肺的化脓症、急性气管卡他(末期)、齿槽脓漏引起的上腭窦炎等，都流脓性鼻液。

(5)鼻液中混有血液，称血性鼻液，见于鼻黏膜外伤、鼻腔寄生虫或异物、鼻黏膜溃疡、鼻腔内肿瘤、急性鼻卡他(初期)、肺水肿等病，大都有红色浆液性鼻液。出血部位不同鼻液颜色也不同，鼻出血鲜红呈滴状或线状；肺出血则两侧鲜红，含小气泡；胃出血呈暗红色。

3. 鼻黏膜

犬、猫鼻腔较为狭窄，检查时应用鼻镜较为合适。正常鼻黏膜为蔷薇红色或淡青红色，常湿润、有光泽，黏膜表面有小点状凹陷时，颜色常浓淡不匀。检查时，应注意鼻黏膜颜色、有无肿胀、疱疹、破损、溃疡及其状态。一般鼻黏膜病变如下。

(1)患急性卡他性炎症时，呈弥漫性潮红；患慢性炎症或贫血，呈苍白色；败血症、炭疽、血小板减少性紫癜或中毒等疾病，黏膜呈点状出血斑；呼吸困难或碳氧交换不足时，黏膜颜色发绀。

(2)患急性炎症的动物，黏膜表面一般肿胀、紧张而干燥；患慢性炎症的动物，表面肿胀、肥厚。鼻腔有瘤或附近骨质病变、窦内蓄脓时，鼻道狭窄。

(3)黏膜损伤，多为外物刺破的结果。患结核及鼻疽等病时有疱疹或结节。

4. 颜面附属窦

检查颜面附属窦时，应注意颜面的形状、窦内有无其他物质及其性质等。

(1)患骨软骨症、骨纤维化症时，颜面骨常膨隆变形；窦内长期蓄存渗出液时，也能引起颜面骨膨隆，前者多为两侧同时变形，后者有时只限于一侧，伴有炎性征候。

(2)窦内积有渗出液，叩诊呈浊音；如果是脓液，叩诊音更浊，此时，常伴有一侧下颌淋巴结肿胀，并有鼻液及其他症状。必要时可用穿刺检查内容物。

5. 喉部及气管

常用视诊和触诊判定其肿胀、变形、增温及敏感程度，有时听诊喉部音响，也可以判断喉腔及声门的状态。喉的内部检查，通常利用喉镜进行，主要观察喉黏膜是否充血、肿胀及有无异物、肿瘤等。

(1)视诊　犬、猫可由口腔利用反射镜检查咽喉腔内部的状态。可发现喉部的肿胀，如皮肤和皮下组织的炎性浸润，见于炭疽、巴氏杆菌病等。

(2)触诊　触诊可以确定喉及器官的肿胀、疼痛和增温的程度。如为炎性肿胀时，动物因患部疼痛，逃避触诊，抗拒不安。腮腺及其下颌淋巴结、咽背淋巴结、咽喉等发生炎症时，多引起咽喉部肿胀，并有增温、敏感等炎性征候。气管附近器官发炎或有其他病变(如颈部淋巴结肿胀、颈静脉及其周围的炎症、食道内异物阻塞等)时，能压迫气管，引起呼吸困难。

(3)听诊　在听诊健康犬、猫喉和气管时，可听到类似“赫”的声音，称为喉呼吸音，此种声音是空气通过狭窄的声门时而发生的。喉呼吸音传至气管，称为气管呼吸音。当喉或气管的黏膜发生炎症时，由于黏膜肿胀和炎性分泌物，此时喉或气管听诊，可听到干啰音或湿啰音。如分泌物黏稠时为干啰音，即吹哨音或咝咝音；分泌物稀薄时为湿啰音，即呼噜声或猫喘声。患咽喉炎性肿胀、声门水肿或喘鸣症时，听诊喉部，能听到喉头狭窄音。

三、咳嗽检查

咳嗽是一种保护性的反射动作，气管内有炎性分泌物或吸入异物尘埃、煤等，可借咳嗽反射而排出体外。烟、刺激性气体或寒冷空气，也往往引发咳嗽。患胸膜炎，特别是喉头、气管、支气管发生炎症，容易发生咳嗽。例如，患慢性支气管卡他、肺泡气肿等的动物，早晨常有咳嗽。气道内有异物(饲料、肺线虫、药物、羽毛或柳絮等)也会引发咳嗽。检查咳嗽时，可向动物主人了解患病犬、猫有无咳嗽及咳嗽性质，也可听取患病动物自发的咳嗽，必要时也可用人工引咳法帮助检查。方法为检查者一手的拇指放于喉头与第1～2气管轮之间，其余手指放于对侧，轻加捏压，并向上方提举，即可引起咳嗽。如果不咳，可再进行2～3次。如颈部肥厚，一手不能握住时，可用两手同时自两侧压迫。检查时要注意咳嗽的性质、频度、强度和疼痛反应。

1. 性质

(1)干咳　气管内分泌物极少或急性炎症初期黏膜肿胀干燥时，发生干咳。咳嗽力强，声音清脆，持续时间短，无痰或有少量黏稠渗出物。见于急性喉气管炎初期、慢性支气管炎、早期结核、胸膜炎、喉和气管异物等。

(2)湿咳　气管内混有多量分泌物，发生湿咳。湿咳的声音较低而钝浊，持续时间长。由于有痰液咳出，往往随着咳嗽动作从鼻孔喷出多量渗出物，或咳嗽后出现吞咽动作，表示呼吸道有多量稀薄渗出液。常见于慢性炎症或急性炎症的末期，如咽喉炎、肺脓肿、支气管肺炎、支气管炎、肺坏疽等。

2. 频度

(1)单发的咳嗽　每次仅出现一两声，也称为稀咳，常常反复发作而带有周期性。见于感冒、肺结核等。另外，呼吸道内有少量异物或分泌物(痰)也引起咳嗽，异物咳去则咳嗽止息。

(2)连续性咳嗽　咳嗽反复连续发作，一次十几声到几十声，也称为频咳，见于急性喉炎、传染性上呼吸道卡他等。严重时可变为痉挛性咳嗽。

(3)发作性咳嗽　特征为具有突然性和暴发性，咳嗽剧烈而痛苦且连续不断，表示呼吸道黏膜遭受强烈的刺激，或刺激因素不易排除，也称痉挛性咳嗽，常见于异物进入上呼吸道及异物性肺炎等。

3. 强度

(1)强咳　是喉和气管黏膜受刺激所发生的咳嗽，咳嗽强有力，炎症初期(尤其上呼吸道的急性炎症)或无痛而分泌物黏稠时，则引发强咳，可推知肺的弹性无异常，见于喉炎和气管炎等。

(2)弱咳　是细支气管黏膜受到刺激而发生的咳嗽，肺的弹力减弱、呼气时肌肉收缩无力或感到疼痛，咳嗽弱而无力，见于肺炎、肺气肿、胸膜炎和全身性衰弱等。发生断续的弱咳，见于胸膜炎、喉黏膜的重性炎症。

4. 痛咳

咳嗽时伴有疼痛，咳声短而弱，咳嗽时动物多不安、头颈前伸或摇头时做咽下状或呻吟以示疼痛，见于急性喉炎、喉水肿、异物性肺炎等。

四、喷嚏和打鼾

1. 喷嚏

是一种保护性的反射性动作，当鼻黏膜受到刺激时，反射性地引起暴发性呼气，振动鼻翼产生的一种特殊的声音。常见于鼻炎或鼻腔内进入异物等。

2. 打鼾

鼾声是一种特殊的呼噜声，多为鼻黏膜肿胀、肥厚导致鼻道狭窄而张口呼吸时，软腭部常发生强烈的震颤而发出鼾声，主要由鼻炎引起。短吻犬在正常情况下也会打鼾，要注意鉴别。

五、胸部检查

1. 胸部视诊

主要观察胸廓的形状及被毛和皮肤的变化。健康犬、猫的胸廓形状和大小，依动物的品种、年龄、营养及发育状况而有很大差异，但胸廓两侧应对称，脊柱平直，肋骨膨隆，肋间隙的宽度均匀，呼吸也匀称。病理情况下，可有以下变化：

(1)胸廓扩大　胸部两侧扩大，横径增加，呈桶状，称桶状胸，常见于重症慢性肺气肿。

(2)胸廓缩小　胸廓狭窄而扁平，横径狭小，呈扁平状，称扁平胸，见于骨软症、营养不良的动物。

(3)两侧胸廓不对称　可见于单侧性胸腔疾病，如一侧胸腔积液、积气(可能由单侧性胸膜炎引起)，肋骨骨折等。另可见于一侧性肺实变或肺扩张。

胸部被毛和皮肤检查，应注意有无被毛凌乱、脱毛、外伤、皮下气肿、丘疹、溃疡、结节和胸前、胸下浮肿及局部肌肉震颤等。

2. 胸部触诊

胸壁触诊主要检查胸廓局部温度、肋骨状态、胸壁敏感性和胸壁摩擦感。检查胸壁温度时，用手背感觉为宜；检查疼痛反应时，手指伸直并拢，垂直放在肋间，指端不离体表，自上而下连续地进行短而急的触压；检查胸膜和支气管震颤时，以手掌或指腹平置于胸壁进行触诊。

(1)胸壁温度　患急性胸膜炎时，胸廓的前下部常稍有增温；如果发现局限性增温，为局部炎症，如胸壁炎症、胸壁脓肿等。

(2)胸壁敏感性　患胸膜炎的初期及肋间风湿性神经痛时，肋间常有压痛。肋骨骨折时疼痛更加剧烈。

(3)胸壁摩擦感　胸膜炎时，胸膜表面变粗糙，在呼吸运动时，壁层与脏层相互摩擦，手掌面紧贴于胸廓，可感到胸膜摩擦感，摩擦感(震颤感)与呼气或吸气一致，胸膜越粗糙，感觉越清楚。如不甚明显，为便于诊断，可在检查前令动物做适当的跑步运动。

3. 胸廓叩诊

胸肺部叩诊，是根据叩诊音的改变而判定肺和胸膜的病理变化，叩诊时所产生的音响是一种综合音，即由叩诊槌叩打叩诊板的音响、胸壁振动与肺泡内空气振动共鸣而成的合成音。

(1)叩诊方法　大型犬可用槌板叩诊法，对小型犬和猫可用指指叩诊法。叩诊时，叩诊板(或叩诊板指)必须紧密地放在胸壁上，如其间有空隙，则由于空气的振动会影响叩诊音。

(2)叩诊顺序　一般是沿肺的上界由前向后呈水平叩击，直到肺的后界为止；然后再向下移，同样由前向后进行(水平叩诊法)。也可沿肋间由上向下叩击(垂直叩诊法)。不论采用哪种方法，全肺区都要进行叩诊。

(3)叩诊力度　决定于胸壁和肺实质的厚度。肺上界和前界，因胸壁和肺组织较厚，要用较强的力量叩诊；肺的后下界，因胸壁和肺组织较薄，可采用较弱的力量叩诊；在肺中部用中等的力量叩诊。叩诊左侧和右侧胸壁的相同部位，要用相等的力量叩击，进行比较。

(4)叩诊区域　由于肺前部为发达的肌肉骨骼掩盖，因此，动物肺叩诊区比肺本身小约1/3。前界为自肩胛骨后角并沿其后缘所引之线，下止于第6肋间的下部；上界为自肩胛骨后角所划的水平线，距背中线2～3指宽；后界自第12肋骨与上界的交点开始，向下、向前经髋结节水平线与第11肋间的交点，坐骨结节水平线与第10肋间的交点，肩关节水平线与第8肋间的交点而达第6肋间的下部与前界相交。

(5)肺正常叩诊音　健康犬肺叩诊音，中部为清音，其特征为音响较大、音调较低；上部和边缘因肺含气量少，胸壁厚或下面有脏器，叩诊音为弱而短的半浊音。深度超过6～7 cm，则无叩诊音，叩诊不可能了解深部病变(叩诊健康小动物的胸廓，则产生鼓音)。

4. 胸廓听诊

胸部听诊与胸部叩诊同时应用，是诊断肺和胸膜疾病的比较可靠的方法。胸部听诊时，先从胸壁中部开始，然后听上部和下部，由前向后依次进行，直到肺的全部。每个部位听2～3次呼吸音，如发现异常呼吸音时，在该部位周围和对侧相应部位进行比较听诊。

胸廓听诊是为了确定呼吸音的强弱、性质和发现病理的呼吸杂音。胸廓听诊对呼吸道疾病，特别是对肺和胸膜疾病的诊断，有特别重要的意义。

(1)生理性呼吸音

①喉狭窄音　动物的呼吸系统是不同口径的管道系统，显著的狭窄与宽大的扩张相互交替。在狭窄的鼻孔之后，就是宽大的鼻腔；在宽大的鼻腔之后，为狭窄的鼻道；鼻道之后，为宽广的咽腔；咽腔之后，为狭窄的声门；声门之后，为宽大的喉腔。因在呼吸系统的开始部，就有3个狭窄部，其中以声门的狭窄部为最显著。在吸气时，每个狭窄部都是形成特殊声音的部位，这种声音的强度和气流速度及狭窄程度成正比。这些声音都产生于同一瞬间，互相融合而成为一个总的声音，所以叫作喉狭窄音。

②气管及支气管呼吸音　喉狭窄音沿着气管和支气管的路径，向肺的方向传导，沿着整个气管都可以听见，有时在胸廓面上也容易听到。在健康动物的气管上听到此种声音时，叫作气管呼吸音；在胸廓上听到此种声音时，叫作支气管呼吸音。犬、猫在肩胛带部分(第3～4肋间肩关节水平线上下)都可以明显地听到相当高朗的支气管呼吸音，类似"赫"的发音。

③肺泡呼吸音　主要是由肺泡组织本身所产生，当吸气时空气经细支气管进入肺泡内，产生漩涡运动，振动肺泡壁，以及空气进入肺泡，使肺泡壁由弛缓状态变为紧张状态，因而产生肺泡呼吸音；呼气时空气由狭窄的肺泡口挤出，振动细支气管壁，以及肺泡壁由紧张状态转变为弛缓状态而产生声音。因为吸气是一种主动的呼吸运动，力量较大，气流较快，所以声音较强而长；呼气时为肺泡回缩的被动运动，所以声音较弱而短。

听诊健康动物胸廓时，可以听到类似轻读"夫"字的一种声音，吸气较呼气强而长，吸气时较明显，呼气时微弱，仅在初期能听到，这是正常肺泡呼吸音。

(2)病理性呼吸音　犬、猫常见病理性呼吸音及其临床意义见表1-4-1。

表1-4-1　犬、猫常见病理性呼吸音及其临床意义

呼吸音		特点	原因	临床意义
肺泡呼吸音	普遍性增强	左右肺区均出现重读的"夫"音	呼吸中枢兴奋性增强	发热、代谢亢进、非肺部疾病引起的呼吸困难
	局部增强	局部肺泡呼吸音增强	病变区弱、周围代偿性增强	肺炎、慢性肺泡气肿、渗出性胸膜炎等
	减弱或消失	肺泡呼吸音减弱	病变区渗出或实变，肺弹性减弱	肺炎、慢性肺泡气肿等病变区
病理性支气管音		肺门区以外出现明显的"赫"音	肺实变	肺炎(实变)
干啰音		口哨声、飞箭声、鼾声；呼气时最明显	支气管狭窄，分泌物黏稠	支气管炎
湿啰音		水泡破裂音；吸气时明显	大量稀薄液体	支气管炎和肺炎渗出期；肺水肿；肺出血
捻发音		均匀一致的水泡音 只在吸气时可闻	肺泡内有黏稠分泌物	肺炎
胸膜摩擦音		皮革摩擦、踏雪的声音	纤维素渗出	胸膜炎初期和后期
胸腔拍水音		液体振荡声	胸腔积液	胸腔积水、胸膜炎中期

任务3　消化系统检查

学习任务单

学习目标：1. 掌握消化系统检查的内容及检查方法。2. 能正确分析消化系统的病理意义与疾病本质的关系。

学习资源：1. 教材。2. 实验用犬、猫。3. 信息化教学资源。

学习任务：1. 根据实际情况利用犬、猫进行消化系统检查方法的训练。2. 根据消化系统的病理意义与疾病本质的关系对消化系统疾病做出初步诊断。

【相关知识】

一、饮食欲检查

询问宠物的饮欲、食欲及采食过程，有无呕吐、腹泻及其特点，对发现和诊断消化系统疾病极其重要。犬、猫是容易呕吐的动物，采食后不久即呕出食物，并将其重新食入，多是饥饿过食的表现；采食后时常发生呕吐，多是胃炎表现；空腹时表现频繁呕吐，呕吐物为无色或黄色黏液并含有泡沫，多是胃、十二指肠或胰腺的顽固性疾病；呕吐物混有血液，可能是胃溃疡或十二指肠的出血性炎症。

二、口腔食道检查

口腔黏膜正常为粉红色或局部有色素，若呈现潮红、苍白、黄染或发绀等变化，临床意义与眼结膜检查相同。重点观察口腔黏膜有无糜烂或溃疡，牙齿有无松动（图1-4-5）。食道检查一般采取触诊法，沿食道径路触摸有无温热、肿胀、疼痛等异常。

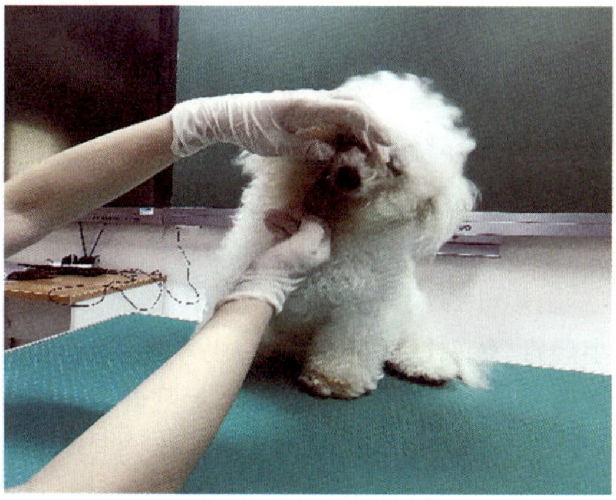

图1-4-5　犬的口腔检查

三、呕吐检查

犬、猫是容易发生呕吐的动物，并有生理性呕吐。据报道，因各种原因所致呕吐的门诊率可达到65%。

视频1-4-3　打开犬口腔

1. 呕吐的病因学类型

（1）传染性呕吐　病毒感染多见犬瘟热、犬冠状病毒病、犬细小病毒病、犬传染性肝炎、犬传染性气管支气管炎、犬疱疹等疾病。细菌或立克次氏体感染可见犬钩端螺旋体病、沙门氏菌病、鲑中毒、新立克次氏体病、犬副伤寒、胃肠炎等。

(2)侵袭性呕吐　特别是蛔虫病、绦虫病易发生呕吐。临床上常见于2月龄左右的幼犬，有时可呕吐出虫体。

(3)中毒性呕吐　见于药物和毒素中毒(犬氯化汞、砷制剂、铊、硫酸铜、铅等重金属中毒)；治疗药品中毒(如阿扑吗啡、洋地黄糖苷、氨茶碱、雌性激素、肾上腺素、氯化铊、水杨酸钠、林肯霉素、红霉素、四环素、氯霉素、呋喃妥英、吐根、生物碱等)；溶剂中毒(如乙醇、异丙醇、苯、丙酮、硝基苯、苯酚等)；杀虫(鼠)剂中毒(如安妥、氟乙酸、有机磷等)；其他中毒(如组胺、葡萄球菌肠毒素、酒精、六氯酚、萘、草酸盐、甲基溴化物等)。

(4)代谢性呕吐　机体代谢紊乱，如酸中毒、碱中毒、尿毒症、肾上腺皮质激素分泌紊乱。

(5)消化道异常性呕吐　咽、食道异常(咽痉挛、食道梗阻、食道痉挛、食道狭窄、食道憩室、胃食道套叠症)；胃肠异常(胃扩张、胃扭转、肠套叠、胃内异物、胃肿瘤、幽门狭窄、幽门痉挛、肠绞榨)。

(6)炎症性呕吐　常见犬胰腺炎、子宫积脓、胃溃疡、肥大细胞症、严重肝炎、尿素性胃炎、犬佐林格-埃利森综合征、腹膜炎、脓毒症、胆管破裂、尿道破裂、出血性胃肠炎等。

(7)神经性呕吐　自主性癫痫病、小脑或前庭疾病；颅内压增高，头部损伤、脑瘤、脑积水；呕吐中枢低氧血症，严重贫血、严重缺血。

(8)其他原因　如过食、食入腐败物等。

2. 呕吐的鉴别诊断

犬单纯性的呕吐容易诊断，而呕吐症状的原发病却较难判定。犬的呕吐物往往与原发病的病因和病程有关。所以在临床中，常常是先根据呕吐与采食时间、呕吐物的性状、呕吐持续时间等，进行初步鉴别诊断。然后再根据临床综合症状及实验室诊断，对原发病进行最终的鉴别诊断。

(1)呕吐与采食时间　若犬采食后马上呕吐，多见于食道阻塞或急性胃炎；采食半小时后即呕吐，可怀疑为中毒、代谢性疾病、过食、兴奋等原因；呕吐发生于胃排空(6～8 h)之后，常见于胃排空机能障碍，如幽门阻塞等。

(2)呕吐物的性状　吐出多量粥状带酸味呕吐物，为刚咽下食物或未消化食物，属一次性呕吐；呕吐物呈黏稠状或混有胆汁、血液，且呕吐频繁，多见于急性出血性胃炎，以及犬瘟热、细小病毒、传染性肝炎等传染病；呕吐物呈碱性反应液状食糜，为小肠闭塞；呕吐物外观、气味与粪便相似，为大肠阻塞；干呕、无呕吐物且腹部膨大，可怀疑胃扩张或胃内有异物等。

(3)呕吐与持续时间　呕吐发生急，持续时间较短，且与采食时间有直接关联，多见于过敏、中毒、兴奋以及食物的不耐受；若呕吐反复发作，症状不太严重，并伴发有昏睡、食欲不振、流涎和腹部不适等症状，可怀疑慢性胃炎、肠炎、慢性胰腺炎或寄生虫感染的可能。

(4)呕吐与腹泻　犬的呕吐多伴有腹泻，腹泻先于呕吐，则病因往往在肠道，而胃病的可能性较小；呕吐先于腹泻，则说明犬已摄入异物、毒物或严重性传染病(如犬瘟热、犬细小病毒病等)。

(5)呕吐与饮食欲　食欲正常或稍减，但食后不久即呕吐，再吃又吐，且喜食呕吐物，多见于蛔虫病、贲门异常；若废食且喜喝水，喝足时即呕吐，尿量少，可怀疑急性肾炎、尿中毒、钩端螺旋体病；呕吐与饮食欲无关，多表明非胃肠道疾病，而机体中毒、神经系统损伤的可能性较大。

四、腹部检查

1. 腹部视诊

观察腹围大小及局限性肿胀。正常情况下，犬腹部卷缩形成特有的“狗肚皮”。

(1)腹围膨大 见于母犬、猫妊娠、肥胖；急性胃扩张（积食、积气、积液）、肠臌气、结肠便秘、腹腔积液（腹膜炎、腹水、内脏血管破裂、膀胱破裂等）；膀胱高度充满；子宫蓄脓；腹腔肿瘤。

(2)腹围缩小 见于急性腹泻、长期发热、慢性消耗性疾病，破伤风或腹膜炎时腹肌紧张可引起腹围轻度卷缩。

(3)局限性膨大 多见于腹壁疝，犬的脐疝在临床多见。

2. 腹部触诊

犬、猫的腹壁薄软，腹腔浅显，便于触诊。如将犬、猫前后躯轮流高举，几乎可触知全部腹腔脏器。开始触压时腹壁紧张，但触压几次后腹壁便弛缓。腹部触诊对犬、猫胃肠道疾病、腹膜腔疾病及泌尿生殖道疾病的诊断十分重要，是犬、猫疾病诊断中重要的技术。

(1)胃的触诊 在左前腹部，肋骨弓下方，往前上方触压，可感知胃内容物的多少、性质、有无异物及敏感性，对判断胃扩张、胃内异物、胃炎及胃溃疡等具有重要价值。

当采食大量干燥的食物而不能呕吐引起的急性胃扩张，触诊时可在两侧肋下部摸到胀满、坚实的胃。当胃内有异物时，胃部触诊有疼痛反应，有时在肋下部可摸到胃内的异物。胃扭转时，腹部触诊可摸到一个紧张的球状囊袋。在急性胃卡他、胃炎、胃溃疡时，胃部触诊有疼痛反应。

(2)肝区触诊 正常的肝位于肋弓之内，不易摸到。检查时，在右侧肋骨弓下方，往前上方触压。肝脏肿大、敏感，多提示肝炎。肝脏质地变硬、萎缩，提示中毒性肝病、肝炎的后期。

(3)肠道触诊 对于检查肠便秘、肠套叠、肠扭转、肠内异物等具有重要意义，犬以肠套叠和肠内异物较多见。肠便秘，触摸到肠道内有一串坚实或坚硬的粪块。肠内异物，可以摸到肠管内的坚实异物团块，前段肠道臌气。肠扭转，可以发现局部的触痛和臌气的肠管，有时可以摸到扭转的肠管或扭转的肠系膜。肠套叠，可以触摸到一段质地如鲜香肠样有弹性、弯曲的圆柱形肠段，触压剧痛，有时可以摸到套入部的圆形末端及鞘部的卷折之处。

(4)腹膜炎 腹壁紧张度增高，触压腹壁有疼痛反应；在腹腔积液时，进行冲击式触诊可感到回击波，而同时用听诊器置于对侧腹壁听诊，可听到振水音。

通过腹部触诊可判断肾脏、膀胱、子宫等泌尿生殖器官的疾患，可确定腹壁及腹腔脏器的肿瘤或疼痛性疾病以及有无腹腔积液，并有助于早期妊娠诊断。

3. 腹部听诊

根据胃肠音的强弱、频率、持续时间和音质，可以判定胃肠的运动机能和内容物的性状。健康犬、猫肠音似捻发音。异常现象有肠音增强（见于肠臌气初期、胃肠卡他及胃肠炎的初期）；减弱或消失（见于严重胃肠炎的后期、便秘、肠麻痹及肠变位的后期）；肠音不整（见于慢性胃肠卡他，由于腹泻与排粪迟滞交替出现，肠音数日强、数日弱）；金属性肠音（见于肠臌气初期）。

视频 1-4-4　直肠检查

4. 直肠检查

检查肛门、肛门腺及会阴部时，应戴手套并涂以润滑剂。里急后重，大便困难，多为直肠和肛门疾患的症状。将手指伸入肛门可检查直肠或经直肠触诊深部器官，如直肠内粪便的颜色、硬度和数量，直肠的宽窄，骨盆的大小，骨盆骨折，肛门腺癌，直肠内肿瘤，膀胱、子宫以及雄性前列腺的情况等。

五、排粪动作及粪便检查

1. 排粪动作

犬、猫排便近乎蹲坐姿势，排便后有用四肢扒土掩粪的习惯。

(1)便秘见于一般热性病、肠便秘、肠变位等。

(2)腹泻是犬、猫常见的病理现象，引起犬腹泻的常见病因见表 1-4-2。

(3)排粪失禁是由于肛门括约肌弛缓或麻痹所致，见于持续性腹泻及腰荐部脊髓损伤等。

(4)排粪带痛见于直肠炎、腹膜炎、肛门腺囊肿等。

(5)里急后重见于直肠炎、顽固性腹泻、肛门腺炎等。

表 1-4-2　犬腹泻的常见病因

病因分类	常见病因
细菌性腹泻	沙门氏菌病、大肠杆菌病、弯杆菌病
病毒性腹泻	细小病毒性肠炎、犬瘟热、传染性肝炎、冠状病毒性肠炎
寄生虫性腹泻	球虫病、弓形虫病等原虫病，蛔虫病、钩虫病、毛首线虫病(鞭虫病)、旋毛虫病、肝片吸虫病、绦虫病等蠕虫病
中毒性腹泻	腐败变质食物中毒、铅铜等重金属中毒、有机磷中毒
	滥用抗生素导致肠道菌群失调
其他腹泻	饲喂冰冷食物、饮水不洁；乳制品脓稠；过食；突然变换食物
	应激因素(如犬舍卫生不良、长途运输等)

2. 粪便检查

注意粪便的量、形状和硬度、粪色、气味及异常混杂物(黏液、伪膜、血液、脓汁、寄生虫、异物残渣等)。犬、猫的正常粪便呈圆柱状，有一定硬固感，一般为褐色，因采食肉类和脂肪，粪便多有特殊的恶臭味。

若粪便呈暗褐色甚至黑色，多为前部肠管或胃出血。呈红色，血液附着在粪便表面，见于后段肠道出血等。粪呈淡黏土色(灰白色)，见于阻塞性黄疸。呈灰色，软如油膏，带特殊的脂肪闪光，混有大量脂肪团及没消化的肉类纤维，见于胰腺炎。呈黄绿色，常见于钩端螺旋体病。粪便带黏液，表明肠道炎症或肠变位(肠阻塞、肠套叠等)等。若未采食肉类食物而粪便有腐败臭味，乃肠卡他的特征。异常恶臭(腥臭味)，呈番茄酱样，见于犬细小病毒病。粪中混有脓汁，是化脓性炎症的标志，如直肠脓肿等。混有寄生虫，多见于蛔虫、绦虫感染。混有破布、被毛等，是由于营养代谢障碍发生异嗜所致。

任务4 泌尿生殖系统检查

学习任务单

学习目标:1.掌握泌尿生殖系统检查的内容及检查方法。2.能正确分析泌尿生殖系统的病理意义与疾病本质的关系。

学习资源:1.教材。2.实验用犬、猫。3.信息化教学资源。

学习任务:1.根据实际情况利用犬、猫进行泌尿生殖系统检查方法的训练。2.根据泌尿生殖系统的病理意义与疾病本质的关系对泌尿生殖系统疾病做出初步诊断。

【相关知识】

一、排尿状态的检查

公犬的排尿姿势是抬举并外展某一后肢,向身体的侧方向排射,且有排尿于其他物体上的习惯。母犬的排尿姿势是后肢稍向前踏,略微下蹲,弓背举尾。健康的成年犬,每昼夜排尿2~4次,总量0.5~1.5 L。

泌尿、贮尿和排尿的任何障碍,都可表现出排尿异常。

(一)多尿和频尿

多尿是指总排尿量增加,表现排尿次数增多,而每次排尿量并不减少。见于肾小球滤过机能增强(如大量饮水后,一时性尿量增多);肾小管重吸收能力减弱(如慢性肾病,渗出液吸收过程,应用利尿剂、尿崩症、糖尿病等)。

频尿表现排尿次数增多,而每次排尿量不多,甚至呈滴状排出,是由于膀胱或尿道黏膜受刺激而兴奋性增高的结果,见于膀胱炎、尿道炎、肾盂肾炎等。

(二)少尿和无尿

少尿是指总排尿量减少,表现排尿次数减少,排尿量也减少。无尿也称排尿停止。少尿和无尿常密切相关。按其病因一般可分为肾前性、肾原性及肾后性少尿或无尿。

(1)肾前性少尿或无尿 由血浆渗透压增高和外周循环衰竭,肾血流量减少所致。表现尿量轻度或中度减少,一般不出现完全无尿,见于脱水、休克、心力衰竭,组织内水分潴留等。

(2)肾原性少尿或无尿 是肾脏泌尿机能高度障碍的结果,多由于肾小球和肾小管的严重病变引起。见于急性肾小球肾炎,各种慢性肾脏病(如慢性肾炎、肾盂肾炎、肾结核、肾结石等)引起的肾功能衰竭。

(3)肾后性少尿或无尿 主要由于尿路阻塞所致。见于肾盂、输尿管或尿道结石,炎性水肿,或被血块、脓块阻塞等。

(三)尿潴留

肾脏泌尿机能正常，而膀胱充满尿液不能排出。尿液呈少量点滴状排出或完全不能排出。见于尿路阻塞(如尿道结石、尿道狭窄)、膀胱麻痹、膀胱括约肌痉挛及腰荐部脊髓损害。

(四)排尿失禁

特点是病畜不取排尿姿势，尿液不随意地不时地排出。见于脊髓疾患、膀胱括约肌麻痹、脑病昏迷和濒死期的病畜。

(五)排尿痛苦

其特征是病畜在排尿过程中，有明显的疼痛表现或腹痛姿势，排尿时呻吟，努责，摇尾踢腹，回顾腹部和排尿困难等。不时取排尿姿势，但无尿排出，或呈滴状或呈细流状排出。多见于膀胱炎、尿道炎、尿道结石、生殖道炎症及腹膜炎。

(六)尿淋沥

是指排尿不畅，尿液呈点滴状或细流状排出，此种现象多是排尿失禁、排尿痛苦和神经性排尿障碍的一种表现，有时也见于老龄体衰、胆怯和神经质的动物。

二、泌尿器官的检查

(一)肾脏检查

1. 视诊检查

临床检查中，当发现排尿异常、排尿困难及尿液的性状发生改变时，应重视泌尿器官，特别是肾脏的检查。如某些肾脏疾病(急性肾炎、化脓性肾炎等)时，由于肾脏的敏感性增高，肾区疼痛明显，病畜除出现排尿障碍外，常表现腰脊僵硬、拱起(图 1-4-6)，运步小心，后肢向前移动迟缓。此外，应特别注意肾性水肿，通常多发生于眼睑、垂肉、腹下、阴囊及四肢下部。

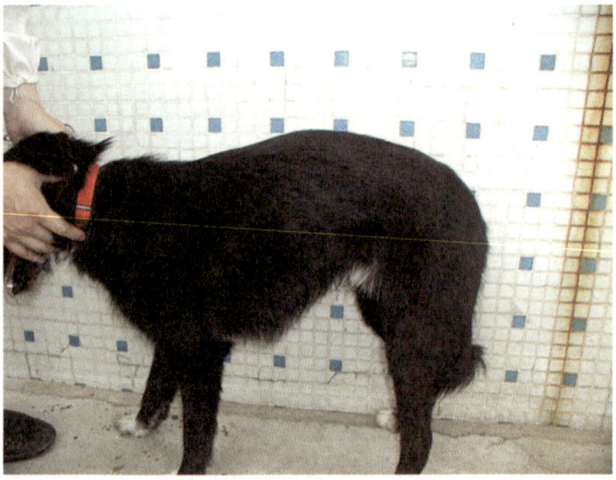

图 1-4-6 腰背拱起

2. 触诊检查

可通过体表进行腹部深部触诊。肾脏外部触诊时，可使犬、猫取站立姿势，检查者两手拇指放于犬、猫腰部，其余手指由两侧肋弓后方与髋结节之间的腰椎横突下方，由左、右两侧同时施压并前后滑动，进行触诊(图 1-4-7、图 1-4-8、图 1-4-9)。

触诊为检查肾脏的重要方法。注意观察动物有无压痛反应。肾脏的敏感性增高，则动物可能表现出不安、拱背、摇尾和躲避压迫等反应。在病理情况下，肾脏的压痛，可见于急性肾炎、肾脏及其周围组织发生化脓性感染、肾脓肿等，在急性期压痛更为明显。如感到肾脏肿胀、增大、压之敏感，并有波动感，提示肾盂肾炎、肾盂积水、化脓性肾炎等。肾脏质地坚硬、体积增大、表面粗糙不平，可提示肾硬变、肾肿瘤、肾结核、肾或肾盂结石。肾脏肿瘤时，触诊常呈菜花状。肾萎缩时，其体积显著缩小，多提示为先天性肾发育不全或慢性间质性肾炎。

采集尿液，进行尿液化验可为肾脏病诊断提供重要线索。

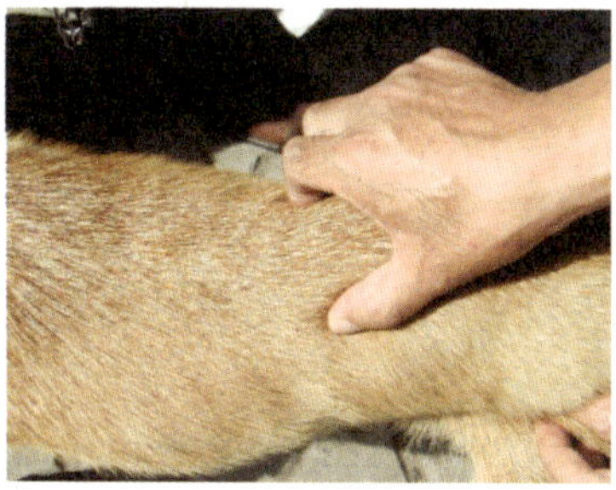

图 1-4-7 按压触诊

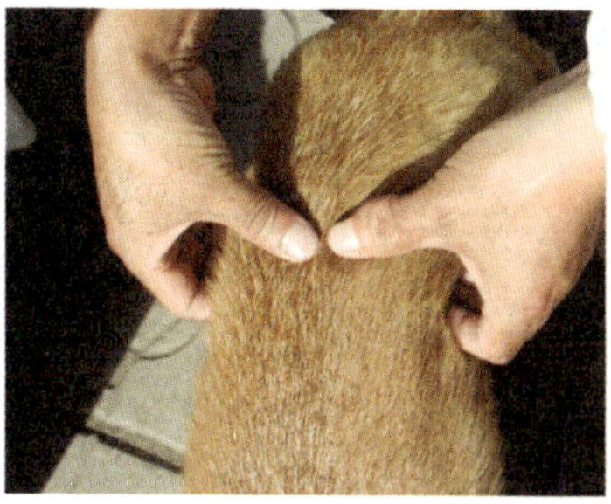

图 1-4-8 切入触诊(一)

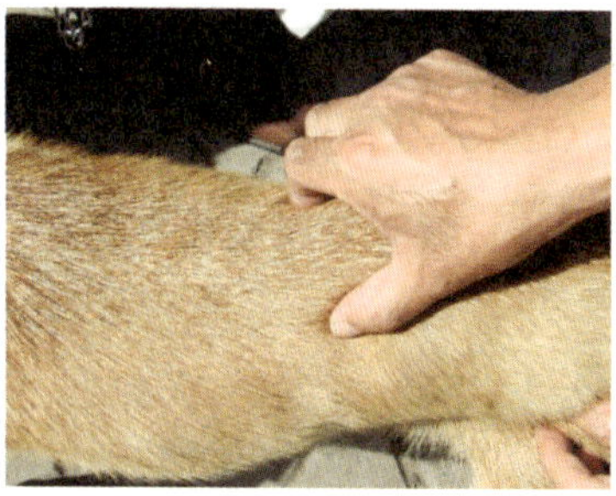

图 1-4-9 切入触诊(二)

(二)膀胱检查

1. 内部触诊

助手提举病犬的前躯，检查者用一只手的食指带上指套伸入直肠，另一只手触摸腹壁后部，内外结合地进行膀胱触诊。

视频 1-4-5 犬膀胱触诊检查

2. 外部触诊

动物取仰卧姿势，用一手在腹中线处由前向后触压，也可用两手分别由腹部两侧，逐渐向体中线压迫，以感知膀胱。小动物膀胱充满时，在下腹壁耻骨前缘触到一个有弹性的光滑球形体，过度充满时可达脐部(图 1-4-10)。

病理情况下，膀胱可能出现下列变化。

(1)膀胱空虚、有压痛，多提示膀胱炎。

(2)膀胱内有较坚实的团块，提示膀胱结石或肿瘤。若团块在膀胱内游离性大，与膀胱壁无紧密联系为膀胱结石；若团块与膀胱壁相连，为膀胱肿瘤。

(3)膀胱高度充盈而富有弹性，挤压有波动感和压痛，提示膀胱积尿，膀胱平滑肌麻痹(挤压排尿，停止按压不见排尿，无压痛)或膀胱颈痉挛、膀胱扭转、膀胱颈结石、尿道结石(均挤压不见排尿，有明显压痛)。

(4)膀胱破裂表现无尿、腹部膨大和腹腔积尿，直肠检查膀胱空虚。

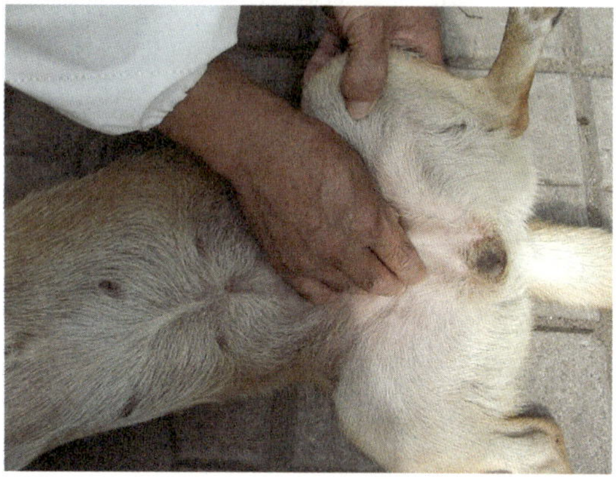

图 1-4-10 膀胱外部触诊

(三)尿道检查

母畜尿道较短，开口于阴道前庭的下壁，可将手指伸入阴道，在其下壁直接触摸到尿道外口，也可用开膣器对尿道口进行视诊，还有尿道探诊。母畜常发生炎症变化。

公畜尿道，对其位于骨盆腔内的部分，连同贮精囊和前列腺进行直肠内触诊。对位于坐骨弯曲以下的部分，进行外部触诊。尿道的常见异常变化是尿道结石，此外，还有尿道炎、尿道损伤、尿道狭窄、尿道阻塞等。

三、外生殖器的检查

(一)公畜外生殖器检查

1. 睾丸及阴囊检查

阴囊内容物包括睾丸、附睾、精索和输精管等。检查时用视诊和触诊。注意阴囊及睾丸的大小、形状、硬度、有无肿胀、发热和疼痛反应等。

阴囊一侧性显著膨大，触诊时无热，柔软而现波动，似有肠管存在，有时经腹股沟管可以还纳，这是腹股沟管阴囊疝的特征表现。

阴囊肿大，同时睾丸实质也肿胀，触诊时发热，有压痛，睾丸在阴囊中的移动性很小，见于睾丸炎或睾丸周围炎。睾丸炎有时继发于传染病。

2. 阴茎和阴鞘检查

阴鞘和包皮发生肿胀时，应注意鉴别是由于全身性皮下水肿还是精索、睾丸、阴茎、腹下邻近组织器官的炎性渗出物浸润所致。

阴茎脱垂常见于支配阴茎肌肉的神经麻痹或中枢神经机能障碍。此外，公畜阴茎损伤、龟头局部肿胀及肿瘤也为常见。

(二)母畜外生殖器检查

1. 阴门检查

阴门是尿生殖前庭的外口，由左右两阴唇构成。检查时如发现阴门红肿，应注意母畜是否处于发情期或有阴道炎症等。如阴门流出腐败坏死组织块或脓性分泌物时，常提示胎衣不下或患有阴道炎、子宫炎。

2. 阴道检查

当发现阴门红肿或有异常分泌物流出时，应借助开膣器，详细观察阴道黏膜的颜色、湿度、损伤、炎症、肿物、溃疡及阴道分泌物的变化。同时注意子宫颈的状态。健康母畜阴道黏膜呈粉红色，光滑而湿润。病理状态下，阴道黏膜潮红、肿胀，糜烂或溃疡，分泌物增多，流出浆液黏性或黏液脓性、污秽腥臭的液体，是阴道炎的表现。

子宫颈口潮红、肿胀，为子宫颈炎的表现。子宫颈口松弛，有多量分泌物不断流出，则提示子宫炎。

3. 乳房检查

(1)乳房视诊　注意乳房的大小、形状、乳房和乳头的皮肤颜色，有无发红、橘皮样变、外伤、隆起、结节及脓疱等。

(2)乳房触诊　注意乳房皮肤的温度、厚度、硬度，有无肿胀、疼痛和硬结以及乳房淋巴结的状态。检查乳房各部位温度时，应将手贴在相对称的部位进行。检查乳房皮肤厚薄和软硬时，应将皮肤捏成皱襞或由轻到重施加压力而判定。触诊乳房实质及硬结病灶时，须在挤奶后进行。

当乳房肿胀、发硬，其范围局限于乳腺的一叶或一个叶的某部分，也可侵害整个乳房，皮肤呈红紫色，有热痛反应，有时乳房淋巴结肿大，这是乳房炎的表现，如乳房表面出现丘状突出，急性炎症反应明显，以后有波动感，则提示是乳房脓肿。

（3）乳汁的感观检查　除轻度炎症外，多数患有乳房炎的动物乳汁性状都有变化。检查时，可将乳汁挤入器皿内进行观察，注意乳汁颜色、黏稠度及性状有无变化。如挤出的乳汁浓稠，内含有絮状物或纤维蛋白性凝块，或混有脓汁、血液，是乳房炎的重要特征。必要时对乳汁进行实验室检查。

任务5　神经系统检查

学习任务单

学习目标：1. 掌握神经系统检查的内容及检查方法。2. 能正确分析神经系统的病理意义与疾病本质的关系。

学习资源：1. 教材。2. 实验用犬、猫。3. 信息化教学资源。

学习任务：1. 根据实际情况利用犬、猫进行神经系统检查方法的训练。2. 根据神经系统的病理意义与疾病本质的关系对神经系统疾病做出初步诊断。

【相关知识】

一、精神状态的检查

动物的精神状态受大脑皮层的控制，健康动物表现精神正常，对外界刺激往往以眼、耳、尾及四肢的动作迅速做出反应，行为敏捷，姿势自然，动作协调。中枢神经机能发生障碍时，可出现精神兴奋或精神抑制。

（一）精神兴奋

精神兴奋是中枢神经系统机能亢进的结果。轻者表现骚动不安、惊恐、害怕，重者受轻微刺激即产生强烈反应，不顾障碍地前冲、后退，甚至攀登或跳入沟渠，狂奔乱跑，有时攻击人畜。

精神兴奋见于脑疾患（如脑膜充血、炎症及颅内压升高等），代谢障碍，中毒（如微生物毒素、化学药品或植物中毒等），日射病和热射病，传染病（如传染性脑脊髓炎、狂犬病）。

（二）精神抑制

精神抑制是大脑皮层抑制过程占优势的表现，是神经中枢机能障碍的另一种形式，对刺激反应低下或缺乏。根据程度不同分为以下几种。

1. 精神沉郁

是大脑皮层活动受到最轻度的抑制现象。患畜对周围事物反应迟钝，呆立，头低耳耷，眼睛半闭，不听呼唤。但对轻度刺激仍有反应。

2. 昏睡

为中枢神经系统中度抑制的现象。病畜处于不自然的熟睡状态，对外界刺激反应异常迟钝，给以强刺激才能产生短暂反应，但很快又陷入沉睡状态。见于脑炎、颅内压升高等。

3. 昏迷

昏迷为大脑皮层机能高度抑制的现象。表现为意识完全丧失，对外界的刺激全无反应，卧地不起，全身肌肉松弛，反射消失，甚至瞳孔散大，粪尿失禁。仅保留节律不齐的呼吸和心脏搏动。对强烈刺激也无反应。常为预后不良的征兆。见于颅内病变（如脑炎，脑肿瘤、脑创伤）及代谢性脑病（由于感染、中毒引起的脑缺氧、缺血，低血糖，辅酶缺乏，脱水，代谢产物的潴留所致）。

二、运动机能检查

（一）强迫运动

强迫运动是指由于大脑、中脑和小脑的病变引起的不受意识支配和外界环境影响，而出现的强制发生的有规律的运动。

1. 圆圈运动

患病动物按一定的方向做游走运动（左转或右转），有的转圈的直径不变，有的则转圈的直径逐渐缩小，甚至以一后肢为中心，在原地转圈，称时针运动。转圈直径的大小和转圈方向与病灶发生的部位、病灶大小及发病的时间有关。由于大脑皮层的运动中枢、中脑、脑桥、小脑、前庭核、迷路等部位受损害，特别是一侧性损害时所致。见于脑炎、脑脓肿、一侧性脑室积水等。

2. 盲目运动

患病动物无目的地游走，不注意周围事物，不顾外界刺激而不断前进，遇障碍物时则头顶于障碍物而不动。见于脑部炎症。

3. 暴进及暴退

患病动物将头高举或低下，以常步或速步不顾障碍向前狂进，甚至跌入沟渠而不知躲避，称暴进。见于大脑皮层运动区、纹状体、丘脑等受损害。暴退是头颈后仰，连续后退，甚至倒地。见于小脑损害、颈肌痉挛等。

4. 滚转运动

患病动物不自主地向一侧倾倒或强制卧于一侧，或以躯体的长轴为中心向患侧滚转，见于延脑、小脑脚、前庭神经、内耳迷路受损的疾病。

（二）共济失调

运动时肌群动作相互不协调所导致动物体位和各种运动的异常表现，称为共济失调。

1. 静止性失调

为动物在站立状态下出现的体位平衡失调现象。表现为头和体躯摇摆不稳、偏斜、四肢肌肉紧张力降低，软弱，常以四肢叉开站立而力图保持体位平衡，如“醉酒状”。提示小脑、前庭神经或迷路受损害。

2. 运动性失调

为运动时出现的共济失调，动作缺乏节奏性、准确性和协调性。表现为运步时整个身躯摇晃，步态笨拙，举肢很高，用力踏地，如“涉水样”步态。提示深部感觉障碍。见于大脑皮层（颞叶或额叶）、小脑、脊髓（脊髓背根或背索）及前庭神经或前庭核、迷路的损害。

（三）痉挛

肌肉的不随意收缩，称为痉挛。是由于大脑皮层运动区、锥体径路及反射弧受损害所引起大脑皮层下中枢兴奋的结果。

1. 阵发性痉挛

指单个肌肉或单个肌群发生短暂、迅速的、一阵阵有节奏的不随意收缩，突然发生，并且迅速停止。肌肉收缩与弛缓交替出现。见于病毒或细菌感染性脑炎，化学物质（如士的宁、有机磷、食盐等）或植物中毒，代谢障碍（如低钙血症）及循环障碍等。

单个肌肉或单个肌群发生迅速、有规律性、细小的阵发性痉挛，称为震颤。此种现象，常为小脑或基底神经节受损害的特征，见于中毒、过劳、衰竭、缺氧、危重病畜的濒死期等。

高度的阵发性痉挛，引起全身性激烈颤动，称为搐搦或惊厥，见于中毒（如尿毒症）。

2. 强直性痉挛

指肌肉长时间均等地连续收缩而无弛缓的一种不随意运动。提示大脑皮层机能受抑制，基底神经节受损伤，或脑干和脊髓的低级运动中枢受刺激所引起。强直性痉挛常发生于一定的肌群，如头颈部肌肉痉挛所致角弓反张等。全身性强直性痉挛见于破伤风、中毒（如有机磷、士的宁）、脑炎。

（四）瘫痪

肌肉的随意运动机能减弱或消失，称为瘫痪或麻痹。

根据瘫痪的程度分为两种：肌肉运动机能完全丧失者，称全瘫，肌肉运动机能不完全丧失者，称不全瘫痪或轻瘫。

根据其表现的部位可分为 3 种。瘫痪只侵及某一肌肉、肌群或一肢体者，称为单瘫；侵及躯体一侧者，称偏瘫；躯体两侧对称部位（如两后肢）瘫痪者，称截瘫。截瘫在兽医临床上最为常见。

根据神经系统损伤的解剖部位不同，可分为中枢性瘫痪和外周性瘫痪。

1. 中枢性瘫痪

特征是肌肉的紧张性增高，肌肉较坚实，受到刺激时可引起痉挛，又称痉挛性瘫痪或硬瘫。肌肉一般不萎缩，肢体的活动范围受到限制，对外来力量的被动运动有抵抗，腱反射亢进，皮肤反射减弱或消失，范围广泛。此种瘫痪提示脑或脊髓的损害，见于脑炎、脑出血、脑积水、脑软化、脑肿瘤等。

2. 外周性瘫痪

特征是肌肉的紧张性减低，软弱松弛，又称弛缓性瘫痪或软瘫。肌肉常出现萎缩，也称萎缩性瘫痪，肢体的活动范围增大，对外来力量的被动运动无抵抗，腱反射减弱或消失。见于脊髓及外周神经受害，如坐骨神经麻痹等。

三、感觉机能检查

(一)一般感觉

1. 浅感觉

浅感觉包括皮肤的触觉、痛觉、温觉和对电刺激的感觉。在动物主要检查其痛觉和触觉。检查时应在动物安静的状态下或由饲管人员保定，为避免视觉的干扰，用布将动物的眼睛遮住，用针头或尖锐物以不同力量先从臀部开始，沿脊柱两侧逐渐向前刺激，直到颈部和头部。对四肢的检查从最下部开始，做环形刺激直至脊柱。必要时应进行对比检查或多次检查。注意观察动物的反应。健康动物针刺时，出现相应部位的被毛颤动，皮肤或肌肉收缩，竖耳，回头或啃咬动作。

(1)皮肤感觉性增高(感觉过敏)　给予轻度刺激，引起强烈反应。由于感觉神经传导路径受刺激所致。见于脊髓膜炎、脊髓背根损伤，视丘损伤，末梢神经发炎或受压，局部组织的炎症。

(2)皮肤感觉性减弱(感觉减退)或感觉消失　皮肤感觉迟钝或完全消失，对各种刺激的反应减弱或感觉消失，甚至在意识清醒下感觉能力完全消失。表明感觉神经传导路径发生毁坏性病变导致传送感觉的能力丧失，或神经机能处于抑制状态。

局限性感觉迟钝或消失，是支配该区域内的末梢感觉神经受侵害，体躯两侧对称性感觉迟钝或消失，多因脊髓的横断性损伤(如挫伤、脊柱骨折、压迫和炎症等)，体躯一侧性感觉消失，多见于延脑和大脑皮层传导路径受损伤，引起对侧肢体感觉消失，体躯多发性感觉消失，见于多发性神经炎或某些传染病。

(3)感觉异常　由于传导路径上存在异常刺激所致，是一种自发产生的感觉，如发痒、蚁走感、烧灼感等。见于狂犬病、神经性皮炎、荨麻疹等。动物不断啃咬、搔抓、摩擦，使部分皮肤严重损伤。

2. 深感觉

或称本体感觉，指皮下深部的肌肉、关节、骨骼、腱和韧带等的感觉。检查时应人为地将动物肢体改变自然姿势而观察其反应。健康动物在除去外力后，立即恢复到原状。如深部感觉障碍时则较长时间保持人为姿势而不变。提示大脑或脊髓受损害。如慢性脑积水、脑炎、脊髓损伤、严重肝病等。

(二)感觉器官

感觉器官包括视觉、听觉、嗅觉及味觉器官。某些神经系统疾病，可使感觉器官与中枢神经系统之间的正常联系被破坏，导致相应的感觉机能障碍。通过感觉器官检查，有助于发现神经系统的病理过程。但应与非神经系统病变引起的感觉器官异常相区别。

1. 视觉器官

检查时应注意眼睑肿胀、角膜完整性(角膜浑浊、创伤等)、眼球凸出或凹陷等变化。对神经系统疾病诊断有意义的项目如下。

(1)斜视　是眼球位置不正,由于一侧眼肌麻痹或一侧眼肌过度牵张所致。眼球运动受动眼神经、滑车神经、外展神经及前庭神经支配。当支配该侧眼肌运动的神经核或神经纤维机能受损害时,即发生斜视。

(2)眼球震颤　是眼球发生一系列有节奏的快速往返运动,其运动形式有水平方向、垂直方向和回转方向。提示支配眼肌运动的神经核受害,见于半规管、前庭神经、小脑及脑干的疾患。

(3)瞳孔　注意瞳孔大小、形状、两侧的对称性及瞳孔对光的反应。瞳孔对光反应是了解瞳孔机能活动的有效测验方法。用手电筒光从侧方迅速照射瞳孔,以观察其动态反应。健康动物,当强光照射时,瞳孔很快缩小,除去照射后,随即恢复原状。

①瞳孔扩大　是由于交感神经兴奋(与剧痛性疾病、高度兴奋、使用抗胆碱药有关)或动眼神经麻痹(与颅内压增高的脑病有关)使瞳孔辐射肌收缩的结果。

②瞳孔缩小　是由于动眼神经兴奋或交感神经麻痹使瞳孔括约肌收缩的结果。见于脑病(如脑炎、脑积水)、使用拟胆碱药及虹膜炎等。

③瞳孔大小不等　两侧瞳孔不等,变化不定,时而一侧稍大,时而另一侧稍大,伴有对光反应迟钝或消失,提示脑干受害。

(4)视力　当动物前进通过障碍物时,冲撞于物体上,或用手在动物眼前晃动时,不表现躲闪,也无闭眼反应,则表明视力障碍。提示视网膜、视神经纤维、丘脑、大脑皮层的枕叶受损害。伴有昏迷状态及眼病时,可导致目盲或失明。

(5)眼底检查　观察视神经乳头(位置、大小、形状、颜色及血管状态)和视网膜(清晰度、血管分布及有无斑点等)。

2. 听觉器官

内耳损害所引起的听觉障碍,在内科疾病诊断上具有一定意义。听觉增强是出现轻微声音,病畜即把耳转向声音的来源一方,或两耳前后来回移动,同时惊恐不安,乃至肌肉痉挛。见于脑和脑膜疾病。听觉减弱或消失,与大脑皮层颞叶、延脑受损有关。

3. 嗅觉器官

犬、猫的嗅觉高度发达。用动物熟悉的物件的气味,或有芳香气味的物质,让动物闻嗅,但应防止被看见,以观察其反应。健康动物会寻食,出现咀嚼动作,唾液分泌增加。对犬则检查其对一定气味的辨识方向。当嗅神经、嗅球、嗅传导路和大脑皮层受害时,则嗅觉减弱或消失。但应排除鼻黏膜疾病引起的嗅觉障碍。

项目 5

建立诊断与病历记录

【知识目标】

1. 掌握动物临床检查的程序和建立诊断方法。
2. 掌握病历报告的填写方法。

【能力目标】

1. 能运用临床检查的程序对动物进行检查。
2. 能填写病历报告。

【素质目标】

1. 培养学生实事求是的工作态度。
2. 培养学生善于思考、务实严谨的职业素质。
3. 培养学生坚定理想信念、爱岗敬业、团结协作的无私奉献精神。

任务 1　建立诊断

学习任务单

学习目标:1. 掌握动物临床检查的程序和建立诊断方法。2. 通过宠物医院典型病例掌握建立诊断的程序。

学习资源:1. 教材。2. 实验用犬、猫。3. 信息化教学资源。

学习任务:1. 根据实际情况利用犬、猫进行临床检查程序的训练。2. 根据临床检查结果建立诊断。

【相关知识】

一、建立诊断步骤

首先通过病史调查、一般检查和分系统检查,并根据需要进行必要的实验室检验或 X 线检查,系统全面地收集症状和有关发病经过资料;其次对所收集到的症状、资料进行综合分析、推理、判断,初步确定病变部位、疾病性质、致病原因及发病机理,建立初步诊断;最后依据初步诊断实施防治，以验证、补充和修改，并对疾病做出确切诊断。

收集病料、综合分析、验证诊断是诊断疾病的三个基本步骤。三者互相联系，相辅相成，缺一不可。其中搜集症状是认识疾病的基础，分析症状是建立初步诊断的关键，而实施防治、观察效果则是验证和完善诊断的必由之路。

二、建立诊断方法

（一）论证诊断法

根据可以反映某疾病本质的特有症状提出该病的假定诊断，并将实际所具有的症状、资料与假定的疾病加以比较和分析，若大部分主要症状及条件都符合，所有现象和变化均可用该病予以解释，则这一诊断即可成立，可建立初步诊断。

论证诊断是以丰富而确切的病史、症状资料为基础，但同一疾病的不同类型、程度或时期，所表现的症状不尽相同。而动物的种类、品种、年龄、性别及个体的营养条件和反应能力不一，会使其呈现的症状发生差异。所以，论证诊断时，不能机械地对照书本或只凭经验而主观臆断，应对具体情况具体分析。

论证诊断应以病理学为基础，从整个疾病考虑，以解释所有现象，并找出各个变化之间的关系。对并发症与继发症、主要疾病与次要疾病、原发病与继发病要有明确认识，以求深入认识疾病的本质和规律，制定合理的综合防治措施。

（二）鉴别诊断法

根据某一个或某几个主要症状提出一组可能的、相近似的而有待区别的疾病，并将它们从病因、症状、发病经过等方面进行分析和比较，采用排除法逐渐排除可能性较小的疾病，最后留下一个或几个可能性较大的疾病，作为初步诊断结果，并根据治疗实践的验证，最后做出确切诊断。

在鉴别诊断时，应以主要症状及其综合症候群是否符合，具体的致病因素和条件是否存在，疾病的发生情况和特点与一般规律是否一致，防治的效果是否能予以验证等条件作为基础，对提出的一组疾病实行肯定或否定。

如缺少假定疾病应具有的特殊或主要症状，以及引起该病明确的致病因素，或假定疾病不能解释其全部症状，则该病可暂被否定。如病牛呈现慢性消化不良、反复瘤胃臌气、瘦弱等症状，但同时粪中混有潜血、白细胞总数增多，可暂时排除前胃弛缓。因为单纯的前胃弛缓，不能解释后两个症状。如具有某一疾病所应具备的特殊症状或综合症候群，以及已查明足以引起该病的具体致病原因，发病情况符合其一般规律，通常即可肯定。

论证诊断法和鉴别诊断法在疾病诊断中互相补充，相辅相成。一般当提出某一种疾病的可能性诊断时，主要通过论证方法，并适当与近似的疾病加以区别，进而判断肯定或否定。但当提出有几种疾病的可能性诊断时，则首先应进行比较、鉴别，经逐个排除，对最后留有的可能性疾病加以论证。如此经过论证与鉴别或鉴别与论证的过程，假定的可能性诊断即成为初步诊断。

三、预后判断

预后是对动物所患疾病发展趋势及结局的估计与推断。预后良好，是指估计不仅能被完全治愈，而且保持原有的生产能力和经济价值；预后不良，是指估计死亡或丧失其生产能力和经济价值；预后慎重，是指结局良好与否不能判定，有可能在短时内完全治愈，也有可能转为死亡或丧失其生产能力和经济价值；预后可疑，是指材料不全，或病情正在发展变化之中，结局尚难推断，一时不能做出肯定的预后。可靠的预后判断，必须建立在正确诊断的基础上，这不仅要求具有丰富的临床经验和一定的专业理论水平，还要充分考虑具体病例的个体条件和有无并发症，并且随时注意疾病发展过程中出现的新变化。对重症病例应注意心脏、呼吸、体温、血象等的变化。

任务 2　病历记录

学习任务单

学习目标：学会病历记录及其填写的方法。

学习资源：1. 教材。2. 信息化教学资源。3. 病历记录本。

学习任务：学会病历记录及其填写的方法。

【相关知识】

病历记录是诊疗机构的法定文件，可供内部诊疗人员和外来工作者查阅和参考，并成为法医学的根据。因此，必须认真填写病历记录并妥善保管。

一、病历的格式

一份完整的病历应包括以下几个部分（表 1-5-1）。

1. 宠物主人主诉

主要症状（体征）及持续时间。

2. 病史资料

写明本次患病的发病日期、主要症状、伴随症状、体征、他院诊治情况及疗效，并简要叙述与本次疾病有关的既往史。

3. 临床检查所见

首先，记录体温、脉搏、呼吸数。其次，记录整体状态（精神、体格、发育、营养、姿势、行为），以及被毛皮肤情况、眼结膜颜色、浅表淋巴结及淋巴管的变化。再次，按心血管系统、呼吸系统、消化系统、泌尿生殖系统、神经系统顺序，逐一记录检查结果的症状、变化；也可按着头颈部、胸部、腹部、臀尾、四肢等躯体部位和器官记录之。最后，则为辅助和特殊检查结果，或以附表形式记入。

4. 其他检查

实验室检查、器械检查或会诊记录。

5. 初步诊断

需要写出本次就诊的初步诊断。如暂时不能确定，可写“××症状或体征原因待查”，也可在疑诊病名后面加“?”，并尽可能注明复诊注意事项。

6. 处理措施

(1)处方及治疗方法记录应分行列出。药品应记录药名、剂量、总量、用法。

(2)进一步检查措施或建议。

(3)法定传染病应注明疫情报告情况。

7. 医师签名

医师签名字迹应清楚易辨认。

表 1-5-1　病历记录格式

年　　月　　日　　　　　　门诊编号 ________

<table>
<tr><td>主人</td><td></td><td>住址</td><td></td><td>联系方式</td><td></td></tr>
<tr><td>宠物呼名</td><td></td><td>品种</td><td></td><td>特征</td><td></td></tr>
<tr><td>体重</td><td></td><td>年龄</td><td></td><td>免疫情况</td><td></td></tr>
<tr><td rowspan="2">诊断</td><td>月　日</td><td rowspan="2">转归</td><td>年　月　日</td><td rowspan="2">兽医师签名</td><td rowspan="2"></td></tr>
<tr><td>月　日</td><td></td></tr>
<tr><td colspan="6">主诉及病史：</td></tr>
<tr><td colspan="6"></td></tr>
<tr><td colspan="6"></td></tr>
<tr><td colspan="6">检查所见：　　体温(℃)　　脉搏(次/min)　　呼吸(次/min)</td></tr>
<tr><td colspan="6"></td></tr>
<tr><td>月　日</td><td colspan="4">检查所见及处置</td><td>兽医师签名</td></tr>
<tr><td></td><td colspan="4"></td><td></td></tr>
<tr><td>分析</td><td colspan="5"></td></tr>
<tr><td>治疗及护理</td><td colspan="5"></td></tr>
<tr><td>小结</td><td colspan="5"></td></tr>
</table>

二、填写病历的原则

1. 全面而详细

应将所有关于问诊、临床检查、特殊检验的所见及结果，都详尽地记入。某些检查项目的阴性结果，亦应记入(如肺脏听诊未闻及异常声音)，其目的是可作为排除某诊断的根据。

2. 系统而科学

所有内容应按系统或检查部位有顺序地记载，以便于归纳、整理各种症状和所见，应以通用名词或术语加以客观描述，不宜以病名概括所见的现象。

3. 具体而肯定

各种症状的表现和变化，力求真实具体，最好以数字、程度标明或用实物加以恰当的比喻，必要时附上简图，进行确切地形容和描述。避免用可能、似乎、好像等模棱两可的词句，至于一时无法确定的，可在词语后加一“?”，以便继续观察和确定。

4. 通俗而易懂

记录词句应通俗、简明，有关主诉内容，可用畜主自述话语记录。

思考与测试题

一、选择题

1. 成年犬、猫体温超过多少为发烧？（　　）

A. 36.5 ℃　　B. 37.0 ℃

C. 38.0 ℃　　D. 39.0 ℃

2. 犬猫的体温是指（　　）。

A. 腋下温度　　B. 腹股沟温度

C. 肛门温度　　D. 额头温度

3. 右侧第四肋间听诊的为

A. 左心心音　　B. 二尖瓣心音

C. 三尖瓣心音　　D. 主动脉瓣心音

4. 既往病史内容不包括（　　）。

A. 传染病及其他病史　　B. 家族史

C. 预防接种史　　D. 经济价值

5. 健康犬采用哪种呼吸方式（　　）。

A. 腹式呼吸　　B. 胸式呼吸

C. 混合呼吸　　D. 间断式呼吸

6. 可视黏膜黄染的原因不包括（　　）。

A. 急性肝炎　　B. 胆道阻塞

C. B 族维生素缺乏　　D. 溶血性贫血

7. 检查浅表淋巴结活动性的基本方法是（　　）。

A. 视诊　　B. 触诊

C. 叩诊　　D. 听诊

8. 检查小动物皮肤弹性的部位是( )。

A. 颈部　　B. 最后肋骨部

C. 背部　　D. 腹部

9. 如何对动物进行脱水评估( )。

A. 检查血液　　B. 检查粪便

C. 拍片子　　D. 临床检查

10. 正常动物眼黏膜颜色为( )。

A. 红色　　B. 白色

C. 淡红色或粉红色　　D. 黑色

E. 棕色

11. 下列表述中哪个不属于脱水性疾病的一般临床表现( )。

A. 皮肤干燥而皱缩　　B 皮肤弹性试验恢复延迟

C. 眼球凹陷,黏膜潮红　　D. 尿量增多或不变

12. 肺脏听诊时,开始部位宜在肺听诊区的( )。

A. 上 1/3　　B. 中 1/3

C. 下 1/3　　D. 前 1/3

二、思考题

1. 犬、猫的生活习性有哪些?

2. 如何接近宠物?

3. 犬常用的保定方法有几种? 如何进行保定?

4. 猫常用的保定方法有几种? 如何进行保定?

5. 在宠物临床诊断时如何进行问诊? 问诊有哪些内容?

6. 宠物临床诊断时视诊的内容及注意事项有哪些?

7. 如何进行听诊? 听诊检查应注意什么?

8. 触诊检查有几种方法? 异常的触诊感觉有哪些?

9. 如何进行叩诊检查? 叩诊异常变化有哪些?

10. 如何进行嗅诊检查?

11. 如何进行体温、呼吸、脉搏的测定? 注意事项各有哪些?

12. 常见的犬、猫饮食欲异常有哪些?

13. 口腔黏膜的检查有哪些方面?

14. 什么是流涎? 临床上常见于哪些原因?

15. 如何进行犬的直肠触诊?

16. 犬、猫临床排便异常常见于哪些情况?

17. 粪便检查时，应注意哪些方面？

18. 常见的病理性呼吸音的种类、性质及其临床意义如何？

参考答案：1.D　2.C　3.C　4.D　5.C　6.C　7.B　8.A　9.D　10.C　11.B　12.B

模块2

化验室检验分析技术

对病畜要有耐心。

Don't be impatient with your patients.

——*Carl Osborne*

经验提醒你不犯重复的错误。

Experience enable you to recognize a mistake when you make it again.

——*Franklin P. jones*

如果你不知道自己前进的方向,你多半会去你不想去的地方。

If you don't know where you're going, you will probably end up somewhere else.

——*Laurence J. Peter*

项目1

血液检验

【知识目标】

1.掌握血液标本采集部位、采集方法和注意事项。

2.掌握血液学各项检查的注意事项。

3.熟悉宠物各项血常规生理指标和临床意义。

【能力目标】

1.能够熟练掌握血液标本采集方法。

2.能够掌握血常规检查的操作过程,能够掌握使用血液分析仪进行血常规检查。

3.能配制血常规检测用的各种液体试剂。

【素质目标】

1.培养学生辩证思维的能力。

2.培养学生善于思考、严谨务实的职业素质。

3.培养学生好学敬业和吃苦耐劳的精神。

任务1　血液样品的采集与处理

学习任务单

学习目标:1.了解血液标本采集部位和采集方法,根据检验项目确定采血量;了解采血注意事项。2.能通过颈静脉、前肢臂头静脉和后肢隐静脉采血。3.了解抗凝剂的原理和选择。
学习资源:1.教材。2.实验用犬、猫。3.信息化教学资源。
学习任务:1.能进行颈静脉、前肢臂头静脉和后肢隐静脉采血。2.在训练过程中同学之间相互配合,一方保定动物,一方进行采血训练。

【相关知识】

一、血液样品的采集

根据检验项目决定采血量。准备好采血所用的器具(酒精棉球、注射器、压脉带)和选择采血的部位。

(一)静脉采血

选用部位有颈静脉、前臂头静脉、外侧隐静脉、内侧隐静脉等(图 2-1-1)。少量采血时可在耳、唇、足垫等处针刺采集。

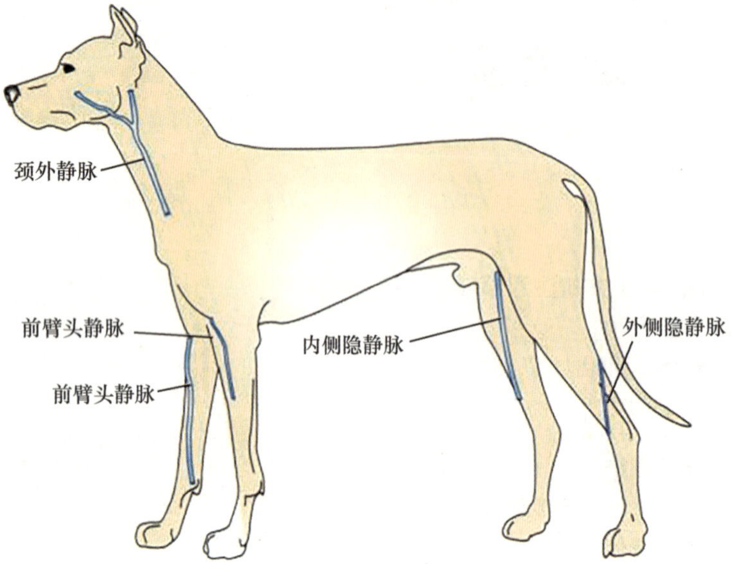

图 2-1-1 犬、猫静脉血采集可选静脉

(引自《小动物临床技术图谱》)

视频 2-1-1 犬颈静脉采血保定

1. 颈静脉采血

颈静脉沟内的浅表大静脉分布在颈部两侧、气管的背外侧，是犬、猫血液采集的首选部位。

保定方法:助手将动物俯卧保定于桌子上，紧靠腕关节上方抓住前肢，将前肢拉出桌子边缘。伸展动物颈部，鼻子朝向天花板。采集人员在动物胸腔入口处按压气管外侧颈静脉沟，使静脉充血扩张。在静脉沟区域剃毛，触摸扩张的静脉，用酒精消毒。针尖斜面向上，针头与静脉呈 20°～30°刺入。针尖进入静脉后，抽吸采集血液样本，如果血流停止，尝试轻微调整针头使血液重新流入。血液采集完成后，立即放松压迫静脉的手，停止抽吸，穿刺点用棉球压迫，从静脉内拔出针头。继续按压穿刺点 60 s。见图 2-1-2。

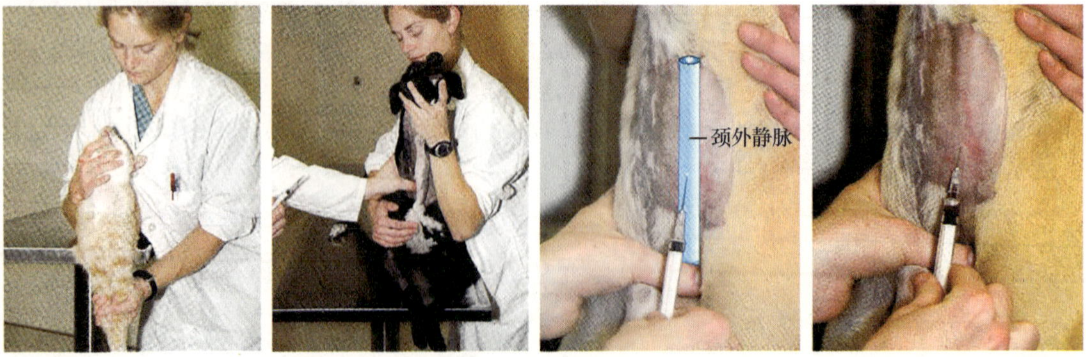

图 2-1-2 颈静脉采血(一)

对于一些强烈反抗的猫和幼犬，可以采用肢体倒置技术，将猫或幼犬放入猫袋或用毛巾包裹，露出头部和颈部。助手将猫仰卧于桌上，助手一手抱住猫，紧贴身体，另一手按压胸腔入口处气管外侧的颈静脉沟，采集人员在静脉沟附近剃毛，酒精消毒，触摸颈静脉。针头与静脉呈 20°～30°角刺入。针尖进入静脉后，抽吸采集血液样本，如果血流停止，尝试轻微调整针头使血液重新流入。血液采集完成后，立即放松压迫静脉的手，停止抽吸，穿刺点用棉球压迫，从静脉内拔出针头。继续按压穿刺点 60 s。见图 2-1-3。

视频 2-1-2　犬颈静脉穿刺

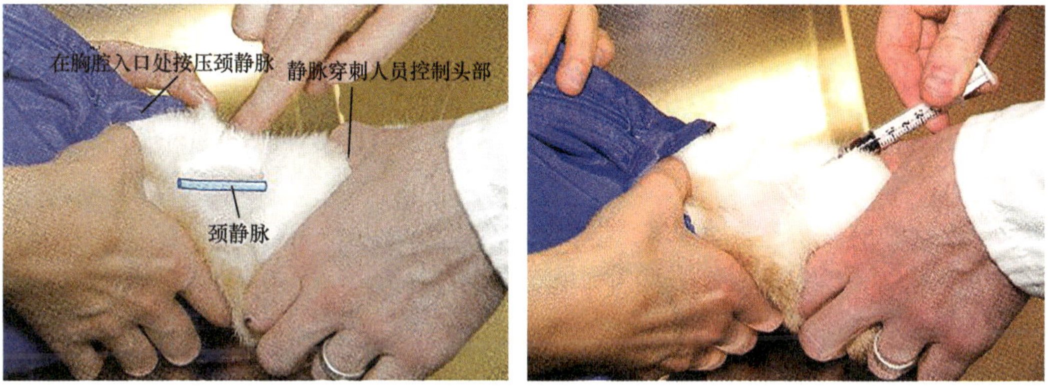

图 2-1-3　颈静脉采血(二)

2. 前臂头静脉采血

大型动物坐在或俯卧于桌子或地板上，助手站在抽血肢体的对侧，一只手臂环绕动物的颈部保定头部，远离抽血肢。另一只手臂抓住动物的肘部，压迫头静脉。前肢背侧剃毛，酒精消毒。采集人员抓住前肢保持前肢伸展，拇指沿着静脉放置，在静脉穿刺时固定血管。针尖斜面向上，针头与静脉呈 20°～30°角刺入，针尖进入静脉后，抽吸采集血样，血液采集完成后，穿刺点用棉球压迫，从静脉内拔出针头。继续按压穿刺点 60 s。

3. 外侧隐静脉采血

动物侧卧保定，四肢朝向静脉穿刺者，背部靠近保定人员。助手一只手保定两前肢，另一只手保定后肢，采集人员用压脉带固定采集后肢隐静脉。静脉穿刺者抓住后肢并触摸扩张静脉，静脉上方剃毛，酒精消毒，拇指放在临近静脉位置固定，针尖斜面朝上，针头与静脉呈 20°～30°角刺入，针尖进入静脉后，抽吸采集血液样本。血液采集完成后，立即放松压迫静脉的手，停止抽吸，穿刺点用棉球按压，从静脉内拔出针头。继续按压穿刺点 60 s。见图 2-1-4。

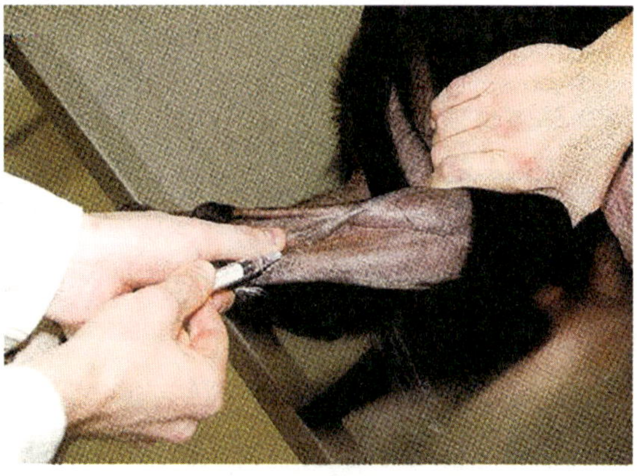

图 2-1-4　外侧隐静脉采血

视频 2-1-3　犬外侧隐静脉采血

4. 内侧隐静脉采血

最常用于猫，猫佩戴脖圈，侧卧保定，四肢朝向穿刺者，背部朝向保定人员。保定人员一手抓住两条前肢，另一手抓住靠近桌面后肢，施压，使静脉扩张，肘部压住上面后肢。

采集人员一手抓住后肢防止移动，另一只手剃毛，触摸扩张静脉，部位消毒，穿刺者将拇指放在临近静脉的地方固定，将针头刺入静脉，针尖斜面朝上。针尖进入静脉，轻轻抽吸收集血液样本，不要过度抽吸，否则会导致管腔塌陷。一旦收集到所需血液，保定人员立即解除对静脉的压力。穿刺点用棉球按压，从静脉内拔出针头。继续按压穿刺点 60 s。

（二）动脉采血

当静脉采血困难或用血量大或需动脉血血象分析、血气分析、测定动脉压等，可采用动脉插管采血。

动脉采血常用股动脉，该动脉解剖部位浅，易触摸采集。

动物镇静或浅麻醉后，侧卧保定，采血肢在下。股内侧剪毛、消毒，在股内侧股骨前上方，一手触摸股动脉，根据搏动确定其走向。在欲穿刺处用粗针头穿透皮肤。选用适宜粗细的静脉套管针，经皮肤穿刺孔刺入，并呈 15°～30°由下向上刺入动脉。拔除针芯，迅速接上三通开关，根据需要自三通开关收集血液或接测血压导管。

☞注意事项：

（1）做好保定和皮肤消毒。

（2）采血完毕做好止血。

（三）心脏采血

选择左心室采血。常规剪毛、消毒，将动物右侧卧保定、麻醉。在左侧胸廓的下 1/3 与中 1/3 交界处的水平线与第 5 肋间隙交叉点处，用装有抗凝剂的 20 cm 注射器连接 16 号针头，垂直刺入皮肤。针尖透过皮肤后，速度应缓慢，当刺透胸膜后，注射器内维持负压。仔细地将针头朝心脏推进，当针管有血液回流时，说明针尖刺入心脏，继续进针，刺入左心室，进行采血。

☞注意事项：

（1）要做好动物保定与麻醉工作，防止采血过程中动物挣扎而损伤心脏。

（2）采血完毕后要按压止血，防止穿刺部位出血。

二、血液抗凝剂

血液学检测主要使用全血样本进行检测，使用全血或血浆进行检测时需要使用抗凝剂。抗凝剂是防止或延缓凝集的化学物质，特定抗凝剂的选择基于待检项目而定。有些抗凝剂会影响分析，因此，应根据检测项目选择合适的抗凝剂。

1. 乙二胺四乙酸(EDTA)

为常用抗凝剂之一，常用其钠盐（EDTA-Na_2-H_2O）或钾盐（EDTA-K_2-$2H_2O$），EDTA 能与血液中 Ca^{2+} 结合成螯合物，而使 Ca^{2+} 失去凝血作用，凝血过程被阻断，血液不能发生凝固。适用于多项血液学检查，对血细胞形态影响不大，可防止血小板聚集，在室温下数小时内，对血红蛋白、血小板记数、血片染色均无不良影响。其 10%溶液 0.1 mL 可使 5 mL 血液不凝固。EDTA 是血常规检查的首选，但不能用于输血。

优点是 EDTA 不影响血细胞计数，对血细胞形态影响最小，并且可以抑制血小板的聚集，适用于一般血液学检测。但如果抗凝剂浓度过高，渗透压上升，会造成细胞皱缩。EDTA 能抑制或干涉纤维蛋白凝块形成时纤维蛋白单体的聚合，不适于凝血实验和血小板功能检测，也不适用于钙、钾、钠及含氮物质的测定。

2. 草酸盐

有钠、钾、铵或锂盐，是常用的抗凝剂，优点是溶解度大，抗凝作用强。作用原理是溶解后解离的草酸根与标本中的 Ca^{2+} 形成草酸钙沉淀，使 Ca^{2+} 失去凝血功能，凝血过程被阻断。常用的草酸盐抗凝剂有草酸钠、草酸钾和草酸铵，草酸钠的常用浓度为 0.1 mol/L，与血液按 1∶9 比例使用。但是，高浓度 K^+ 或 Na^+ 易使血细胞脱水皱缩，而草酸铵则可使血细胞膨胀，故测定血细胞比容时用草酸铵与草酸钾或草酸钠两者适当比例混合的抗凝剂，可以做到不影响红细胞的形态和体积。常用于血液生化测定，但不适用于 K^+、Ca^{2+} 的测定。由于生成草酸钙沉淀，红细胞会出现锯齿状，白细胞出现空泡，淋巴细胞及单核细胞会变形，不宜做血涂片检查。草酸盐可使血小板聚集，不能用于白细胞和血小板分类计数。

3. 枸橼酸钠(又称柠檬酸钠)

其抗凝原理是能与血液中的 Ca^{2+} 结合形成螯合物，使 Ca^{2+} 失去凝血功能，凝血过程被阻断，从而阻止血液凝固。常用于血沉测定和输血时的抗凝剂，不适用于血液化学检验。配成 3.8%溶液，与采血量按 1∶10 比例加入。

优点是大部分凝血试验都可用枸橼酸钠抗凝，它有助于Ⅴ因子和Ⅷ因子的稳定，并对平均血小板体积及其他凝血因子影响较小，可用于血小板功能分析；枸橼酸钠细胞毒性较小，也是输血中血液保养液的成分之一。但是，枸橼酸钠碱性强，不适用于血液化验和生化检测。

4. 肝素

肝素抗凝剂是用于血液化学成分检测的首选抗凝剂，是一种生理性抗凝剂。肝素是一种含有硫酸基团的黏多糖，广泛存在于肺、肝、脾等几乎所有组织和血管周围肥大细胞和嗜碱性粒细胞的颗粒中。其抗凝原理主要是通过与抗凝血酶Ⅲ结合而产生抗凝作用。常用肝素抗凝剂是肝素的钠、钾、锂、铵盐，其中肝素锂最好。通常肝素抗凝剂的剂量为每毫升血液加 10.0～12.5 IU。优点是抗凝作用强，对血液成分干扰较少，不影响红细胞体积，不引起溶血，适用于做红细胞渗透性试验、血气、血浆渗透量、红细胞压积及普通生化测定。但不宜做纤维蛋白原测定，另外，肝素过量可引起白细胞聚集和血小板减少，所以也不适合做白细胞分类和血小板计数，更不能用于止血检验。

三、血样的处理与保存

血液采集后，最好立即进行检验，或放入冰箱中保存，夏天在室温放置不得超过 24 h。不能立即检验的，应将血片涂好并固定。需用血清的，采血时不加抗凝剂，采血后血液置于室温或37 ℃恒温箱中，自然凝固20～30 min，密封试管，以2 000～3 000 r/min速度离心10 min，转速过快或离心时间过长可造成溶血，将析出的血清移至容器内冷藏或冷冻保存。需用血浆者，采抗凝血，将其及时离心（2 000～3 000 r/min） 5～10 min，吸取血浆于密封小瓶等容器中冷冻保存。需要注意的是进行血液电解质检测的血样，血清或血浆不应混入血细胞或溶血。血样保存最长期限，白细胞计数为2～3 h，红细胞计数、血红蛋白测定为24 h，红细胞沉降率为3 h，红细胞压积测定为24 h，血小板计数为1 h。

任务2　血涂片的制备与染色

学习任务单

学习目标：了解血液标本染色方法和注意事项。

学习资源：1. 教材。2. 实验用犬、猫。3. 信息化教学资源。

学习任务：1. 能通过颈静脉、前肢臂头静脉和后肢隐静脉进行采血并制作血涂片。2. 掌握常用血涂片染色技术。

视频2-1-4　血涂片的制备

【相关知识】

一、血涂片制备

选取一张边缘光滑的载玻片做推片，用左手的拇指和中指（或食指和中指）夹持一张洁净载玻片的两端，取被检血液一滴（最好是新鲜的未加抗凝剂的血液），置于载玻片的右端，右手持推片（将载玻片一端的两角磨去即可，也可用血细胞计数的盖片做推片）置于血滴前方，并轻轻向后移动推片，使之与血液接触，待血液扩散开后，再以30°～45°角度向前均速推进，即形成一血膜。良好的血涂片，其头、体、尾明显，血液分布均匀，厚薄适宜，血膜边缘整齐，并留有一定空隙，对光观察呈霓虹色。待血膜自然风干后，于载玻片两端留有空隙处注明动物种类、编号、日期等，即可进行染色。

推片时，血滴越大，角度（两玻片之间的锐角）越大，推片速度越快，则血膜越厚；反之则血膜越薄。白细胞分类计数的血膜宜稍厚，进行红细胞形态及血原虫检查的血膜宜稍薄。推好的血片可于空气中左右挥动，使其迅速干燥，以防细胞皱缩而使血细胞变形。合格后，再行染色。

二、细胞染色

为了观察细胞内部结构，识别各种细胞及其异常变化，血涂片必须进行染色。血涂片的染色目前常用Diff-Quik染色法、瑞氏-吉姆萨染色法、新亚甲蓝染色法。

1. Diff-Quik染色法

染色快速，对玻片评价准确，但对于犬、猫肥大细胞瘤，不能显示出胞浆颗粒。有滴染法和浸染法，不同公司的产品操作稍有不同。操作方法以珠江贝索Diff-Quik染色液为例。①滴染法：加迪夫A溶液（曙红、甲醇）覆盖整个血涂片染色20～30 s，用磷酸缓冲液（将1包磷酸盐缓冲液粉剂溶于1 L蒸馏水）稍冲洗，洗掉迪夫A溶液，然后稍控干缓冲液，再滴加迪夫B溶液覆盖于整个血涂片上染色20～30 s，水洗、干燥、镜检。②浸染法：分别将迪夫A溶液和B溶液及磷酸盐缓冲液适量倒入带盖的染缸中，将血涂片浸泡于迪夫A溶液（曙红、甲醇）20～30 s，于磷酸盐缓冲液染缸中洗掉迪夫A溶液，稍控干缓冲液，再将血涂片浸泡于迪夫B溶液中20～30 s，水洗、干燥、镜检。

2. 瑞氏-吉姆萨染色

酸性染料伊红和碱性染料亚甲蓝组成的复合染料。染色是染料透入被染物并存留其内部的一种过程，此过程既有物理的吸附作用，又有化学的亲和作用。各种细胞成分化学性质不同，对各种染料的亲和力也不一样。因此，染色后在同一血片上，可以看到各种不同的颜色。

瑞氏-吉姆萨染色液的配制：瑞氏-吉姆萨染粉0.1 g，甲醇60.0 mL。

将染粉置于研钵中，加入少量甲醇研磨，使其溶解，然后将已溶解的染液倒入洁净的棕色瓶，剩下未溶的染料再加入少量甲醇研磨，如此连续操作，直至染料全部溶解为止。将染液在室温中保存一周，每日振摇一次，之后，过滤，即可应用。配制好的瑞氏染液放置时间越久，其染色效果越好。

染色：先用铅笔在血涂片两端各划一线，以防染液外溢，将血涂片平放于水平支架上；滴加瑞氏染液于血涂片上，直至将血涂片盖满为止；待染色1～2 min后，再加入等量磷酸盐缓冲液（pH 6.4），并轻轻摇动或用口吹气，使染色液与缓冲液混合均匀，再染色3～5 min；最后用水冲洗血片，待自然干燥或用吸水纸吸干后镜检。如所得血涂片呈樱红色者为佳。

☞**注意：**染色时间须视何种样本、涂片厚薄及室温而定，染液量需充足，勿使染液蒸发干燥，以防染料沉着于涂片上。

3. 新亚甲蓝染色法

可呈现细胞核，能染出大部分感染性病原、血小板和肥大细胞颗粒，但是不能染出嗜酸性细胞的颗粒及红细胞。该染色法的细胞质显示不清晰，但细胞核和核仁微小细节显示非常好。临床上主要用于网织红细胞计数，海因茨小体形态和计数。操作方法以珠江贝索新亚甲蓝染色液为例：新亚甲蓝染色液与全血1∶1混合均匀，室温静置20 min。用推片法制作单层涂片，做好标记，风干，显微镜检查。

任务3 血液分析仪检测

学习任务单

学习目标：掌握血液分析仪的使用方法和注意事项。

学习资源：1. 教材。2. 实验用犬、猫。3. 信息化教学资源。

学习任务：采集血液样本并使用血液分析仪检测血液样本。

【相关知识】

现代血液分析仪的功能有全血细胞计数功能、白细胞分类功能以及有核红细胞计数、网织红细胞计数及其相关参数检测等扩展功能。兽医临床有三种类型的血液分析仪:电阻抗分析仪、激光流式分析仪和定量淡黄层分析仪。制造商将多种方法应用于分析仪,进行全血细胞计数。多数系统采用电阻抗方法进行细胞计数,同时采用激光流式分析仪进行白细胞分类计数。有些分析仪具有比色池,用于血红蛋白的测量。

一、电阻抗分析仪

根据血细胞相对非导电的性质,悬浮在电解质溶液中的血细胞颗粒,在通过计数小孔时可引起电阻的变化,以此为基础对血细胞进行计数和体积测定,这便是电阻抗原理,又称库尔特原理。

将用等渗电解质溶液稀释的血细胞悬液置入不导电容器中,将小孔管(即传感器)插进细胞悬液中,悬液从小孔管外侧通过小孔管壁上的小孔(直径<100 μm,厚度约 75 μm)向小孔管内部流动,使小孔管内充满电解质溶液。小孔管内有一个内电极,小孔管外侧的细胞悬液中有一个外电极,此时孔周围充满了具有导电性的液体,接通电源后位于小孔两侧的电极之间产生稳定的电流。如果提供的电流 I 和电阻 R 都是稳定的,根据欧姆定律,两电极间的电压也是不变的($V=IR$)。但当细胞通过小孔时,在电路中小孔感应区内电阻增高,于是引起瞬间电压变化而出现一个脉冲信号。脉冲信号变化的程度取决于非导电性细胞体积的大小,细胞体积越大产生的脉冲幅值越大,测量脉冲的大小即可测出细胞体积大小,记录脉冲的数量就可测定细胞的数量。这些脉冲信号经过放大、阈值调节、甄别、整形、计数及自动控制,最终分析仪可打印出数据报告。电阻抗法计数原理见图 2-1-5。

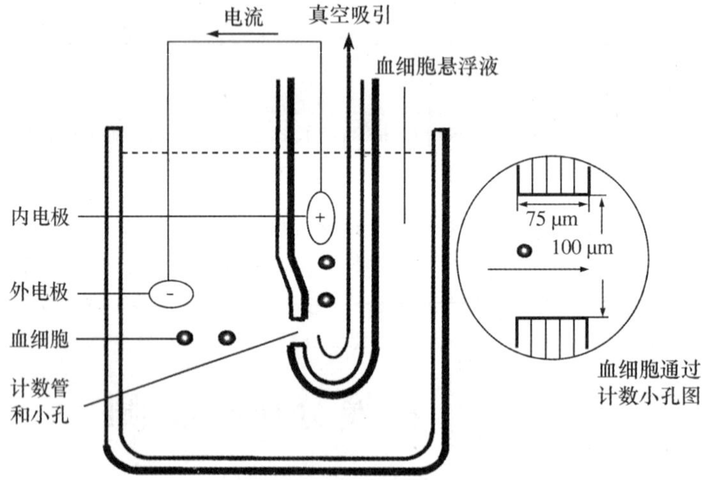

图 2-1-5 电阻抗法计数原理示意

1. 白细胞计数原理

根据电阻抗法计数原理,不同体积的白细胞通过小孔时产生的脉冲大小有明显的差异,依据这些脉冲的大小,可对白细胞进行分群。经溶血剂处理的、脱水的、不同体积的白细胞通过小孔时,脉冲大小不同,将体积为 35~450 fL 的白细胞分为 256 个通道,其中,淋巴细胞为单个核细胞，颗粒少，细胞小，位于35～90 fL的小细胞区；粒细胞（中性粒细胞）的核分叶多，颗粒多，胞体大，位于160 fL以上的大细胞区；单核细胞、嗜酸性粒细胞、嗜碱性粒细胞、原始细胞、幼稚细胞等，位于90～160 fL的单个核细胞区，又称为中间型细胞。仪器根据各亚群占总体的比例，计算出各亚群细胞的百分率，并同时计算各亚群细胞的绝对值，显示白细胞体积分布直方图。

2. 红细胞检测原理

红细胞计数和血细胞比容测定的原理与白细胞计数相似。当红细胞通过计数小孔时，产生相应大小的脉冲，脉冲的高低代表每个红细胞的体积，脉冲的多少即为红细胞的数目，脉冲高度叠加经换算得出血细胞比容。稀释血液中含有白细胞，当血液进入红细胞检测通道时，红细胞检测的各项参数中均含有白细胞因素。正常时，血液红细胞与白细胞的比例为（500～750）∶1。因此，白细胞因素可忽略不计。但当病理情况下，如白血病时，白细胞数明显增高；同时又伴有贫血时，所得红细胞参数可产生明显误差。血细胞比容通常用红细胞平均体积（MCV）与红细胞数相乘得到。

3. 血红蛋白测定原理

当稀释血液中加入溶血剂后，红细胞溶解并释放出血红蛋白，血红蛋白与溶血剂中的某些成分结合形成一种血红蛋白衍生物，进入血红蛋白测试系统，在特定的波长（一般在530～550 nm）下进行比色，吸光度的变化与稀释液中血红蛋白含量成正比，仪器通过计算可显示出血红蛋白的浓度。

二、光散射法检测原理

（一）白细胞计数和分类计数原理

1. 激光与细胞化学法

（1）过氧化物酶检测通道　白细胞经过氧化物酶染色后，胞质内显示细胞化学反应。过氧化物酶活性顺序为嗜酸性粒细胞＞中性粒细胞＞单核细胞，而淋巴细胞和嗜碱性粒细胞无过氧化物酶活性，这是利用血液分析仪进行白细胞分类的基础。当激光束照射到细胞时，产生不同强度的散射光，以酶反应强度（吸光率）为 X 轴，细胞大小（光散射）为 Y 轴，每个细胞根据这两个信号的不同，定位在散点图上。

（2）嗜碱性粒细胞/分叶核检测通道　血液与酸性表面活性剂反应，不仅红细胞溶解，而且除嗜碱性粒细胞外，其他所有的白细胞膜均被破坏，胞质溢出，只剩裸核。当激光束照射到细胞时，产生不同强度的散射光，形成二维细胞图，其中，嗜碱性粒细胞呈高狭角散射，定位于细胞图上部，裸核细胞则定位于细胞图下部。

2. 容量、电导、光散射（VCS）法

利用电阻抗法原理测量细胞体积（V）。利用电导（C）技术测量细胞内部结构。原理是利用高频电磁探针测量细胞内部结构，根据细胞核和细胞质比例、细胞内颗粒大小和密度来识别体积相同但性质不同的两类细胞群体，如小淋巴细胞和嗜碱性粒细胞。利用光散射（S）技术测量细胞形态和核结构。原理是利用激光照射进入计数区的每个细胞，根据散射光角度（10°～70°）的不同，提供每个细胞形态、核结构信息来鉴别中性粒细胞、嗜碱性粒细胞和嗜酸性粒细胞。V体积测量采用电阻抗原理；C电导性是根据细胞壁能产生高频电流的性能，采用高频电磁探针测量细胞内部结构；S光散射是采用激光光束对细胞进行扫描，获得细胞结构和形态的变化。根据VCS原理，显示3种细胞散点图。

3. 电阻抗与射频法

（1）嗜酸性粒细胞检测系统　血液与嗜酸性粒细胞特异性溶血剂混合，使除嗜酸性粒细胞外的所有细胞溶解或萎缩，采用电阻抗法计数嗜酸性粒细胞。

（2）嗜碱性粒细胞检测系统　血液与嗜碱性粒细胞特异性溶血剂混合，使除嗜碱性粒细胞外的所有细胞溶解或萎缩，采用电阻抗法计数嗜碱性粒细胞。

（3）白细胞分类检测系统　采用电阻抗和射频法，以直流电为横坐标，以射频为纵坐标，根据这两个信号将细胞定位于二维细胞散射图上，因淋巴细胞、单核细胞、粒细胞的大小、胞质量、胞质内颗粒大小和密度、细胞核形态和密度各不相同，从而进行分类。

（4）幼稚细胞检测系统　根据幼稚细胞膜上脂质较成熟细胞少的特性进行检测。在细胞悬液中加入硫化氨基酸，幼稚细胞的结合量多于较成熟的细胞，而且幼稚细胞对溶血剂有抵抗作用，当加入溶血剂后，成熟细胞被溶解破坏，幼稚细胞不被破坏，从而提供幼稚细胞信息。

（二）红细胞检测原理

以低角度前向光散射和高角度光散射同时测量1个红细胞。低角度（2°～3°）光散射能测量单个红细胞体积，高角度（5°～15°）光散射能测量单个红细胞血红蛋白浓度，得出MCV、MCH、MCHC值，并显示红细胞散射图、单个红细胞体积和血红蛋白含量直方图。

（三）血小板检测原理

单个球形化血小板通过激光束照射后，高角度（5°～15°）光散射能测量细胞折射指数（RI），低角度（2°～3°）光散射能测量细胞大小。在二维散射图上得出血小板数量和相关参数。

（四）网织红细胞计数原理

（1）利用新亚甲蓝使网织红细胞RNA着色，加入能使红细胞内血红蛋白溢出的试剂，使其成为“影细胞”，然后采用VCS原理，得出网织红细胞数和相关参数。

（2）利用碱性槐黄O（全胺O）等荧光染料与网织红细胞内的RNA结合，以波长488 nm氩氖激光束为激光源照射网织红细胞，得到前向散射光强度（细胞体积大小）和荧光强度（胞质内RNA多少），形成二维显示散点图，得出网织红细胞数和相关参数。

三、检测参数和结果显示

（一）检测参数

血液分析仪检测参数的类别包括：临床报告参数、异常报警或研究参数、仪器内部监测参数3类。血液分析仪总体目标有2个：一是筛检和直接报告正常检验结果标本；二是在出现异常检验结果时，直接向检验人员报警。报警是指所检测的标本不能满足仪器软件系统的定义或不能满足实验室建立的检测标准。不同实验室、不同仪器、不同疾病、不同患者群有不同的复检标准，因而报警的具体内容和形式也不同。报警与疾病特点、细胞异常、标本干扰等因素有关，故报警项目也可用于研究。目前，用于报警和研究的参数，随着检验原理、检测技术的发展和临床循证检验医学证据的建立，有可能转为可应用于临床检测的新参数。

（二）结果显示

血液分析仪检测标本后，结果显示通常有数据、图形（直方图和散点图）和报警（图形、符号或文字）3类形式。

临床上除了将检测数据作为诊断依据之外，还常常参考血细胞直方图对患病动物进行评估。先将血细胞直方图做简要介绍。

血液分析仪在计数细胞数量的同时，还提供细胞体积分布图形，横坐标为细胞体积大小，纵坐标为不同体积细胞的相对频率，称为细胞直方图。

1. 白细胞直方图

电阻抗型血液分析仪，正常白细胞直方图，在35～450 fL范围内将白细胞分为3群，左侧峰又高又陡为淋巴细胞峰，最右侧峰又低又宽为中性粒细胞峰，左、右两峰间的谷区较平坦为单个核细胞峰。见图2-1-6。

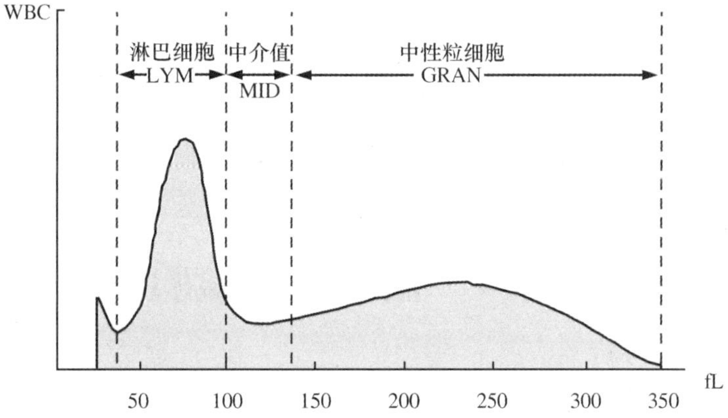

图2-1-6　白细胞直方图

2. 红细胞直方图

正常红细胞直方图是一个近似正态分布的单个峰的光滑曲线，通常位于36～360 fL范围，横坐标表示红细胞体积，纵坐标表示不同体积红细胞出现的频率。见图2-1-7。红细胞直方图曲线的峰顶对应的是红细胞的MCV，而曲线基底的宽度基本上反映红细胞的RDW。正常红细胞直方图，在36～360 fL范围内分布两个细胞群体，从50～125 fL区域有一个两侧对称、较狭窄的曲线，为正常大小的红细胞，从125～200 fL区域有另一个低而宽的曲线，为大红细胞、网织红细胞。当红细胞体积大小发生变化时，峰左移或右移，或出现双峰。

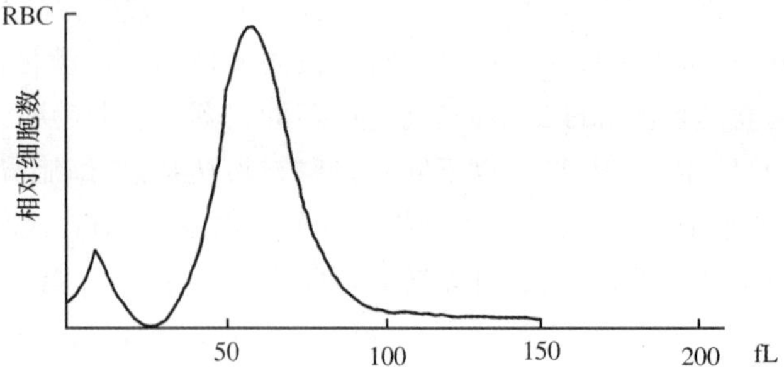

图 2-1-7　红细胞直方图

3. 血小板直方图

正常血小板体积直方图是一个偏态分布的单个峰的光滑曲线，通常在 2～30 fL 范围内，主要集中在 2～15 fL 内。见图 2-1-8。当有大血小板或小红细胞、聚集血小板、红细胞残骸等，直方图显示异常。

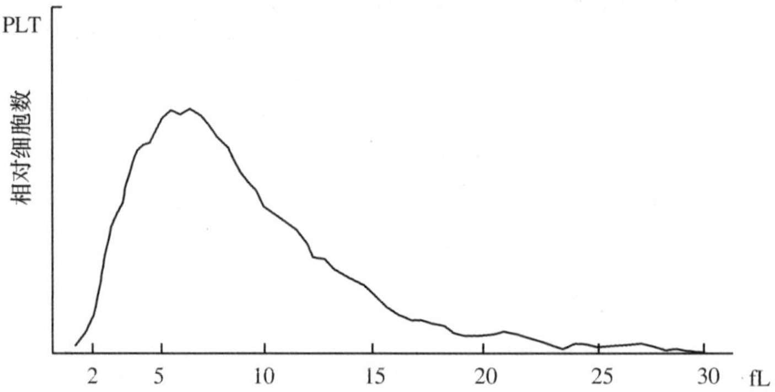

图 2-1-8　血小板直方图

任务 4　血液生化检验

学习任务单

学习目标：掌握血液生化检验项目及项目变化所体现的临床意义。
学习资源：1. 教材。2. 实验用犬、猫。3. 信息化教学资源。
学习任务：分析血液生化指标变化所体现的临床意义。

【相关知识】

用于检测生化指标的样本常为血清和血浆样本，当含有抗凝剂的血样被离心后，上清液就是血浆；而血清则是未抗凝的血样凝固后的上清液。血清和血浆的主要差别在于血浆中含有纤维蛋白原，而血清中则不含。血清的应用比血浆更为广泛，若血浆在分离后冷冻保存，在检测前必须再次离心，以除去可能存在的纤维蛋白团块。

传统的血液生化检验方式操作比较烦琐，目前宠物临床多采用自动生化分析仪检测。生化分析仪有干式生化分析仪和湿式生化分析仪，不同品牌、不同型号的生化分析仪的使用步骤有所不同，按说明书要求操作即可。血液生化检验项目通常比较多，主要包括以下方面。

一、血清蛋白

血清蛋白主要由白蛋白和球蛋白组成，球蛋白通过电泳又可分为α、β、γ球蛋白三部分。血浆中蛋白含量的90%～95%由肝脏合成。犬总蛋白为54～78 g/L，白蛋白为24～38 g/L；猫的总蛋白为58～78 g/L，白蛋白为26～41 g/L。

(一)血清蛋白增多

见于重症脱水、水分摄入障碍的失水、糖尿病、酸中毒和休克。

(二)血清蛋白减少

见于长时间重度蛋白尿的各种肾病、肝硬化、营养不良、重度甲状腺功能亢进、中毒、大量出血及贫血。

(三)白蛋白∶球蛋白(A/G)

(1)比值升高　见于白蛋白增多和(或)球蛋白减少，临床上少见。

(2)比值减少　见于白蛋白减少和(或)球蛋白增多，详见白蛋白和球蛋白的临床意义。犬参考值为0.89～2.68，猫为0.80～1.68。

二、白蛋白

血清白蛋白主要功能是维持血浆渗透压，运输激素、离子和药物等，犬、猫血清白蛋白参考值为31～40 g/L。

(一)白蛋白增加

见于严重腹泻、呕吐、饮水不足、烧伤造成脱水及大出血，致使血浆浓缩而白蛋白相对增高。

(二)白蛋白减少

(1)生成减少　见于食物中缺少蛋白、蛋白消化不良(胰外分泌不足)、吸收不良、慢性腹泻、营养不良、进行性肝病、慢性肝病、肝硬化(肝病时白蛋白减少，而球蛋白往往增多)、分解代谢增加(妊娠、泌乳、恶性肿瘤)、多发性或延长性心脏代偿失调、贫血和高球蛋白血症。

(2)丢失增加和分解代谢　蛋白丢失性肾病、肾小球肾炎和肾淀粉样变性；发热、感染、恶病质、急性和慢性出血、蛋白丢失性肠病、寄生虫、甲状腺功能亢进和恶性肿瘤；严重血清丢失：严重渗出性皮肤病、腹水、胸腔积液和水肿、烧伤和外伤。

三、球蛋白

血清总蛋白量减去白蛋白量便是球蛋白量。正常犬是28～42 g/L，猫是34～45 g/L。

(一)血清球蛋白增多

见于肝硬化、丝虫病、肺炎、结核病等。

(二)血清球蛋白减少

幼年动物一般呈生理性减少。也可见于肝脏等血液蛋白生成器官的疾病;急性或慢性出血、溶血性疾病;蛋白丢失性肠病和肾病;严重血清丢失(见于烧伤和严重渗出性皮炎)。

四、血纤维蛋白原

血纤维蛋白原(FIB)由肝脏合成。正常犬、猫是1.50～3.00 g/L。

(一)血纤维蛋白原生理性增多

见于脱水和妊娠。

(二)病理性增多

(1)炎症　急性炎症常表现为开始增加很高,然后降下来;慢性炎症常表现为高水平的纤维蛋白原,一直伴随着慢性炎症存在。

(2)组织损伤　在组织损伤后的24 h内增多。

(3)特殊情况　多见于肝损伤、急性消化不良、骨折等。

(三)减少

(1)血样品凝血。

(2)肝病(严重或进行性肝病、慢性肝炎、肝硬化)、临死前的严重出血。

(3)增加了纤维蛋白溶酶的破坏,或凝血致活酶释放入血液,纤维蛋白原被移去而减少。见于纤维蛋白原渗入浆膜腔、产科病、休克、严重烧伤、大手术并发症、恶性肿瘤。

(4)特殊情况,见于先天性纤维蛋白原缺乏、病毒性腹泻、犬链球菌感染、犬颗粒细胞白血病、弥散性血管内凝血、不相配的输血。

五、钠

血钠(Na)主要是起到保持细胞外液容量、维持渗透压及酸碱平衡,维持肌肉、神经应激性的作用。犬缺少汗腺,主要通过肾脏将钠排出体外。

(一)增多

(1)机体脱水　摄入水减少、热性病、渗透压性利尿(应用甘露醇、尿素)、喘息、出汗、甲状腺功能亢进。

(2)钠过多　肾上腺皮质机能亢进、食盐中毒、液体治疗(高渗性盐水),细胞外液增多时,动物整体血钠含量也增多。

(3)心脏病。

(二)减少

(1)钠缺乏　过多钠丢失：肾上腺皮质机能降低、严重腹泻、呕吐、大出汗、严重烧伤、利尿治疗、进行性的肾衰竭、糖尿病的酮体酸中毒、长期的高脂血症、肠梗塞、代谢性酸中毒、血清蛋白水平升高、沙门氏菌病。不适当的钠摄取：饥饿、营养不良、饲料中食盐缺乏、不吸收钠盐。

(2)水过剩　液体治疗(低渗性盐水或葡萄糖液)或饮水过多。

六、钾

动物体内钾(K)盐90%从食物中获得，经肠道吸收入血液。吸收入血液钾的90%从肾脏排出体外。血钾对调节水、电解质、渗透压和酸碱平衡，维持神经和肌肉的应激性，以及心脏活动都有重要意义。

解释血清钾水平的高低，必须结合血液中其他电解质浓度和酸碱平衡状况。血清钾浓度还与肾机能的好坏有重要关系。因此有时血清钾水平并不能反映出动物机体内钾的状况，例如严重代谢性酸中毒时，动物机体内缺钾，而由于氢离子进入细胞内，置换出钾离子，使血清钾水平升高。又如严重代谢性碱中毒时，肾小管排出钾离子，保留氢离子，同时部分钾离子进入细胞内，细胞向血浆内排出氢离子，这时动物机体并不缺钾，而血清中钾水平下降了。在肾衰竭时，肾排钾困难，血清钾水平升高。因此，在肾脏机能正常时，如果缺钾，可根据缺钾量补充氯化钾，用5%～10%葡萄糖稀释成0.3%～0.6%，静脉缓慢输入，每小时每千克体重30～40 mL，其总量不能超过每千克体重150 mL。犬、猫呕吐时，如果不能检验缺钾量，开始补钾可用20～40 mmol/L钾溶液，维持用10～30 mmol/L钾溶液。补钾每小时每千克体重不能超过0.5 mmol，30 kg体重犬补10%氯化钾10 mL(14 mmol)。

(一)增多

(1)肾上腺皮质机能降低，醛固酮分泌减少。

(2)细胞外液浓稠、渗透压升高：见于脱水、休克、腹膜炎、体腔积液、静脉输钾。

(3)钾离子从细胞内液移到细胞外液：溶血或贫血；肌肉损伤和组织坏死，如严重外伤、烧伤、大块组织坏死等，同时肾减少钾排出；酸中毒，如腹泻性酸中毒和糖尿病的酮体中毒(细胞外液钾离子增多，细胞内液钾离子减少)。

(4)减少肾的排出，进行性少尿或无尿性肾脏疾病、肾后性阻塞(尤其是猫泌尿系统综合征)。

(5)心脏衰竭，血液循环障碍，口服或静脉输入含钾药物。

(二)减少

(1)过量钾丢失：频繁呕吐、严重腹泻、利尿性治疗。

(2)减少钾的摄取：饥饿、营养不良、不吸收和肠道阻塞。

(3)水过量：用低钾液体治疗，脱水后动物大量饮水。

(4)碱中毒、糖尿病胰岛素治疗后，钾过多转入细胞内。用口服或静脉输入葡萄糖治疗，使血糖升高。

(5)肾上腺皮质机能亢进促钾排泄、注射可的松、渗透性多尿。

(6)慢性蹄叶炎、长期不愈的肌炎、高脂血症和高糖血症。

七、氯

(一)血清氯增加

(1)所有增加血清钠的原因,如脱水等。

(2)碳酸氢根的丢失、高氯性酸中毒、代谢性酸中毒。

(3)呼吸性酸中毒(呼吸过强)、肝硬化、猫传染性腹膜炎。

(4)尿道阻塞、排尿减少和肾上腺皮质机能亢进(肾小管重吸收氯化钠增多)。

(5)摄入过多,氯化钠、氯化铵、氯化钙等治疗。

(二)血清氯减少

(1)所有降低血清钠的原因。

(2)氯丢失,见于呕吐、高位肠道阻塞、真胃堵塞或扭转、血液中过量有机离子(乳酸、酮酸等)。

(3)呼吸性酸中毒(如肺炎、肺气肿、肺水肿)、代谢性碱中毒。

八、钙

动物体内总钙的99%存在于骨骼,血清钙只占1%。血清钙有3种形式:离子钙、与白蛋白结合的非离子钙,以及与枸橼酸钠、磷酸盐形成的复合物,只有钙离子才有生理作用。血清中白蛋白浓度的高低常常影响血清中总钙的浓度。

(一)血钙增加

多见于甲状旁腺功能亢进、内服或注射维生素D过量、多发性骨髓病、胃肠炎和由于脱水而发生酸中毒时。

(二)血钙减少

正常情况下年轻动物、妊娠动物和正在泌乳的动物血钙会低于正常。异常情况有:

(1)减少摄取:第一,低钙饮食或低钙高磷性食物(如采食过多的肉类或肝脏)摄入过多,低维生素D血症(导致营养性继发性甲状旁腺机能亢进,这时钙可能是正常的),肠道吸收不良。第二,甲状旁腺机能减弱,降低了钙从骨骼中移出,见于手术摘除甲状旁腺和犬瘟热损伤等。

(2)降钙素机能亢进,增加了钙在骨骼中沉淀。

(3)减少了血清钙携带者:见于低蛋白血症、蛋白丢失性肠病。

(4)增加组织内的蓄积:癫痫、犬产后抽搐症、脂肪坏死(胰腺炎)、肾上腺皮质类固醇治疗。

(5)增加丢失:一是慢性肾衰竭(导致肾继发性甲状旁腺机能亢进,钙可能是正常的);二是磷过多(导致营养性继发性甲状旁腺机能亢进,钙可能是正常的);三是钙与化合物结合(如草酸)。

(6)急性胰腺炎、急性氮血症、酮血症、泌乳热、抽搐、低磷性佝偻病和低钙性佝偻病、乙二醇中毒、范康尼氏综合征。

(7)溶血等因素。

九、无机磷

(一)血磷增加

(1)年轻动物。

(2)饲料中磷增加和高维生素D血症。

(3)肾清除磷的机能降低(血清无机磷在2.85～5.7 mmol/L即5.0～10.0 mg/dL时,表示严重肾衰竭;超过5.7 mmol/L即10 mg/dL时,表示病危,难以治愈)、甲状旁腺机能减退、肾上腺皮质机能减退、骨折愈合期。

(4)骨质溶解转移性骨瘤(也可能是正常的)、维生素D中毒、动物全身麻痹后、溶血或人为溶血。

(二)血磷减少

(1)减少食入和吸收。

(2)降钙素机能亢进,增加了磷骨骼中沉积。

(3)增加了组织内蓄积,见于产后瘫痪、产后血红蛋白尿症、糖尿病、静脉注射葡萄糖、注射胰岛素、碱中毒。

(4)增加了肾的清除,减少肾的再吸收磷,见于原发性甲状旁腺机能亢进、伪甲状腺功能亢进、液体利尿。

因为红细胞内含有大量无机磷,所以溶血的样品不宜使用。

十、葡萄糖

(一)增高

血糖增高是由于肝脏分解的加速或组织对葡萄糖利用的减低所致。多见于糖尿病及内分泌疾病,如甲状腺功能亢进、肾上腺皮质功能亢进。全身性麻痹后、肺炎、肾炎、颅内压增高、颅脑外伤、中枢神经感染、缺氧窒息等因素可导致血糖暂时性升高。

(二)减低

血糖减低是由于肝糖原分解减低或组织对葡萄糖的利用增加所致。多见于胰岛素分泌过多症、胰腺癌、胰岛细胞瘤、严重贫血、肾功能衰竭的慢性肾炎、肾上腺皮质功能减退、甲状腺功能减退、脑垂体功能减退等。

长时间剧烈运动之后、过分饥饿、哺乳期等会造成血糖生理性减低。

十一、尿素氮

尿素氮(BUN)是哺乳动物蛋白质在肝脏里分解代谢的最终产物尿素中的氮(鸟类和爬行动物产生尿酸)。尿素氮由肾脏排出体外,任何增加蛋白质分解、阻碍肾脏排出的情况,都将引起血液中尿素氮升高。正常动物血清尿素氮为3～10 mmol/L,猫有时可达15 mmol/L。

(一)尿素氮增加

(1)肾前性尿素氮　由于肾脏功能仍正常,因此一般尿素氮不会高于 36 mmol/L,此时尿比重大于 1.025。严重脱水、休克、肾上腺皮质功能降低、心血管疾病等也会导致尿素氮增加。

(2)肾性尿素氮　见于肾小球肾炎、肾淀粉样变、间质肾炎、肾盂肾炎、肾病、高血钙性肾病、肾新生瘤、肾皮质萎缩等。一般来说必须有 75%以上的肾单位失去机能,血液中尿素氮水平才能升高,尿比重才能降低(但猫除外,因猫在肾性氮血症发生后,尿比重仍能维持一段时间),低于 1.025。当 BUN 高于 60 mmol/L 时,就难以治愈了。

(3)肾后性尿素氮　多由于泌尿系统某部分堵塞或破裂,表现无尿或少尿,BUN 可达 60 mmol/L 以上。一旦排除原因后,BUN 很快恢复正常。见于尿排泄管阻塞(尿结石、肿瘤、前列腺腺瘤)及泌尿系统破裂(如膀胱破裂等,此时尿素氮很快达 100 mmol/L 以上)。

(二)减少

一是小于参考值,二是尿素氮与肌酐的比值小于 5。

(1)减少尿素合成　进行性肝病、肝肿瘤、肝硬化、肝脑病、门腔静脉分路沟通(大量血不能通过肝脏)、低蛋白性食物和吸收紊乱,用葡萄糖治疗的长期厌食。

(2)其他原因　黄曲霉菌毒素中毒、液体治疗、严重的多尿症和烦渴。

十二、肌酐

血清肌酐(CREA)由骨骼肌代谢产生的肌酐和外源性肌酐组成。一般很少像尿素那样受年龄、性别、发热、毒血症、感染、饮食、机体内水分和蛋白质分解代谢的影响,所以用肌酐检验肾脏疾患比 BUN 更准确。肌酐主要由肾小球过滤,肾小管不再重吸收,然后从尿中排出体外。部分由胃肠道排出。动物正常血清中肌酐小于 150 μmol/L。

(一)增多

(1)肾前性 CREA　过度疲劳、大面积肌肉损伤、乙二醇中毒、降低肾的灌流(脱水、休克)、肾上腺皮质功能降低、甲状腺功能亢进、心血管病和垂体机能亢进。一般增多不明显。氮血症时,如果尿比重仍大于 1.025,表示仍有足够数量正常肾单位浓缩尿,这个氮血症是肾前性的。在严重脱水和肾衰竭时,肌酐浓度可达 250 μmol/L。

(2)肾脏严重损伤的 CREA　严重肾炎、严重中毒性肾炎、肾衰竭末期、肾淀粉样变、间质肾炎和肾盂肾炎等。一般肾单位损伤超过 70%～75%时,血清肌酐量才增多。肌酐在 177～422 μmol/L,表示中度肾衰竭,此时尿比重 1.010～1.018。肌酐在 442～884 μmol/L 时,表示严重肾衰竭。

(3)肾后性尿道阻塞或膀胱破裂　血清 CREA 可达 1 000 μmol/L。

(4)预后　肌酐一般增加到 442 μmol/L(5 mg/dL)或更多,预后不良;超过 884 μmol/L(10 mg/dL),动物将死亡。

(二)减少

见于恶病质和肌肉萎缩。

十三、尿酸

尿酸(UA)是体内嘌呤代谢的最终产物,由尿排出体外;食物中核酸在消化道内分解产生的嘌呤,吸收入体内氧化,也是其来源。正常犬是 0～0.12 mmol/L,猫是 0～0.06 mmol/L。

原发性增多见于原发性阵痛、犬尿酸盐尿结石。继发性增多见于多种慢性肾病和肾衰竭、白血病、恶性肿瘤、组织损伤、糖尿病、长期禁食、使用噻嗪类利尿药等。

十四、血氨

正常血液中只有微量的氨,多数动物血氨浓度都低于 60 μmol/L。经肠道吸收的氨经肝脏转化成尿素。如果肝脏转化能力降低,血液中氨浓度升高,可引起肝脑病。检验用 EDTA 抗凝血,采血后 30 min 内分离血清。

(一)生理性增多

见于采食高蛋白食物、运动之后和血液样品长期贮存。

(二)病理性增多

(1)急性或大面积的肝坏死、肝纤维化或肝硬化、肝肿瘤、门脉硬化、永久性静脉导管、门腔静脉分路沟通(见于犬、猫)大量血液不通过肝脏、肝脏变小。

(2)出血性休克、肾衰竭(肾血流减少)、上消化道出血。

(3)先天性酶缺乏,即犬尿素循环酶和精氨琥珀酸合成酶缺乏。

十五、胆红素

胆红素(BIL)主要来源于衰老破碎的红细胞,肌红蛋白和某些酶也是其小部分来源。胆红素包括间接胆红素和直接胆红素。正常动物血清胆红素浓度都低于 15 μmol/L。

(一)增多

(1)肝前性或溶血性增多,一般为间接性增多(占 60%以上)。见于犬的巴贝斯虫病、巴尔通氏体病、红斑狼疮、埃立克体病、钩端螺旋体病、不相配的输血、自体溶血性贫血、蛇咬伤、黄曲霉菌毒素中毒、洋葱或大葱中毒、红细胞丙酮酸激酶缺乏等。增多一般不超过 20 μmol/L。

(2)肝性或肝细胞性增多,间接和直接胆红素都增多。见于犬传染性肝炎、犬、猫的钩端螺旋体病、细菌性肝炎、肝硬化末期、肝肿瘤和大面积脓肿等。增多可达 60 μmol/L 或更高。

(3)肝后性或阻塞性增多,起初引起直接胆红素增多,后因肝细胞损伤,血液中间接胆红素也增多。另外,由于胆管阻塞,胆红素不能进入肠道,粪便变成灰白色,尿中无尿胆素原,碱性磷酸酶活性增加,甚至可超过 10 000 U/L。肝后性增多见于寄生虫堵塞胆管(可超过 100 μmol/L)、胆管结石、胆囊或胆管肿瘤等。

(4)脂血症。

(二)减少

减少了红细胞的生成。

十六、碳酸氢根

血液中碳酸氢根在代谢性酸中毒时减少，治疗可静脉输入5%碳酸氢钠，中和体内酸，每毫升5%碳酸氢钠含碳酸氢钠0.6 mmol。在一般酸中毒情况下，每千克体重可用5%碳酸氢钠2 mL加入其他液体中，静脉输入。

(一)增多

(1)代谢性碱中毒　见于呕吐、过量钾丢失、胃扭转、小肠堵塞。
(2)呼吸性酸中毒　见于肺气肿、肺炎、麻醉。
(3)碳酸氢盐治疗。

(二)减少

(1)代谢性酸中毒　见于腹泻、休克、肾衰竭、肾小管性酸中毒、糖尿病酮症酸中毒，乙二醇中毒、劳累或肠变位引起的乳酸中毒。
(2)氯离子或氯离子含量多的药物治疗　如氯化铵。
(3)延长处理样品时间(人为的)。

十七、血清酶

小动物临床检验常测定的血清酶有：转氨酶、肌酸磷酸激酶、乳酸脱氢酶同工酶等。

(一)肌酸磷酸激酶(CPK)

CPK正常参考值：犬60～359 U/L；猫95～1 294 U/L。对心肌、骨骼肌损伤及肌营养不良的诊断有特异性。当各种类型进行性肌萎缩、脑损伤时，CPK增高；不适当地注射抗生素可引起CPK增高。降低时一般无临床意义，老年犬低于幼年犬。

(二)谷草转氨酶(GOT)

GOT又称为天门冬氨酸转氨酶(AST)。正常参考值：犬23～56 U/L；猫26～43 U/L。
血清GOT活性升高，见于急性肝炎、肝硬化、心肌炎及骨骼肌损伤。
维生素B_6缺乏和大面积肝硬化可导致GOT减少。

(三)谷丙转氨酶(GPT)

GPT又称为丙氨酸转氨酶(ALT)。正常参考值：犬21～66 U/L；猫6～64 U/L。犬许多组织、器官中含有GPT，其中以肝脏含量最高。

血清GPT活性升高，见于犬传染性肝炎，猫传染性腹膜炎，马传染性贫血，肝脓肿和胆管阻塞，甲状腺机能降低，心脏功能不足，严重贫血，休克等。

(四)血清乳酸脱氢酶(LDH)

LDH正常参考值：犬45～233 U/L；猫63～273 U/L。LDH存在于肝脏、心肌、骨骼肌、肾脏等组织和器官。肌肉损伤、肝脏疾病、贫血或急性白血病时，血液中LDH会升高。

项目2

尿液检验

【知识目标】

1. 掌握尿液样品的采集方法。
2. 尿液物理、化学性质的检查。
3. 了解尿液检查各指标的临床意义。

【能力目标】

1. 能够通过导尿采集尿液样品。
2. 能够通过膀胱穿刺采集尿液样品。
3. 能够进行尿液检查。

【素质目标】

1. 培养学生理论联系实际的学习态度和不断创新的职业精神。
2. 培养学生爱护动物、注重动物福利的职业素养。

任务1 尿液样品的采集与保存

学习任务单

学习目标:学习接尿、导尿、膀胱穿刺尿液的采集方法。

学习资源:1. 教材。1. 实验用犬、猫。2. 信息化教学资源。

学习任务:1. 导尿。2. 膀胱穿刺。

【相关知识】

一、自然排尿

自然排尿是最简单的尿液采集方式,但因尿液常在收集过程中受到污染,因此并不适合做细菌学检查,其他评估一般不受影响。采集尿样时,可用干净容器收集尿液,若能在收集样品前清洗动物的外阴部并收集中段尿液,可减少样品的污染。通常采集自然排尿需动物主人配合实施。犬可能因为被试图采尿而停止原先欲排尿的动作。猫的尿液样本通常不容易自然采集。

二、导尿

导尿管由尿道进入膀胱取得尿液，适用于尿道阻塞的动物。采集前应先清洁动物的外生殖器，操作时避免损伤泌尿道，应使用无菌导尿管并在导尿管顶端涂上少量水溶性的无菌凝胶，以促进导管平顺地通过尿道，全程需保持无菌操作。导尿管远端可连接注射器抽取尿液，导管进入的过程中可能带入下泌尿道或生殖道的污染，同时也可能造成轻微的出血而导致尿中出现红细胞。

三、膀胱穿刺

使用细针穿刺膀胱，常用B超引导穿刺，降低穿刺风险。腹部剃毛消毒，动物仰卧，轻柔地触摸并固定膀胱，用一个10 mL注射器和22 G或20 G的1 in或1.5 in针头刺入后腹部。公犬的穿刺部位为脐孔至尾部的阴茎旁；母犬和猫的穿刺部位为脐孔至尾部的腹中线上。操作全程必须注重无菌处理，所采到的尿液可以用于细菌培养。操作过程中可能造成轻微出血而导致尿中出现红细胞。

任务2　尿液的物理学检验

学习任务单

学习目标：学习尿液的物理学检验方法。

学习资源：1. 教材。2. 实验用犬、猫。3. 信息化教学资源。

学习任务：1. 尿液物理性状的观察。2. 检测尿比重。

【相关知识】

一、尿量

动物的尿量是尿液分析的重要信息之一，但许多影响尿量的因子与疾病本身无关。例如动物的饮水状态、环境温度、食物的种类和数量、身体的活动量以及动物的体型等。观察动物单次排尿而进行尿量估计是不可靠的。理想状况下，应收集并测量24 h内的尿液总量，然而此方法并不符合实际。动物每天产生的尿量不定，成年犬和猫正常日排尿量为20～40 mL/kg体重。

多尿症指的是排尿量过多，通常是因为动物摄取了过量的水分。多尿时的尿液颜色较淡且比重较低。许多疾病可引起多尿症，例如肾炎、糖尿病、尿崩症、犬和猫的子宫蓄脓以及肝脏疾病等。此情形也常见于给予利尿剂、糖皮质激素或是输液之后。

少尿症指的是尿量减少的症状，可能发生于动物饮水受到限制时。当环境温度升高而导致经由呼吸系统或是排汗而流失过多水分时，少尿会更为严重。少尿症也可能伴随着发烧、休克、脱水及急性肾炎、心脏病而发生。

无尿症指完全没有尿液排出，可视为一种极端的少尿症。尿道完全阻塞和膀胱破裂可导

致无尿症的发生。临床上除非观察到动物在正常饮水的情况下，12 h 以上无排尿情形，否则不能诊断为无尿症

二、尿液颜色

正常尿液的颜色为黄色至淡黄色，取决于尿色素(urochrome)的多少。尿液黄色的深浅常与尿液浓度有关。若尿液呈极淡到无色，通常与多尿症有关，此时尿比重会下降。若尿液呈黄色至黄褐色，则常与少尿症有关，且比重变大。若尿液呈黄褐色或是微绿色，且摇晃时有黄绿色的泡沫，尿液中可能含有胆色素。红色或是红褐色的尿液表示尿液中可能有红细胞、血红蛋白或者肌红蛋白。此外，某些药物或食物也可能导致尿液变为红色、绿色，甚至是蓝色。

三、浊度

正常的尿液通常是清澈的。马的尿液中因为常含有高浓度的碳酸钙结晶和一些黏液蛋白，因此可呈现混浊。兔子以及仓鼠也因正常尿液中含有高浓度的碳酸钙或磷酸钙而呈现混浊。尿液呈现混浊的原因通常包括细菌增殖和结晶形成；此外，红细胞、白细胞、上皮细胞、管型、黏液、精液及脂肪滴等也可能增加尿液的浊度。

四、气味和泡沫

尿液气味的诊断价值不高，但有时仍对诊断有帮助。公猫的尿液本身即具有强烈的气味。若有甜味或是水果香则意味着有酮类的生成，这可见于糖尿病或酮病。若有可分解尿素的细菌，例如变形菌或葡萄球菌，则尿液可能产生氨的气味。正常的尿液样本经摇晃会产生少量的白色泡沫，但尿液中若含有大量的蛋白质则摇晃后易形成大量泡沫。黄绿色泡沫表示尿液样本中含有胆色素。

五、比重

比重是同体积液体相对于蒸馏水的重量比。尿液中溶质的分子数和分子量决定了尿比重。犬的正常尿比重介于 1.001～1.060，猫介于 1.001～1.080，测量尿液比重的常用方法如下。

1. 折射仪

尿比重的测定常使用折射仪，利用光线在碰到溶质时会产生折射的原理对溶液中的溶质定量。用于估计血液或体液中的蛋白质浓度。因为液体的密度可受到温度的影响，所以，使用折射仪时，需进行温度的校正，以确保测定结果的准确度和重复性。折射仪的优点是使用方便，仅需几滴尿液样本，最好采用离心后的上清液测定。

2. 尿比重计

尿比重计较少使用，但是最便宜，不需复杂设备。缺点是需要较大量的尿液(大约 10 mL)以浮起尿比重计，且其结果的重复性较折射仪差。实施方法为将尿比重计浮于装有尿液的容器中(通常为试管或量筒)，然后举起容器至与眼齐，读取液面处的比重计读数。注意容器必须具有足够的深度及宽度使比重计不触碰到管壁。尿液应维持室温，否则应做温度校正。较高的温度可导致读数下降。

3. 试纸条法

试纸条也可用来检测尿比重。但试纸条检测比重不如折射仪准确。若尿比重高于1.030，试纸条通常会显示比实际比重低的读数。

任务3　尿液的化学检验

学习任务单

学习目标：掌握尿液化学性质的检验。

学习资源：1. 教材。2. 实验用犬、猫。3. 信息化教学资源。

学习任务：1. 掌握尿液化学分析检测项目的含义。2. 掌握尿液化学分析检测操作。

【相关知识】

尿中含有许多可供疾病诊断用的信息，可以经由试纸条或是试剂片检验的方式获得。大部分的试纸条可以同时检测多种化学成分，但也有只能做单项检测者，常见的试纸条检测项目包括酸碱值、蛋白质、葡萄糖、酮体、潜血、白细胞、细菌、胆红素及尿胆原等，不同厂家生产的试纸条所含有的检测项目可能有些差异。

程序如下：将收集到的新鲜尿液离心，吸取上清液，将尿液滴到试纸条或手执试纸条一端将试纸条整条浸入尿液中，去除多余尿液，依指定时间（通常30～60 s）读取各区段中的颜色变化，并与试纸容器上所附的颜色对照图比对，或放入仪器自动判读，以去除个人在颜色判定上的差异。

1. pH

尿中氢离子的浓度，用来代表尿液的酸度（或碱度）。试纸条判定酸碱值的原理乃依据尿液中阳离子置换出氢离子而造成试纸变色来评估，因此尿液的颜色有可能影响pH的判读。健康动物尿液的酸碱值主要与饮食有关。草食动物正常状况下具有碱性尿液，肉食动物的尿液则为酸性，而杂食性动物的尿液则因食物的内容而呈酸性或碱性。酸性尿液也可由以下几种因素造成，包括发烧、饥饿、高蛋白饮食、下痢、酸中毒、糖尿病引起的酮尿、尿毒症、过度的肌肉活动，或是使用特定的药物，例如利尿剂呋塞米以及尿液酸化剂。碱性尿液则可由以下因素引起，包括碱中毒、尿中含有污染或感染的具分解尿素能力的细菌（例如变形杆菌或葡萄球菌）、使用特定药物，或是尿道阻塞或膀胱麻痹而引起尿闭时。碱性尿也可能因为进食后，胃酸分泌增加而短暂引起生理性氢离子移动而发生。

2. 尿蛋白

尿中的蛋白成分包含白蛋白，α、β或γ球蛋白，以及本周氏蛋白、黏液蛋白、血红蛋白及肌红蛋白等。健康动物的尿液中，由于大部分的血浆蛋白无法通过肾小球滤过或在到达肾盂前被肾小管重吸收，因此，极少有蛋白质存在。膀胱穿刺、导尿，或是挤压膀胱采尿时，可引起一定的出血而导致尿液中出现微量的蛋白质。因此，采尿方法是解释尿液中出现蛋白质必须考虑的因素之一。尿蛋白的量可由多种方法测得。试纸条法是通过观察试剂区颜色的改变，对尿中的蛋白质进行半定量分析，既迅速又方便，不过定量准确度的变异性很高。试纸条主要检测的是白蛋白，对球蛋白则较不敏感。碱性尿液可能导致蛋白检测呈现假阳性的结果。若检测出高量的蛋白质且认为与疾病有关，应以磺基水杨酸浊度试验予以确认，或是进行进一步的生化分析。磺基水杨酸浊度试验是通过酸液沉淀蛋白质的原理检测尿液中蛋白质的存在，沉淀后的浊度会与蛋白质的浓度成比例。沉淀结果可以与预先调配的标准品浊度比对，因此也属半定量的方法。

在正常动物尿液中，有时可以发现微量的蛋白质，在肾小球毛细血管压力上升、过度运动、情绪紧张或发烧时，可导致肾小球通透性暂时性增加，使得少量蛋白质进入肾小球滤过液中而形成短暂的蛋白尿。在产后或发情期，尿中有时可以发现少量的蛋白质。急性和慢性的肾脏疾病也会导致蛋白尿，急性肾炎的特征是显著的蛋白尿并带有白细胞管型，而在慢性肾脏疾病中，蛋白尿的程度则较不明显。然而在慢性的肾脏疾病中，尿液量通常较多且比重较低，因此，排出的总蛋白量实际上也相当多。尿蛋白质和尿肌酐的比值（UPC）可用来判定慢性肾脏疾病时蛋白质的流失程度。正常犬、猫尿中的比值分别应小于0.5及0.6，其值若大于1，代表肾小管或肾小球已受到伤害；若值大于5，则表示已发展成为肾小球性疾病。判读UPC结果时，应先排除非肾小球性来源蛋白的可能性，例如血尿、脓尿或已有氮质血症的动物。

3. 葡萄糖

尿液中出现葡萄糖称为糖尿。尿液中葡萄糖出现的量因血糖的高低、肾小球滤过率以及肾小管的重吸收比例而定。正常动物通常不会有糖尿出现，除非滤过的葡萄糖量超出了肾脏可重吸收的阈值（犬的肾脏阈值为180～220 mg/dL，猫＞280 mg/dL）。在此阈值以上，肾小管的重吸收无法跟上葡萄糖自肾小球的滤出速率，导致葡萄糖出现在尿液中。糖尿病患者因为缺乏胰岛素，或是胰岛素功能不足而导致高血糖及糖尿的发生。含高碳水化合物的饮食也可能导致血液中的葡萄糖量超过肾阈值而形成糖尿。因此，检测尿液中葡萄糖浓度时，建议先禁食一段时间。猫在恐惧、兴奋时因肾上腺素的释放可导致高血糖和糖尿。经静脉注射含葡萄糖液体和麻醉后，通常也会形成糖尿，较少见的情况下，甲状腺功能亢进、库欣综合征、慢性肝脏疾病的患病动物也会出现糖尿。一种罕见的肾小管对葡萄糖吸收能力下降的情况，可导致血糖正常情况下出现糖尿，称为肾性糖尿。以试纸条检测尿液中的葡萄糖时，氧化剂例如漂白水、过氧化氢、含氯清洁剂及多种药物使用包括吗啡、阿司匹林、头孢菌素、青霉素等可能导致葡萄糖检测出现假阳性的结果。而酮尿（＞40 mg/dL）、胆色素、维生素C、福尔马林以及较浓及冷藏后的尿液则可能导致假阴性结果。

4. 酮体

尿中的酮体主要有丙酮、乙酰乙酸和β-羟丁酸，以试纸条检测尿液中的酮类时，以乙酰乙酸的敏感度最佳，丙酮次之，试纸无法检测到β-羟丁酸。脂肪经不完全的异化代谢会产生酮体。正常动物血液中含有少量的酮类，但当碳水化合物代谢不足时，脂肪代谢所产生的过量酮体即可进入尿液中而形成酮尿，酮尿的出现有可能早于酮血。患有糖尿病的动物因为胰岛素不能有效地代谢碳水化合物，必须增加脂肪分解来达到能量需求，因而也经常有酮尿的情形。高脂肪的饮食、饥饿、禁食、长时间厌食以及肝功能受损不能储存足量的肝糖原时，都可能会产生酮血症和酮尿症。酮类具有毒性，会导致中枢神经系统的抑制和酸中毒，长期的酮尿可能导致钠、钾耗尽。含硫成分（例如胱氨酸）、药物治疗（例如左旋多巴）、色素尿、低 pH 以及高比重尿则有可能造成酮尿假阳性反应。

5. 胆红素尿

尿液中仅可发现结合胆红素，未结合胆红素因与白蛋白结合，正常情况下无法通过肾小球。但正常的犬，尤其是公犬，因为肾小管具有结合未结合胆红素的能力，因而有可能在尿液中发现少量胆红素。正常牛尿液中也可能发现少量胆红素，但猫、猪、绵羊、马的尿液中通常不会有胆红素出现。蛋白尿时，结合在白蛋白上的胆红素便有可能出现在尿中而引起胆红素尿。此外，肝脏疾病及胆管阻塞可使结合胆红素无法经由胆道排出而累积于肝细胞中，逆流经由血液进入尿液中而产生胆红素尿，导致输送胆汁的通道阻塞的原因包含胆管结石、胆管区肿瘤、急性肠炎、胰腺炎以及肠道阻塞等。犬的溶血性贫血中，肝脏可能制造过多的结合胆红素进入血液中而导致胆红素尿。检测时应注意使用的尿液不宜暴露于阳光下过久，因为胆红素可能会被紫外线降解成胆绿素，使得检测结果呈现假阴性。此外，维生素 C 及亚硝酸盐也可能导致假阴性发生。

6. 尿胆素原

肠道中的细菌可将胆红素转变成尿胆素原经由粪便排出。部分尿胆素原可经由吸收回到肝脏或经血液进入肾脏而出现在尿液中。当有溶血性疾病时，可能因为胆红素的生成及降解增加而使尿中出现少量的尿胆素原。尿胆素原的检测有可能因为水杨酸、磺胺类以及苯胺酸的出现而呈现假阳性，因为福尔马林及紫外线的干扰而呈现假阴性。由于试纸条的检测敏感度与尿胆素原的正常值接近，且尿胆素原无法稳定地在尿液中被检测出来，因此诊断应用价值并不高。

7. 潜血反应

潜血反应是检测尿中是否有血红素存在。含有血红素的成分包括红细胞、血红蛋白及肌红蛋白，潜血在尿液中的出现称为血尿、血红蛋白尿或肌红蛋白尿。尿中若出现完整的红细胞则称为血尿，三者可能同时发生。试纸条对血红素的检测敏感度优于对蛋白质的敏感度，因此，可能有潜血反应阳性，但蛋白质阴性的结果发生。

区别血尿、血红蛋白尿以及肌红蛋白尿可由以下几个方面来判断，包括使用红细胞比容、血浆颜色、尿液颜色、血细胞的出现与否以及是否有肌酸激酶的变化等。血尿时，一般红细胞比容及血浆颜色正常，尿液呈现淡红至红色，同时尿中可以看到红细胞。血红蛋白尿时红细胞比容可能下降，血浆及尿液颜色皆偏红但不会见到红细胞。肌红蛋白尿时则红细胞比容及血浆颜色正常，尿色可能偏红也无红细胞，但肌酸激酶可能上升。只有血尿时，尿液离心后尿色可变清澈。潜血反应的检测可受到强氧化剂，例如漂白水的影响而呈现假阳性。

8. 亚硝酸盐

一些革兰氏阴性细菌可将尿液中的硝酸盐还原成亚硝酸盐，因此，尿中出现亚硝酸盐被用以代表尿中有细菌的存在。不过要注意的是亚硝酸盐阴性并不代表尿液中没有细菌，因为革兰氏阳性菌及部分阴性菌并没有还原硝酸盐的能力。此外，饮食中必须含有可排至尿液中的硝酸盐，而且尿液需在膀胱停留足够久的时间才会产生足以检测的亚硝酸盐浓度。通常有泌尿道感染的动物会经常排尿，所以即使有细菌存在，检验也常呈阴性。因此，利用显微镜检查尿渣中的细菌依然是较佳的方法。受细菌污染的尿液可以导致亚硝酸盐呈现假阳性，犬、猫尿液若比重较高或含有维生素 C 则可能导致假阴性反应。

9. 白细胞

用试纸条检测白细胞，是通过检测由白细胞释放的酯酶来显示尿液中是否有白细胞的存在。此反应并不会受到淋巴细胞或红细胞（小于 10 000 个/μL）的干扰，但可受到硝基呋喃的影响而呈现假阳性，或受到维生素 C、高白蛋白（大于 300 mg/dL）及头孢霉素、庆大霉素的影响而呈现假阴性。由于白细胞在尿液中数小时内即可能有超过 50%的降解，因此，有可能试纸条检测阳性，但显微镜检查为阴性。

任务 4 尿沉渣的显微镜检查

学习任务单

学习目标：1. 了解尿沉渣的显微镜检查。2. 掌握尿液中白细胞、红细胞、上皮细胞和常见结晶等在镜下的形态。

学习资源：1. 教材。2. 实验用犬、猫。3. 信息化教学资源。

学习任务：1. 尿沉渣的镜检观察。2. 识别尿沉渣并绘图。

【相关知识】

显微镜检查尿沉渣对于确认泌尿道疾病极为重要。许多异常的尿液无法借由试纸条筛检出来，因此必须借由对尿沉渣的观察以获取更多的信息。尿沉渣检查的主要内容包括细胞、管型、结晶、微生物以及非疾病相关的人为污染物等。进行尿沉渣检查应注意以下基本原则：首先，应尽量使用固定的尿量以确保可半定量的结果，如果无法收集到足够的尿量，则应保持固定的浓缩倍数。其次，尿液应在数小时内进行检查，以免细胞或管型消失、结晶形成或溶解、细菌滋生或死亡、pH 上升。采尿的方法也应记录，以了解上皮细胞、血细胞或细菌是否因采尿方式而导入。

1. 上皮细胞

尿道各段内壁细胞在健康情况下皆有可能脱落进入尿液中。尿渣中最常见到的上皮细胞由大至小有主要来自尿道及阴道上皮的鳞状上皮细胞，来自肾盂、膀胱以及尿道上皮的移行上皮细胞；来自肾小管的小管上皮细胞。鳞状上皮细胞大而形状扁平，边缘带角，具有相对比例较小的细胞核，是尿沉渣检查中最大（40～60 μm）但是诊断意义并不高的细胞，常可在阴道分泌物污染的尿液中看到大量存在。移行上皮细胞依来源不同，大小可能有些许差异，但一般比鳞状上皮细胞略小（20～40 μm），呈圆形，其细胞核比鳞状上皮的大，在尿道感染时可见其数量增加。排除导尿所引起的机械性脱落，在尿沉渣中若发现大量的移行上皮细胞，代表动物可能有膀胱炎或肾盂肾炎。肾小管上皮细胞较前两者更小(15～20 μm),核比例占整个细胞的一半左右,在肾小管坏死时可见其数量上升。造成肾小管坏死的原因包括肾盂肾炎、继发肾小球性肾炎、毒物反应、病毒感染及移植排斥等。

2. 血细胞

白细胞的大小略小于肾小管上皮细胞(10～14 μm),在尿沉渣中呈现的最主要特征为含有颗粒状细胞质的圆形细胞,通常核分叶不易清楚辨别,但尿中的白细胞大多是嗜中性粒细胞。白细胞可以自泌尿生殖道的任何部位进入尿液,大量的白细胞经常伴随着细菌同时出现,代表炎症反应的发生。在高倍视野下若平均每视野见到 5 个以上的白细胞表示可能有泌尿或生殖道发炎。评估炎症反应发生的部位必须依靠临床表现,例如排尿困难通常代表着下泌尿道的炎症反应;如果有发烧、嗜中性粒细胞增多以及氮血症,代表可能有肾炎;而膀胱穿刺通常造成上泌尿道的感染。脓尿指的是尿中充满大量的白细胞,是肾盂肾炎、肾炎、膀胱炎、尿道炎或输尿管炎的象征,即便并未在尿沉渣检查时观察到微生物,也应该采取尿液样本进行细菌培养。

红细胞的大小约为白细胞的一半(7 μm)。形态特征为大小均一、双凹无核的圆形细胞,在新鲜的样品中通常呈黄至橘色。由于细胞膜很薄,因此易在高比重尿或高渗尿中皱缩,形成点刺状的外观。在低渗低比重(＜1.015)或极端 pH 下容易破裂溶解而消失。正常尿液中有可能含有每高倍视野下小于 5 个的红细胞(＜5/hpf)。少量的红细胞可见于极度运动或发烧而导致肾小球滤过率增加的动物。发情期雌性动物或是产后的尿液可能会受到红细胞污染。当有创伤或严重肾脏疾病、血小板减少症或有凝血障碍时,可因为泌尿道的出血而造成尿中出现红细胞。若尿中出现的是变形的红细胞或碎片,则表示出血来自肾小球,如果红细胞并未伴随着显著的蛋白尿表示出血可能来自肾脏以下。红细胞有可能与油滴或真菌混淆,此时可以利用油滴大小不一以及真菌不易破解的特征加以区别。

3. 微生物

尿沉渣中可能见到的微生物包括细菌、真菌等,寄生虫及其虫卵虽少但也有可能见到。正常尿液中不应该有细菌存在,如果同时见到白细胞,代表尿道或生殖道感染和发炎。如果试纸条及尿沉渣皆未见到白细胞反应,则应检查采尿的过程是否引进污染。细菌可以在尿液中增殖,在葡萄糖尿中尤其明显。不论是球菌还是短杆菌,在新鲜尿液中由于布朗运动的关系常可见到颤动的情形,或连接成链或成串在尿中摆动。当怀疑有尿道感染时,应重新以无菌手段采尿以进行细菌培养,并配合染色观察细菌的形态做初步辨认。

4. 管型

管型的主要组成是黏液蛋白和细胞。黏液蛋白(以 Tamm-Horsefall 蛋白为主)大多分泌自髓袢上皮、远曲小管及集合管上皮细胞,当其浓缩以后则形成透明管型。当吸附的细胞开始降解,蛋白的表面开始出现颗粒,则改称颗粒管型。颗粒管型又可细分为粗颗粒管型及细颗粒管型。当颗粒进一步小到无法辨认,呈现似蜡纸的模糊表面,则称为蜡样管型。当有血细胞或脱落的细胞吸附上此黏液蛋白时,即成为细胞管型。因此,管型的名称其实代表的是发展过程中的不同阶段。当管型的组成只有黏液蛋白时称为透明管型。透明管型通常几近无色,甚至透明,可以在健康动物或发烧、剧烈运动后的动物尿液中发现,当有肾小球性蛋白尿时,可见大量的透明管型出现，麻醉时也可能导致透明管型增加。大多数的颗粒管型是来自上皮细胞管型的降解，当有大量颗粒管型发生时，通常代表肾小管的退行性变化及坏死，例如急性肾炎、肾毒性药物以及肾脏缺血等情形。蜡样管型外观类似破裂的海苔片，通常较少出现，因为蜡样管型来自颗粒管型的进一步降解及硬化，因此当发生时通常代表着慢性的小管损害，且经常与淀粉样变有关。当蛋白基质吸附3个以上可辨认的细胞时，可以以该细胞为管型命名。例如红细胞管型可以在肾小球性肾炎导致红细胞溢漏、肾脏出血或严重的肾小管伤害时以及凝血功能异常时见到。急性肾盂肾炎时，可能见到白细胞管型，当有大量上皮细胞脱落时则可能形成上皮细胞管型。此外，若为脂肪滴聚积，称为脂肪管型。

5. 脂肪

脂肪在尿沉渣中为大小不一、具高折射性及颜色微绿的圆球，有可能与细菌混淆。静置一段时间后的尿沉渣抹片，脂肪会上浮而离开聚焦平面，苏丹Ⅰ染剂可将脂肪染成橘色或红色。尿液中含有脂肪时称脂肪尿，大多数猫皆有一定程度的脂肪尿。肥胖、糖尿病、甲状腺机能低下及高脂肪饮食皆可能导致脂肪尿出现。清洁不完全的油镜有可能在玻片上形成大小不一，极似脂肪的圆点。

6. 结晶

结晶即为阴阳离子结合所产生的盐类沉淀，因此可能在特定的 pH 形成或溶解。但即使在 pH 不适宜的情况下，结晶也有可能因达到饱和浓度而出现。结晶的程度可受到离子浓度(蒸发)、温度改变(冷藏)以及 pH 的影响。正常的动物尿液中皆可能发现结晶，但这并不代表结石的必然存在。当出现尿结石时，尿中也不一定可见结晶。因此，发现尿结晶的最主要意义在于了解尿液微环境的酸碱状态以及是否有导致影响此微环境的疾病因素存在。尿结晶的学习重点在于了解结晶的种类及其酸碱度，以期进一步了解发生的原因和给予适当的饮食或医疗处置，增加结晶的溶解度以利于排出。

(1)草酸钙　常见的有一水草酸钙和二水草酸钙，二水草酸钙结晶通常呈小的正方形，结晶体上有类似于信封背面的“×”形交叉。一水草酸钙结晶可呈小的哑铃状，也可呈晶体较长且末端稍尖的形状(似栅栏上的条板)。二水草酸钙结晶可见于酸性和中性尿液中，常见于少数犬和马。乙二醇(防冻剂)中毒动物的尿液中常含有大量草酸钙结晶，尤其是一水草酸钙。患草酸盐尿石症的动物尿液中会有大量草酸盐结晶，大量草酸盐结晶也可提示有发生草酸盐尿石症的倾向。

(2)鸟粪石　鸟粪石结晶也称为三磷酸盐结晶或磷酸铵镁结晶，可见于碱性至弱酸性尿液中。鸟粪石结晶通常为边缘和末端逐渐变细的六至八面棱柱形，其经典描述为棺盖状，但也会呈现其他形状，偶可呈齿叶状，尤其是在尿液中氨浓度较高时。

(3)尿酸盐结晶　尿酸盐结晶见于弱酸性、中性或碱性尿液中，呈棕色、有长而无规律突刺(曼陀罗叶状)的圆形。突刺常发生断裂，残留的结晶为棕色，呈放射状细纹。尿酸盐结晶通常见于患有严重肝病的动物，如门静脉短路。

(4)磺胺类结晶　磺胺类结晶可见于用磺胺类药物治疗的动物。磺胺结晶为圆形，通常色深，独立结晶呈中央放射状。由于这类结晶在碱性尿液中易溶解，故较少出现在碱性尿液中。碱化尿液和增加动物饮水，可辅助性预防肾小管中产生这类结晶。

(5)尿酸　尿酸结晶形状多样，常为钻石状或菱形。这类结晶为黄色或棕黄色，不常见于犬，但大麦町犬除外。

(6)胱氨酸结晶　胱氨酸结晶为无色窄长的扁平六面体形(六角形)。可见于肾小管功能异常或患胱氨酸结石的动物。

(7)其他尿沉渣成分　尿沉渣中还可能出现一些在准备尿沉渣操作过程中由环境引入的假象，必须加以区别以免误诊。这些成分包括实验室手套内防滑用的淀粉及滑石粉颗粒，空气中掉落的花粉、植物细胞、种子、毛发以及纤维等。此外，油镜镜头上残余的油滴则是操作过程中可能错误判断的人为假象。

项目3

粪便检查

【知识目标】

1.粪便采集的方法。

2.粪便物理性质、化学性质、镜检的检查方法。

3.结果判读。

【能力目标】

1.能够采集粪便并完成粪便化验。

2.能够对结果进行初步判读。

【素质目标】

1.培养学生不怕脏、不怕累的劳动精神,务实严谨的职业态度。

2.培养学生爱岗敬业、无私奉献的职业精神。

任务1 粪便的采集

学习任务单

学习目标:掌握粪便采集方法。

学习资源:1.教材。2.实验用犬、猫。

学习任务:1.导管抽取动物粪便。2.直接掏取动物粪便。

【相关知识】

样本采集是粪便检查的关键。常用粪便采集方法如下。

一、动物自主排便

动物主人自己带便,最好冷藏保存,粪便采集时间较长,部分虫卵可能裂解,影响寄生虫的检出率。动物肛门推注1.5~3 mL缓泻剂(甘油与水1:1混合),让其自由活动后排便。

二、导管抽取

对软便或腹泻动物可以采用此法,取5 mL无菌注射器,拔掉注射器针头,抽取5 mL生理盐水后连接导尿管(根据动物大小选择),将生理盐水推注进导管,充满导管。用甘油润滑导管端,将动物保定好后,检验员将导管插入动物肛门,推注生理盐水,反复轻柔抽吸,获得粪便样本。

三、直接掏取

用于无腹泻的大型犬,动物保定好后,戴一次性 PE 手套,用甘油润滑食指后,插入动物肛门,掏取粪便。

任务2　粪便的物理学检查

学习任务单

学习目标:粪便形状、颜色、气味的变化及其临床意义。
学习资源:1. 教材。2. 实验用犬、猫。3. 信息化教学资源。
学习任务:1. 就粪便的物理状态出具报告单。2. 对结果进行初步判别。

【相关知识】

动物胃肠道功能异常,可由粪便检查获得性状资料,直接的证据就是粪便的形状、量、颜色、臭味、未消化食物残渣、黏液与血液成分等异常表现。

一、性状

食物成分和肠管蠕动都会影响到粪便的形状,例如当犬吃骨头多时,粪便呈坚硬状,吃蔬菜多时粪便多呈软便;肠道疾病、肠蠕动增加、胰腺功能障碍等会形成黏液便,急性肠炎、细菌性下痢、卡他性肠炎、病毒性肠炎等会形成水样粪便。

二、颜色

粪便中存在粪胆素、胆汁素、粪胆原等正常色素,还可能有胆红素、紫质等异常色素,因此粪便会出现正常或异常的颜色。此外,食物、水分、药物与粪便中的水分也会影响粪便的颜色。粪便的颜色受饲料(叶绿素的含量)及胆汁分泌量影响,并受其在消化道中形成快慢所影响。

犬的正常粪便呈浅黄色至黄褐色,常吃动物脏器(如肝脏)及血液食物粪便呈黑色,多吃胡萝卜呈红色,多吃骨头呈灰色;多吃绿色植物呈暗绿色;服用药物如铁剂、碳剂等多呈黑色。

消化速度减慢或食糜中缺乏水分,粪便颜色变深,呈黑褐色的球状便;下痢便比正常便颜色稍淡些。溶血性贫血、肝性黄疸、胆汁分泌量增多,呈橄榄绿色至黑绿色;胆管阻塞,缺乏胆色素,呈苍白橄榄色。上消化道出血,呈巧克力褐色或焦油褐色;下消化道(如直肠)出血,呈弥漫性红褐色或红色条纹。

三、气味

健康动物的粪便无难闻的臭味，当消化不良及胃肠炎时，由于肠内容物的腐败发酵，粪便有酸臭或腐败臭，出血时多有腥臭味。

四、异常混合物

(1)黏液　正常粪便表面有极薄的黏液层。黏液量增多表示肠管有炎症或排粪迟滞，肠炎或肠阻塞时黏液往往覆盖整个粪球，并可形成较厚的胶冻样黏液层，类似剥脱的肠黏膜。

(2)伪膜　随粪便排出的伪膜是由纤维蛋白、上皮细胞和白细胞所组成，常为圆柱状。见于纤维素性或伪膜性肠炎。

(3)血液　胃肠出血、出血性肠炎、出血性败血症、犬冠状病毒感染及犬细小病毒感染、球虫感染等，粪便中含有血液。

(4)寄生虫　寄生虫有蛔虫、绦虫体节及犬、猫的钩虫等。

任务3　粪便的化学检查

学习任务单

学习目标：掌握粪便的化学检查方法。

学习资源：1.教材。2.实验用犬、猫。3.信息化教学资源。

学习任务：粪便的化学性质检查。

【相关知识】

一、粪便酸碱度(pH)

酸碱度受饲料成分的影响，肉食动物与杂食动物粪便多呈酸性，酸中毒、酸血症或接受酸性药物治疗时，粪便呈酸性。碱血症、碱中毒或接受碱性药物治疗时，粪便呈碱性。

方法：用pH试纸黏附粪便，视变色程度与标准比色而定。

二、潜血

粪便出现不能用肉眼直接观察出来的血液称为潜血。

操作：取粪便2～3 g于试管中，加蒸馏水3～4 mL，搅拌，煮沸后冷却破坏粪便中的酶类；取洁净小试管1支，加1%联苯胺冰醋酸液和3%过氧化氢液的等量混合液2～3 mL，用1～2滴冷却粪悬液，滴加于上述混合试剂上。如粪中含有血液，立即出现绿色或蓝色，不久变为乌红紫色。

结果判定：

(＋＋＋＋)立即出现深蓝或深绿色；

(＋＋＋)0.5 min内出现深蓝或深绿色；

(++)0.5～1 min 出现深蓝或深绿色；

(+)1～2 min 出现浅蓝或浅绿色；

(−)5 min 后不出现蓝色或绿色。

注意事项：酶类并非血液所特有，动物组织或植物中也有少量，部分微生物也产生相同的酶，所以粪便必须事先煮沸，以破坏这些酶类；被检动物在试验前 3～4 d 禁食肉类及含叶绿素的蔬菜、青草；肉食动物如未禁食肉类，则必须用粪便的醚提取液做试验(取粪便约 1 g，加冰醋酸搅成乳状，加乙醚，混合静置，取乙醚层)。

临床意义：潜血阳性见于各种消化道出血疾患，包括消化道溃疡、出血性胃肠炎及钩虫、球虫病等。

三、胰蛋白酶

胰蛋白酶是一种由胰腺分泌的蛋白水解酶，可催化食物的蛋白水解反应而促进机体消化食物。胰蛋白酶的检测主要以新鲜粪便作为样本。正常情况下，胰蛋白酶反应阳性，即消化功能正常；反应为阴性时，则属异常，此时主要怀疑胰外分泌功能不全，但此试验对于胰外分泌功能不全的诊断敏感性和特异性不如 TLI 高。

胰蛋白酶的检验方法主要有试管法和胶片法。试管法即将适量的新鲜粪便与明胶混合，若粪便中含有胰蛋白酶，则溶液就不会变成凝胶状；反之，则溶液呈现凝胶状。胶片法是将适量粪便和碳酸氢盐混合，酸碱度调至 8.0 左右，然后将适量明胶覆盖于未显影的 X 线片上，并将覆盖有明胶的一端置于粪便混合液中，在 37 ℃环境下反应 1～2 h；如果粪便中含有胰蛋白酶，则用水冲洗 X 线片后，明胶表层会被冲掉；反之，则明胶表层仍覆盖于 X 线片上。但是胰蛋白酶的检测容易受到一些因素的影响而出现假阳性或假阴性的结果。如果粪便中存在钙、镁、钴和锰时，胰蛋白酶活性可能会增加；如果动物近期食用了黄豆、生蛋清、氯化物等，则胰蛋白酶活性可能会下降。

四、粪胆红素

可分为 Schmidt 氏法与 Gmelin 氏法，分别说明如下。

1. Schmidt 氏法

(1)试剂　HgCl 20.5 g；NaCl 0.5 g；D. W. 100 mL。

(2)操作　1 g 粪便加入 1 mL 0.5%试剂，混合后，放平皿内，在 37 ℃恒温箱中加温 2～3 h，粪中胆红素呈淡红色。

(3)判定　正常粪便中存有少量胆红素。含量增加见于溶血性黄疸、溶血性贫血、肝炎。含量减少见于闭塞性黄疸。

2. Gmelin 氏法

(1)试剂　Gmelin 氏试剂与粪中胆红素判定中相同。

(2)操作　Gmelin 氏试剂放在平皿内加入粪液，呈绿色，为阳性反应。

任务4 粪便的显微镜检验

学习任务单

学习目标:1. 掌握粪便的显微镜检查方法。2. 掌握粪便检查化验报告出具方法。
学习资源:1. 教材。2. 实验用犬、猫。3. 信息化教学资源。
学习任务:1. 进行粪便的显微镜检查并对检查结果加以识别。2. 出具粪便检查报告。

【相关知识】

粪便显微镜检查异常细胞、寄生虫虫卵、原虫、致病细菌、真菌、食物残渣,用以了解消化道的消化吸收功能和疾病。采集到的粪便样本,取适量放入粪便收集盒内,加适量生理盐水混合均匀,在载玻片上左右两侧区域各滴加一滴粪便样本,盖上盖玻片,滴片的厚度以能透过玻片看到文字为宜。同时取一滴稀释后的粪便滴于载玻片的一端,将另一张盖玻片轻轻盖于其上,均匀滑动上面盖玻片至另一端,风干涂片,制备好的涂片进行瑞氏-吉姆萨染色。

先用低倍镜观察全片,后用高倍镜鉴定。

一、异常细胞

1. 白细胞

正常粪便中不应该看到或极少看到白细胞。肠道感染时,通常粪便中的中性粒白细胞会增多,但是会因白细胞被消化液破坏而不容易辨认。大肠感染时,可以见到成堆分布的大量中性粒细胞。多数情况下还可以看到脓细胞,即一些细胞核和细胞的其他结构均被破坏的细胞。看到粪便中嗜酸性粒细胞增多时多怀疑过敏性肠炎或肠道的寄生虫病。

2. 红细胞

只有在消化道下段出血时才能在粪便中看到红细胞。

3. 吞噬细胞

粪便中的吞噬细胞有小吞噬细胞和大吞噬细胞。小吞噬细胞即因吞有异物而异常膨大的中性粒细胞。大吞噬细胞是在细菌性痢疾和直肠炎时吞噬大量异物的单核细胞,胞体变大,胞体不规则并且胞浆常有伪足样突出。

4. 肠黏膜上皮

肠黏膜上皮为单层柱状上皮,细胞形态呈椭圆形或短柱状,两端稍钝圆。只有在动物患有结肠炎时,才能在粪便中见到较多的柱状上皮细胞。伪膜性肠炎时,排出的黏膜中也有较多此类细胞存在。

5. 肿瘤细胞

粪便中看到肿瘤细胞多怀疑大肠的恶性肿瘤。

二、食物残渣

如果宠物的日粮以植物性食物为主，则可以在其粪便中发现较多的植物细胞和植物纤维，如果日粮以肉食为主则极少看到。正常犬、猫粪便中不含淀粉颗粒，极少看到脂肪小滴并且不应该含有肌肉纤维。

1. 淀粉颗粒

如果在粪便中发现有大小不等的圆形或椭圆形颗粒，并且加碘液后这些颗粒变成蓝色，就可以证明为淀粉颗粒，称为“淀粉溢”。慢性的胰腺炎、胰腺机能不全和其他原因导致的腹泻均可出现“淀粉溢”。

2. 脂肪小滴

如果在粪便中出现大小不等、圆形、折光性强并且经苏丹Ⅲ染色呈橘红色或淡黄色小球时，就可以证明为脂肪小滴，称为“脂肪痢”，多见于急性或慢性胰腺炎及胰腺癌等。

3. 肌肉纤维

在显微镜下观察到的肌肉纤维为两端不齐、片状、带有纤维横纹或有核肌纤维结构，这种情况称为“肉质下泄”，多见于肠蠕动亢进、腹泻、胰腺外分泌功能降低及胰蛋白酶分泌减少等。

三、寄生虫虫卵和寄生虫

宠物粪便的显微镜检查可以用来诊断肠道的寄生虫病，主要是通过检查粪便中的虫卵、幼虫、原虫（贾第虫和五毛滴虫）及其包囊和滋养体。粪便中常见的寄生虫卵有蛔虫卵、球虫卵囊、钩虫卵、绦虫节片或卵、华支睾吸虫卵、阿米巴小滋养体及其包囊等。

四、细菌学检验

正常粪便有多种形态的微生物菌群，以杆菌为主，球菌相当罕见，偶尔可见酵母菌，背景多为黏液与碎屑。粪便的细菌学检查不包括对正常细菌的检查。但是在长期大量服用抗生素药物后，由于肠道的正常菌群被破坏，所以粪便中的细菌也会出现异常，较多出现的是葡萄球菌和念珠菌异常增多。所以在怀疑宠物患细菌性肠炎时，在检查粪便细菌的同时，还应检查粪便中的细胞，同时结合粪便的一般性状。粪便中的正常菌群多为大肠杆菌、厌氧菌和肠球菌，其他还有沙门氏菌、产气杆菌、变形杆菌、绿脓杆菌，以及少量芽孢菌和酵母菌等。

项目 4

皮肤疾病检验

【知识目标】

1. 掌握皮肤病料的采集方法。
2. 掌握细胞、病原在显微镜下的形态。

【能力目标】

1. 能够正确采集皮肤化验样本。
2. 能够在显微镜下识别细胞、病原。
3. 能出具皮肤化验报告单。

【素质目标】

1. 培养学生理论联系实际的学习态度。
2. 培养学生用心观察、大胆假设、小心求证的科学精神。

任务 1　皮肤病料的采集

学习任务单

学习目标:掌握采集皮肤病料的方法。

学习资源:1. 教材。2. 实验用犬、猫。3. 信息化教学资源。

学习任务:1. 掌握各种皮肤病料采集的方法。2. 能根据皮肤病的实际情况选择正确的病料采集方法。

【相关知识】

皮肤病变多种多样,包括皮屑、脱毛、斑点、丘疹、斑块、结痂、肿块等,根据病变的种类和怀疑方向,选择采集样本的部位和方法。皮肤病样本的采集有以下几种方法。

1. 刷毛

刷毛可用于收集掉落的毛发和碎屑,适用于浅表性和弥散性病灶,也可用于怀疑感染跳蚤和虱子的病例。用跳蚤梳梳理毛发,将脱落的物质收集到一张黑色的纸片上。如果怀疑跳蚤时，仔细检查是否有跳蚤粪便，必要时可借助放大镜检查，也可将脱落的毛发或碎屑样本置于滴加液体石蜡或氢氧化钾的载玻片上，使用显微镜进一步检查。如果怀疑弥散性真菌感染时，可能需要使用灭菌的刷子，如牙刷，刷取后置于真菌培养基表面培养。

2. 拔毛

适用于脱毛、皮肤癣菌以及出现丘疹、脓疱、结痂的动物。使用止血钳拔除病变交界处毛发置于滴加甘油的载玻片上，盖上盖玻片，在显微镜下观察。用于检查毛发结构和生长期，有无毛囊管型、卵或寄生虫黏附。如果所检毛发大部分处于生长终期，则提示可能存在内分泌紊乱或滤泡停止发育。常用于皮肤真菌或蠕形螨的检查。

3. 透明胶带黏取

透明胶带可用于采集表皮的毛发和细胞、微生物，采集后可直接镜检或染色后镜检，将透明胶带的黏着面朝向皮肤，按压采集表面碎屑，确保碎屑牢固地黏附在胶带上。对疥螨、虱子、跳蚤等，可以黏附后直接镜检。如果怀疑马拉色菌、细菌或炎症反应，则需要染色，胶带轻放在载玻片上，沿着胶带的边缘滴加 Diff-Quick 染色液的 B 液，渗透整个胶带，用吸水纸按压，吸出剩余染液，镜检。此方法还可以用于较难采集的部位，如眼周、指甲和唇部。

4. 皮肤刮片

采样前先剃毛，使用带或不带刀柄的 10＃刀片，刀片不能过于锋利。刮片过程中，刀片与皮肤垂直，可以通过刮取多个部位提高检出率。刮片前，可以使用液体石蜡润湿皮肤，更容易刮出寄生虫，且能减少对皮肤的损伤，应顺着毛发生长方向刮，更容易刮出毛囊内容物。但是，如果怀疑真菌感染，不建议使用石蜡，使用水润湿皮肤表面可能使采样更容易。刮取深度取决于所怀疑的病原。刮取皮肤隧道内的螨虫（如疥螨）或毛囊内的螨虫（如蠕形螨），应刮至皮肤少量毛细血管渗血为止。刮取聚集表面的螨虫（如痒螨、姬螯螨或皮螨），则刮取浅表皮肤即可。

5. 涂片

适用于任何渗出性损伤，如溃疡、丘疹、脓疱、结痂和糜烂性损伤。将载玻片按压在损伤面，采集渗出物，待样本风干后，染色并镜检。对无法直接用载玻片取样的部位，可使用无菌棉签采集渗出物，然后在载玻片上滚动制片。对不开放的病灶如脓疱，应用无菌针刺破，用无菌棉签采集内容物，然后制片、镜检。对于结痂，应使用无菌的镊子小心掀起结痂，采集渗出物，然后制片、镜检。

6. 伍德氏灯

伍德氏灯发出波长 340～450 nm 的特殊紫外线（A 型紫外线）。此种紫外线能让有些犬小孢子的代谢产物——色氨酸发出亮苹果绿的荧光。但不是所有的小孢子菌都会产生这种代谢产物，因此伍德氏灯敏感性为 50％。此技术不能判断毛癣菌或石膏样小孢子。先把动物放在暗室中，打开伍德氏灯，照在病变部位。皮屑或有些外用药物也会发出荧光引起假阳性。

7. 细针抽吸

细针抽吸更适合用于结节性病变，如肿瘤和肉芽肿。病变部位剃毛并消毒。左手食指和拇指固定结节，右手将 2 mL 或 5 mL 注射器刺入结节中心，回拉注射器活塞造成负压，将针头在注射器内朝向不同方向穿刺，过程一直保持负压。采样结束释放负压，拔出针头，避免样本吸入针筒内。将针头和注射器分离，在注射器内抽入空气，然后将针头连接到注射器上，针头对准载玻片，迅速挤压注射器活塞，将针头内样本排到载玻片上，选择合适的方法制片。

任务2 皮肤病料的显微镜观察

学习任务单

学习目标：掌握皮肤病料的显微镜观察方法。

学习资源：1. 教材。2. 实验用犬、猫。3. 信息化教学资源。

学习任务：1. 识别角化细胞、白细胞、红细胞、细菌、真菌和常见寄生虫。2. 出具皮肤化验报告单。

【相关知识】

宠物皮肤显微镜检查主要检查寄生虫、微生物（细菌、真菌），识别炎性细胞（中性粒细胞、巨噬细胞、嗜酸性粒细胞、嗜碱性粒细胞、淋巴细胞），辨别炎症类型、特殊类型的细胞（棘层松解细胞、肿瘤细胞），毛发状态（生长期、生长中期、终止期）等。

一、寄生虫

1. 蠕形螨

寄生于动物毛囊和皮脂腺内，临床常表现为经常性皮脂腺分泌过度、色素沉着、瘙痒、脱毛、皮肤肿胀发红、结痂、溃疡、黑头粉刺等，伴有细菌感染时，动物身体有特殊臭味。见图2-4-1和图2-4-2。

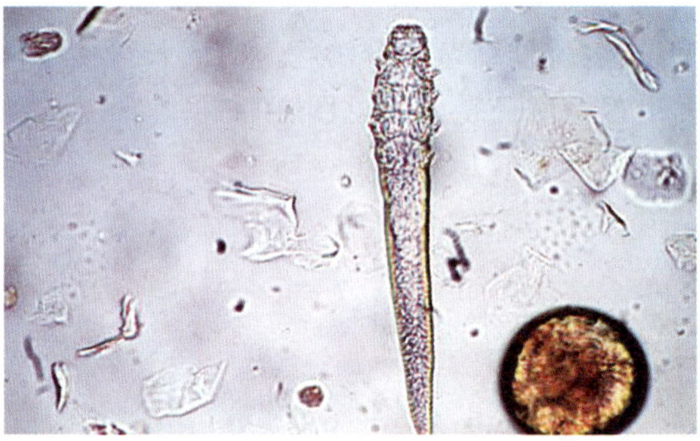

图2-4-1 猫蠕形螨

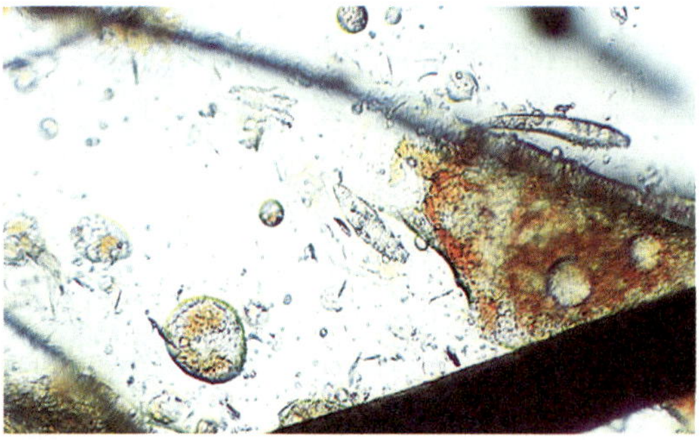

图2-4-2 犬蠕形螨

2. 疥螨

在动物皮下挖掘隧道，虫体卵圆形，半透明，白色，足较短。引起剧烈瘙痒，感染局部脱毛、红斑、丘疹、皮肤增厚、结痂等，常继发细菌感染。接触传染。可感染犬、猫、兔、猪等宠物。见图2-4-3。

图 2-4-3　犬疥螨

3. 姬螯螨

生活在毛发和皮屑中，仅在皮肤上采食。全程（若虫、幼虫、成虫）寄生。表现为皮屑增多、被毛呈粉末状或粗粉状，特别在背中线附近。轻度或严重瘙痒，可见丘疹、结痂性出疹等。见图 2-4-4。

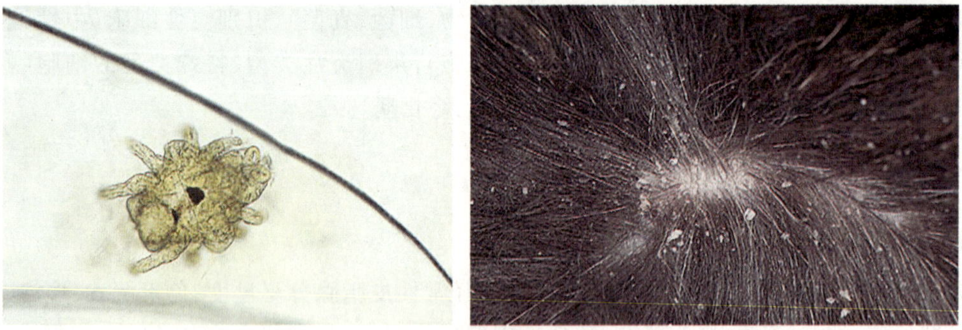

图 2-4-4　猫姬螯螨

4. 耳痒螨

寄生在皮肤表面和耳道内，表现为耳内大量棕黑色、蜡样结节样分泌物。时间长可堵塞耳道。通常剧烈瘙痒。常继发细菌性耳炎，分泌物常出现化脓性变化。见图 2-4-5。

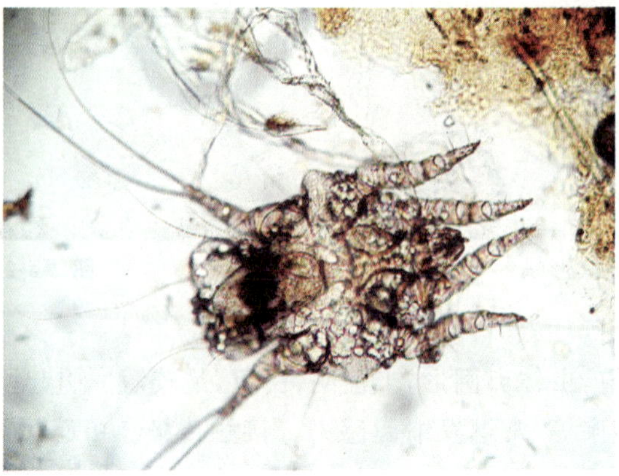

图 2-4-5　耳痒螨

5. 蜱

未吸血蜱，扁平，棕褐色，形似蜘蛛；叮咬动物吸血后身体膨胀，颜色变浅。可传播巴贝斯虫病、埃立希体病、莱姆病等，最常见于耳部、趾间，也可出现在体表任何部位。见图 2-4-6。

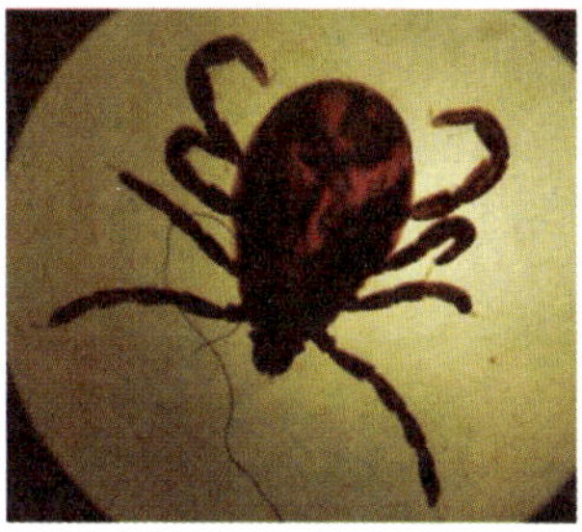

图 2-4-6　蜱

6. 虱子

寄生于动物体表。眼观呈白色至米黄色。可传播绦虫等寄生虫。见图 2-4-7。

图 2-4-7　虱子

7. 跳蚤

小的、无翅吸血昆虫。一般在温暖季节发病。对跳蚤过敏的犬常表现为瘙痒、丘疹、结痂，伴有皮脂溢、脱毛、抓痕、脓皮病、色素沉着、苔藓化。病变部位通常位于腰荐部的背侧、尾根背侧、大腿后外侧、腹部或侧腹部。大量寄生可导致贫血。一些会感染绦虫。见图 2-4-8。

图 2-4-8　跳蚤

二、微生物

检查有无细菌和真菌感染。正常时,动物体表会有细菌附着,偶尔也可见真菌。但皮肤内细菌和真菌量过大时,可造成脱毛、皮屑、红肿、瘙痒等皮肤病症状。镜检细菌,尤其在玻片上的涂样较厚时,应不断微调显微镜的焦距。有时,焦距调节至某一平面时,可突然见到大量细菌。在真菌方面,动物耳道内常见马拉色菌(图 2-4-9),体表其他部位常见犬小孢子菌、石膏样小孢子菌、须毛癣菌等真菌感染,部分真菌在毛发内生长。

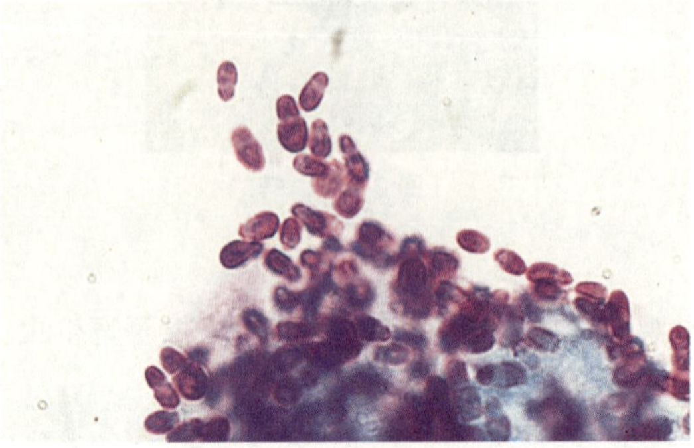

图 2-4-9　马拉色菌

(1)皮肤真菌　马拉色菌,在皮脂腺丰富处生长,如耳道、肛周、腹股沟、趾缝等,引起皮炎。

(2)炎性细胞　细胞类型决定怀疑方向,比如以中性粒细胞为主的炎症,常见于细菌感染,要与出血引起的中性粒细胞升高区分。嗜酸性粒细胞炎症常见于免疫/过敏反应、寄生虫(节肢动物叮咬)、一些肿瘤(如肥大细胞瘤)。淋巴细胞性炎症常见于注射反应、昆虫叮咬等。巨噬细胞增多常见于真菌、异物、坏死等。皮肤癣菌病是真菌感染毛干和角质层的疾病,常见小孢子菌和毛癣菌,表现局灶性、多灶性或全身性,表现轻度、中度瘙痒,表现圆形、不规则脱毛或全身性脱毛,伴有不同程度的皮屑。犬、猫的其他症状为红斑、丘疹、皮脂溢,以及单趾或多趾发生甲沟炎或甲变形。少数情况下,猫出现粟粒状皮炎或皮肤结节。一些还可以看到真菌菌丝。见图 2-4-10。

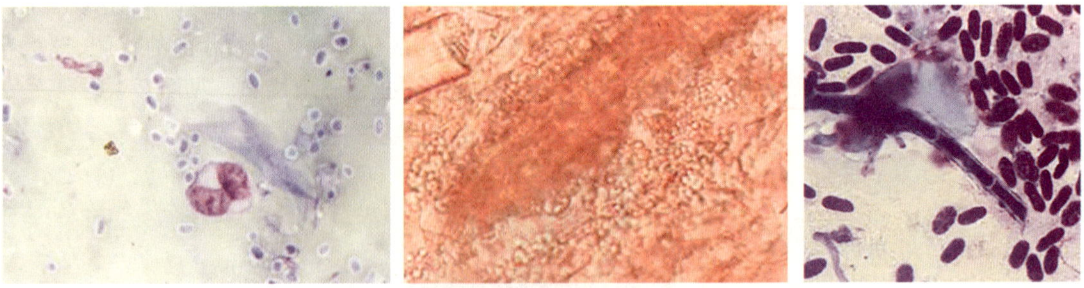

图 2-4-10　皮肤癣菌

(3)棘层松解细胞　在自体免疫性疾病如落叶天疱疮中常出现,特征是产生自身抗体,导致角质形成细胞上的黏附分子发生反应。抗体在细胞间沉积,导致表皮最上层的细胞间彼此分离(皮肤棘层松解)。见图 2-4-11。

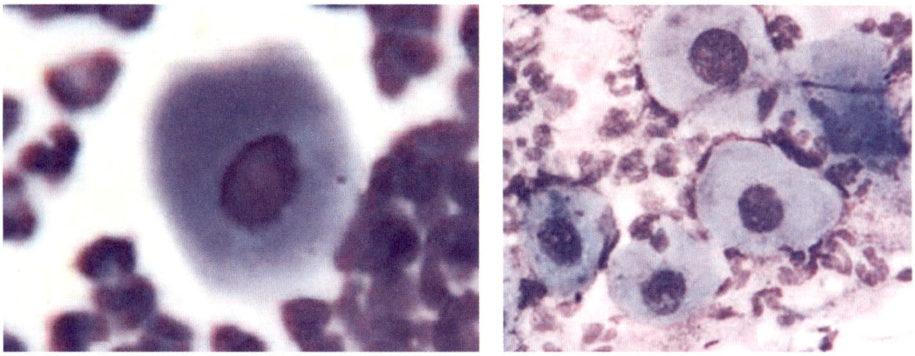

图 2-4-11　棘层松解细胞

（在自体免疫性疾病如落叶天疱疮中常出现）

（4）毛发检查　拔毛检查是否有瘙痒、真菌感染、色素缺陷和评估毛发生长阶段（评估毛尖、毛根、毛干）。毛尖常用于判断是否有瘙痒，是否为非创伤性（如内分泌病、毛囊发育不良）。瘙痒动物会出现毛尖折断、断裂。毛根可以判断生长期和终止期的毛发，评估毛发生长周期。大多数品种的大多数毛发处于终止期，也能鉴定出一定数量的生长期毛发。在生长期长的品种，大多数毛发都处于生长期，终止期毛发很少。终止期大量脱毛时的所有拔出毛发，都会处于终止期（图 2-4-12）。

毛干有时会看到毛发外癣菌。鉴定毛发外癣菌有点困难，需要用氢氧化钾（KOH）或细胞染液溶解角质。毛发外癣菌感染时，毛发的皮质会肿胀和破坏，如果断裂，其末端会发散呈扫帚样。这些病原菌（小球状体）可能会聚集在毛干破损部位。还可检查毛干是否有色素聚集，这提示色素稀释性脱毛和毛囊发育不良。此外还可看到附在毛干上的虱子卵或姬螯螨虫卵。还有其他类型毛干异常报道，但都罕见。

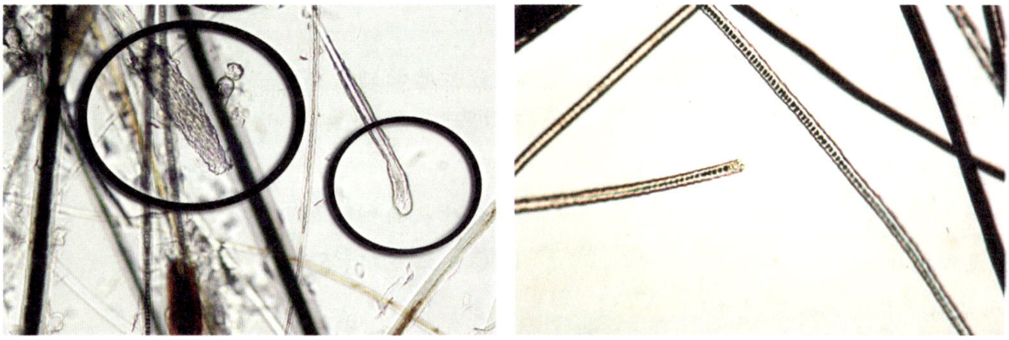

图 2-4-12　终止期毛根（左为矛状）；生长期毛根（右为结节状、弯折）（10×物镜）

思考与测试题

一、选择题

1. 如何检查猫是否发生肾衰（　　）。

A. 检查血液　　　　B. 检查粪便

C. 拍片子　　　　D. 临床检查

2. 犬红细胞描述正确的是(　　)。

A. 多染性红细胞是衰老的红细胞

B. 红细胞大小 6.0～7.0 μm

C. 多染性红细胞多于 1%

D. 红细胞形态为球形

3. 成熟的嗜中性粒细胞(　　)。

A. 为血液中最大的细胞　　B. 分叶状的细胞核

C. 圆形的细胞核　　D. 细胞核可能为肾状或分叶

4. 血小板(　　)。

A. 为血液中最小的细胞　　B. 不是细胞

C. 是纤维蛋白　　D. 有圆形细胞核

5. 犬、猫肌肉注射应注射在(　　)。

A. 股二头肌　　B. 股四头肌的股直肌

C. 坐骨神经后方　　D. 肱二头肌

6. 如何检查犬是否患有细小病毒？(　　)

A. 检查血液　　B. 检查粪便

C. 检查尿液　　D. 拍片子

7. 如何检查犬是否发生肝衰？(　　)

A. 检查血液　　B. 检查粪便

C. 拍片子　　D. 临床检查

8. 幼稚的的嗜中性粒细胞(　　)。

A. 为血液中最大的细胞　　B. 分叶状的细胞核

C. 圆形的细胞核　　D. C 型细胞核、不分叶

9. 单核细胞(　　)。

A. 为血液中最大的细胞　　B. 分叶状的细胞核

C. 无细胞核　　D. C 型细胞核、不分叶

10. 血清尿素氮升高最常见于(　　)。

A. 心脏疾病　　B. 肝脏疾病

C. 肺脏疾病　　D. 肾脏疾病

11. 嗜中性粒细胞增多原因不包括(　　)。

A. 急性感染或炎症　　B. 组织损伤或坏死

C. 白血病　　D. 长期使用氯霉素、化疗药

12. 红细胞减少主要原因不包括(　　)。

A. 各种贫血　　B. 急慢性失血

C. 慢性肾炎　　D. 脱水

13. 肝细胞受损指标不包括（　　）。

A. 丙氨酸氨基转移酶　　B. 天门冬氨酸氨基转移酶

C. 碱性磷酸酶　　D. 尿素氮

14. 判断肾脏功能的主要指标不包括（　　）。

A. 血钙、血磷　　B. 血糖

C. 肌酐　　D. 尿素氮

15. 尿检时，检查尿沉渣至少需要多少（　　）mL 尿液

A. 1 mL　　B. 3 mL

C. 5 mL　　D. 10 mL

16. 肝功能指标不包括（　　）。

A. 白蛋白　　B. 胆红素

C. 胆汁酸　　D. ALT

17. 下列关于粪便漂浮试验说法正确的是（　　）。

A. 至少需要 1 g 粪便　　B. 肛拭子可进行漂浮试验

C. 用于真菌检查　　D. 用于原虫检查

18. 下列 3 个指标升高提示胆道梗阻，除了（　　）。

A. ALP　　B. GGT

C. 直接胆红素　　D. CREA

19. 下面叙述不正确的是（　　）。

A. 灰白色云雾状混浊，常见于犬正常尿

B. 红色云雾状混浊常为血尿

C. 酱油色多为急性血管内溶血所引起的血红蛋白尿

D. 深黄色为胆红素尿，见于阻塞性或肝细胞性黄疸

二、思考题

1. 血液常规检验项目有哪些？各项检测方法及临床诊断意义是什么？
2. 进行血常规检验应注意哪些事项？
3. 犬、猫导尿前的准备工作有哪些？具体操作方法和注意事项是什么？
4. 如何根据尿液检验项目的不同，对尿液进行采集和保存？
5. 血液生化主要检验项目有哪些？各项检测方法及临床诊断意义是什么？
6. 尿液物理检查的项目有哪些？各有什么临床诊断意义？
7. 尿液化学检查的项目有哪些？各有什么临床诊断意义？
8. 尿液显微镜检查的项目有哪些？各有什么临床诊断意义？
9. 粪便物理检查的项目有哪些？各有什么临床诊断意义？

13. 粪便化学检查的主要项目有哪些？各有什么临床诊断意义？

14. 如何根据寄生虫的种类选择虫卵检查方法？如何进行虫卵计数？

15. 如何采集皮肤刮取物检查样品？

16. 如何对螨虫性皮肤病进行检验？有什么临床诊断意义？

17. 如何对真菌性皮肤病进行检验？有什么临床诊断意义？

18. 如何对细菌性皮肤病进行检验？有什么临床诊断意义？

参考答案：1. A　2. B　3. B　4. A　5. B　6. B　7. A　8. D　9. A　10. D　11. D　12. D　13. D　14. B　15. C　16. D　17. A　18D　19A

模块3

仪器分析诊断技术

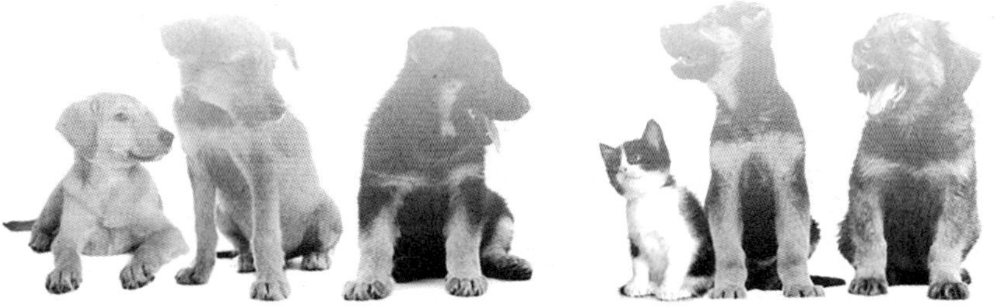

关爱，应首先体现在尊重上。

每个动物都是独立的个体，面对它们既需要经验，也要打破经验。个体对疾病的适应能力不一样，临床表现也就不尽相同。

不同品种、年龄、状态的宠物，宠物医生们都应“区别对待”。比如面对前来问诊的猫和猫主人，宠物医生都会先让动物在诊室里先适应5～10 min，与动物主人聊天，安抚他们焦灼的情绪，同时观察猫的紧张度，尽量减少它的应激，也避免应激带来的心脏损伤。

“对一只猫来说，你需要先正面跟它说两句话，把声音传过去，然后再慢慢靠近它，让它主动用闻嗅来感知你”。动物心脏病专家张医生说，“从猫的角度来看，人类就是个庞然大物”。而对待更为外向的狗，宠物医生则认为接诊它们显得更容易些，因为“情绪都很外露”。面对宠物，有经验的宠物医生总是温柔相待，或在台子上检查，不然就蹲下来，让动物有一种安全感。

“人类对宠物的关爱，首先体现在尊重上，人永远不要凌驾于动物之上”，张医生说。

项目1

X线检查

【知识目标】

1. 了解X线的基本成像原理及常见伪影。
2. 了解辐射防护注意事项。
3. 熟悉犬、猫影像学检查的适应证。

【能力目标】

1. 熟练掌握X线检查流程。
2. 掌握常见胸部、腹部异常影像的鉴别诊断。

【素质目标】

1. 培养学生辩证分析问题的能力和实事求是的工作态度。
2. 培养学生爱护动物、注重动物福利的职业素养。

任务1　透视检查

学习任务单

学习目标:1. 掌握透视的适应证。2. 掌握透视条件的选择。3. 会进行透视操作。
学习资源:1. 教材。2. 实验用犬、猫。3. 信息化教学资源。4. X线成像设备。
学习任务:1. 准确记忆不同部位拍摄的投照中心、投照范围。2. 在熟悉影像解剖的基础上,进行简单的胸部、腹部X线影像判读。

【相关知识】

透视检查是利用X线的摄影作用和荧光效应,当X线机机头发射出的X线经过动物机体后,由于动物机体每个部位的密度与厚度存在差异,对X线的吸收量就不同,穿过动物机体到达透视屏的射线量也不相同,在透视屏上激发产生的可见荧光就有亮和暗的差别,从而构成人眼可以识别的动物机体的影像。

一、调节透视条件

管电流通常使用2～3 mA,最高时不能超过5 mA。管电压按被检部位厚度而定,以50～

70 kV 为宜。距离可根据具体情况，一般在 50～100 cm。要断续地进行，透视总时间越短越好。

二、透视操作

透视前，应先了解临床初步诊断及透视的目的，去掉一切影响 X 线透视的物质，如项圈、金属饰物、动物衣服等。检查者提前 10 min 进入暗室进行暗适应。切实保定后，把荧光屏贴近犬体，对准被检部位，并与 X 线中心垂直。

透视时，先适当开大光门，对被检部做全面观察，注意有无异常，然后再缩小光门，分区观察，一旦发现有可疑病变时，则缩小光门做重点深入观察。

最后把光门开大，复核一次并与对称部位比较。

根据透视结果，可确定摄影的部位和投照方法。

任务 2　X 线的摄影检查

学习任务单

学习目标：1. 熟练掌握胸部、腹部 X 线摆位方法。2. 掌握胸部、腹部 X 线正常影像。3. 掌握常见胸部、腹部异常 X 线征象的鉴别诊断。

学习资源：1. 教材。2. 实验用犬、猫。3. 信息化教学资源。4. X 线成像设备。

学习任务：1. 准确记忆不同部位拍摄的投照中心、投照范围。2. 在熟悉影像解剖的基础上，进行简单的胸部、腹部 X 线判读。

【相关知识】

一、X 线成像基本原理

1. X 线成像原理

X 线具有穿透性，而动物组织本身存在密度和厚度的差别，当 X 线穿透不同组织结构时，它被吸收的程度不同，达到接收屏上的 X 线量也有差异，因此就形成黑白对比不同的影像。多数金属具有很好的阻线性，X 线无法透过；骨骼含有丰富的钙质，密度大，因此吸收的 X 线最多，形成的图像“较白”；结缔组织、肌肉、液体等各种软组织属于中等透过性组织；脂肪的密度比软组织小，X 线的穿透性更好；肺、胃肠道等含气组织则密度较低，形成的图像“较黑”。

2. 失真

失真是进行 X 线检查时，部分影像被不均等地放大所造成的(图 3-1-1)。由于动物机体是三维的，有些部分靠近 X 线管，有些部分靠近接收屏，如果摆位不够规范，或受到疾病的限制，不熟悉失真的医生可能会在影像解读时出现误判和混淆。

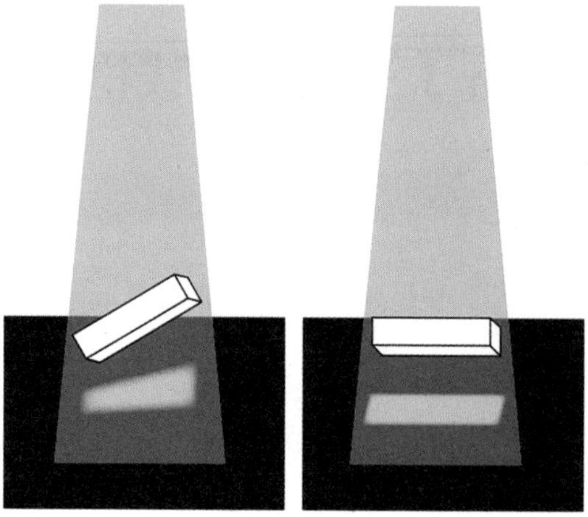

图 3-1-1　物体不均等地放大造成影像失真

（图片来自 Textbook of Veterinary Diagnostic Radiology，7th Edition）

3. 辐射安全

辐射安全的基础为制定恰当的指导方针以防止产生不必要的散射和辐射暴露。工作时，应正确使用铅服、铅围脖、铅手套等防护用具，尽可能合理地降低人的辐射暴露。在合理调节投照范围、减少散射线的同时，也应避免保定人员的手（无论是否佩戴铅手套）出现在曝光范围内。

工作人员和X线管之间的距离应该最大化，因为当射线源与人体距离增加时，辐射暴露会以距离的平方呈反比地减少，这是降低剂量的最有效方法之一。适当使用束缚带、沙袋来固定动物的位置和姿势，可以帮助工作人员在曝光过程中离开检查室。部分国家的兽医操作准则规定，操作人员在曝光时必须离开检查室。

曝光时间与机体接受的辐射暴露时间直接相关，对无法配合的动物可以适当使用镇静剂，在工作人员熟悉设备的前提下，也可以合理设置曝光参数，尽可能缩短曝光时间，从而降低工作人员接收的辐射剂量。

二、X线拍摄基本流程

（1）信息登记　填写宠物主人及动物基本信息，确定拍摄部位和体位。

（2）动物准备　除去动物体表的各种覆盖物、牵引绳、装饰物。具有攻击性的动物应佩戴项圈或镇静后操作。

（3）X线拍摄，并确认图像质量。

（4）拍摄结束，进行图像后处理。

（5）胶片打印或上传，出具影像报告。

任务3　胸部X线检查

学习任务单

学习目标:1. 熟练掌握胸部X线摆位方法。2. 掌握胸部X线正常影像。3. 掌握常见胸部异常X线征象的鉴别诊断。

学习资源:1. 教材。2. 实验用犬、猫。3. 信息化教学资源。4. X线成像设备。

学习任务:1. 准确记忆不同部位拍摄的投照中心、投照范围。2. 在熟悉影像解剖的基础上,进行简单的胸部X线判读。

【相关知识】

一、胸部投照的摆位

(1)背腹位投照　患犬俯卧,前肢前拉,肘头外展,后肢自然摆放,脊柱拉直,目视前方,胸椎与胸骨上下在同一垂直平面,投照范围从肩前到第一腰椎,投照中心在第5～6肋间隙(肩胛骨后缘),胸廓的厚度以第13肋骨处的厚度为准。

(2)腹背位投照　患犬仰卧,前肢前拉,肘头外展,后肢自然摆放,脊柱拉直,头部位于中线,左右对称,胸椎与胸骨上下在同一垂直平面,投照范围从肩前到第一腰椎,投照中心在第5～6肋间隙(肩胛骨后缘),胸廓的厚度以第13肋骨处的厚度为准。

(3)侧位投照　右侧位投照时,患犬右侧卧,前肢前拉,后肢后拉,头颈自然伸展,调整角度防止胸部旋转。投照范围从肩前到第一腰椎,投照中心在第4～5肋间隙(肩胛骨后缘1～2指处),胸廓的厚度以第13肋骨处的厚度为准。左侧位投照时,患犬左侧卧,其他同右侧位投照。

二、胸部投照条件设定

(1)曝光量　充满气体的肺脏对X线的吸收较少,根据曝光实验通常曝光量选用4 mA•s。

(2)管电压　根据投照部位的厚度(cm)×2+40～45 kV来确定,如果投照部位超过15 cm,需要使用滤线栅时,则在根据厚度确定的管电压的基础上补充20～25 kV。

三、胸部正常X线解剖

胸椎、肋骨和胸骨可较清楚显示。两侧的肋骨重叠。前至第一对肋骨,后至横膈,胸椎和胸骨之间的广大半透明区域为肺野。肺野中部呈斜置的类圆锥形软组织密度的阴影为心脏。心基部向前的一条带状透明阴影为气管。胸主动脉是一由心基部上方升起弯向背与胸椎平行的较粗宽带状软组织阴影。心基部后方有一向后的较窄短的带状软组织密度阴影,为后腔静脉。在主动脉与后腔静脉之间的肺野,由心基部向后上方发出的树状分枝的阴影,为肺门和肺纹理阴影。心脏后缘与膈肌前下方构成锐角三角区,为心膈三角区。

图3-1-2为正常2岁比格犬的胸部右侧位和腹背位X线片。

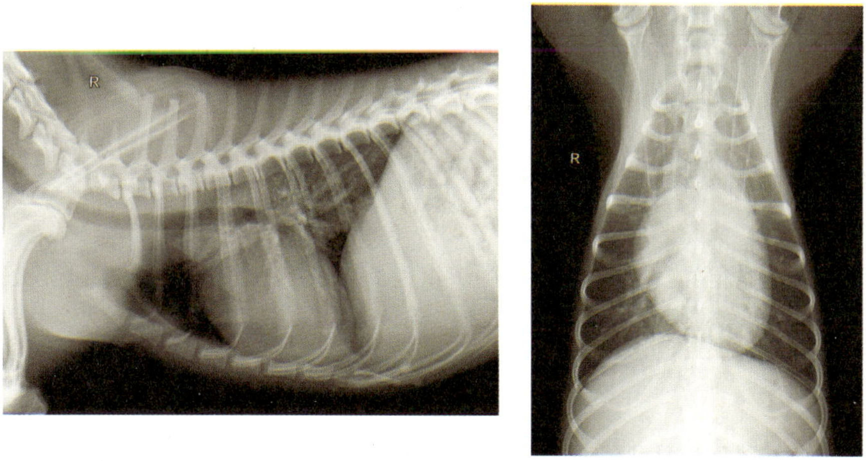

图 3-1-2 正常 2 岁比格犬的胸部右侧位和腹背位 X 线片

四、肺部病变的基本 X 线表现

1. 渗出性病变

指肺的急性炎症，肺泡内气体被炎性渗出物代替。X 线表现为云雾状密度增加的阴影，密度均匀或不一致，大小不定，边缘模糊，界限不清，多个小片状阴影可融合成大片状阴影。

2. 增殖性病变

见于肺的慢性炎症，是肺组织内形成肉芽组织，特点为细胞和纤维组织大量增殖，呈局限性小结节，慢性肺结核的结节样变化最为典型，也见于慢性间质性肺炎。X 线表现为密度较高，边缘较清楚，呈斑点状或花瓣状的阴影，缺乏融合现象，病灶进展缓慢。

3. 纤维性病变

是肺组织病变愈合修复的现象，肺组织破坏后产生的局限性或弥漫性纤维结缔组织的阴影。此种病变多见于肺结核、肺脓肿和间质性肺炎等。X 线表现为粗细不一的条索状阴影或网状阴影，密度增高，边缘清晰。条索状阴影无一定的走向，与肺纹理不同，有时呈聚集收缩现象。广泛性纤维性病变，常引起肺组织萎缩，导致附近器官向患侧移位，胸廓塌陷，肋间隙变窄等现象。

4. 钙化

是慢性炎症愈合的另一种形式，多见于肺和淋巴结干酪样坏死病灶的愈合。见于干酪性肺炎、牛肺结核。X 线表现为密度增高、边缘锐利的斑点状、斑块状或形状不规则的球形致密阴影。

5. 空洞

当肺组织坏死液化后经支气管排出即形成空洞。洞壁由坏死组织和肉芽组织等形成。根据其病理发展过程分为 3 类。

(1)多发性空洞　X 线下见到多个不规则的透亮区，周围有大量炎性实变阴影。见于坏疽性肺炎、肺结核或转移性肺脓肿。

(2)厚壁空洞　空洞周围具有较厚的结缔组织及渗出阴影，空洞内壁光滑，外壁不规则。

当坏死组织液化而引流不畅，使液体残留洞内时，空洞内则出现液平面，见于肺脓肿、慢性肺结核等。

(3)薄壁空洞　空洞周围有薄层纤维组织围绕，因肺组织向四周的牵引形成圆形空洞。X线表现为境界清晰、内壁光滑的圆形透亮区。周围很少有浸润性病变。在空洞底部有时见少量液体阴影，见于肺结核，常为多发性。

6. 囊腔

与薄壁空洞形态相似，但壁更薄。由肺组织内的腔隙呈病理扩大引起，如肺大泡、局限性肺气肿、局限性气胸、气囊所致。X线表现为一环状透亮区，洞壁更薄，周围无炎性渗出及实变阴影，洞内无液平面。

7. 肿块

肿块性病变是肿瘤或囊肿代替了正常肺组织的表现。X线表现为圆形或类圆形、中等密度的致密阴影，一般边缘清晰锐利，可单发或多发。

五、胸肺疾病的X线诊断注意事项

(1)胸部投照要求高千伏低毫安秒。曝光时间一般为0.02～0.05 s，最好低于0.03 s。

(2)对于体型较大的犬，胸部厚度超过15 cm或特别肥胖的犬，要考虑使用滤线器。

(3)选择在最大吸气时曝光。

(4)背腹位或腹背位投照时，因脊柱和胸骨重叠的影响，一定要加大曝光量，保证足够的穿透力。

(5)注意摆位对胸部器官影像的影响，标准胸片必须满足以下要求：包含组成胸廓的全部骨骼；前肢没有遮挡肺野；膈、心脏和主动脉显影清晰；肋骨边缘清晰；肺血管纹理清晰；在背腹位X线片上，可见与心脏重叠的脊柱影像；背腹位X线片影像左右对称，脊柱和胸骨正好重叠；在侧位X线片上，两侧的肋软骨结合点重叠，肋骨的背侧弯曲不超过脊柱。

(6)某些特殊情况可能会影响摆位的选择，一定要根据患犬的病情和病变的部位辩证地选择摆位，常规的左侧位、右侧位、腹背位、背腹位或站立侧位、斜位都可应用。

(7)皮肤是胸部影像背景密度的组成部分，皮肤上的杂质、皮褶和与肺野重叠的乳头都可能造成胸内异常影像，要注意辨别。

任务4　腹部X线检查

学习任务单

学习目标：1. 熟练掌握腹部X线摆位方法。2. 掌握腹部X线正常影像。3. 掌握常见腹部异常X线征象的鉴别诊断。

学习资源：1. 教材。2. 实验用犬、猫。3. 信息化教学资源。4. X线成像设备。

学习任务：1. 准确记忆不同部位拍摄的投照中心、投照范围。2. 在熟悉影像解剖的基础上，进行简单的腹部X线判读。

【相关知识】

一、腹部投照的摆位方法

腹部投照的常规摆位包括腹背位和侧位。右侧位更常用，但左侧位时，胃内气体在幽门处聚积，使幽门显示为较规则的圆形低密度区。也可用右侧位、背腹位、斜位和水平X线投照等。以犬为例介绍腹部投照的不同摆位（大动物的投照则略有不同）。

(1)侧位投照　动物右侧卧或左侧卧，用透射线的衬垫物将胸骨垫高至与腰椎等高水平，将后肢向后牵拉使之与脊柱约呈120°角。X线束中心对准腹中部（最后肋骨后缘），照射范围包括前界含膈，后界达髋关节水平，上界含脊柱，下界达腹底壁。

(2)腹背位投照　动物仰卧，前肢前拉，后肢自然摆放屈曲呈"蛙腿"样，X线束中心对准脐部，投照范围包含剑状软骨至耻骨的区域。

(3)背腹位投照　动物俯卧，前肢自然趴卧，后肢呈"蛙腿"姿势，X线束中心对准第13肋骨后缘，投照范围包括剑状软骨至耻骨的区域。

二、腹部投照条件设定

(1)曝光量　腹部为软组织密度，对X线的吸收介于骨骼与肺脏之间，根据曝光实验通常曝光量选用6～10 mA•s。

(2)管电压　根据投照部位的厚度(cm)×2＋40～45 kV来确定，如果投照部位超过12 cm，需要使用滤线栅时，则在根据厚度确定的管电压的基础上补充20～25 kV。

图3-1-3为正常2岁比格犬的腹部右侧位和腹背位X线片。

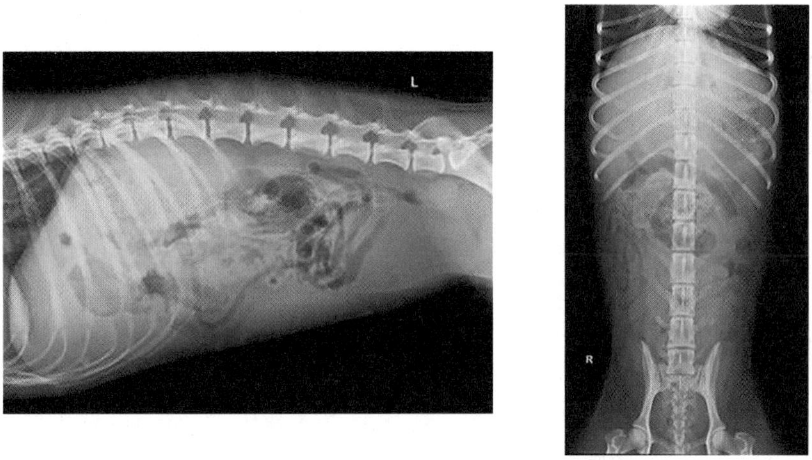

图3-1-3　正常2岁比格犬的腹部右侧位和腹背位X线片

三、腹部病变的基本X线表现

腹腔内的器官种类较多，所患疾病类型也比较复杂，其X线征象各有特点，但归纳起来主要表现为以下4个方面：

(1)体积变化　主要表现为内脏器官的体积比正常时增大或缩小。引起器官体积增大的原因可能是组织器官肿胀、增生、肥大，器官内出现肿瘤、囊肿、血肿、脓肿、气肿或积液。体积缩小可能由于器官先天发育不足或器官因病萎缩所致。

(2)位置变化　位置的变化说明内脏器官发生异常移位。腹腔内的器官除空肠游离性较大外，其他器官的位置相对固定。发生移位主要原因是由于相邻组织器官发生病变推移所致，例如脂肪瘤导致腹腔脏器的左移。

(3)形态轮廓变化　表现为内脏器官的变形，任何超出生理范围的变形都是病变的征象，例如肝脏肿大后肝的后缘变钝圆。

(4)密度变化　主要表现为密度的增高或降低，可呈广泛性或局限性密度变化。广泛性密度升高见于腹腔积液、腹膜炎等；局部的密度增高见于腹腔器官的肿瘤或增大，器官内的结石常表现为高密度异物阴影。腹部出现低密度阴影可见于胃肠积气或气腹，需要注意正常时，消化道内或多或少存留一些气体。

四、腹部常见疾病的X线表现

(1)胃扩张—胃扭转　以犬多发，猫偶尔发生，各品种犬均可发病，但以德国牧羊犬、圣伯纳、大丹、爱尔兰爹利、杜伯文等大型犬多发。前腹部X线片显示，胃高度扩张，充盈气体和食物；脾脏增大并移至腹部右侧；小肠受推压后移；心脏影像狭长，后腔静脉很狭窄。

(2)肠梗阻　X线检查对小动物的肠梗阻有重要的意义。应作动物站立侧位和X线水平投照。阻塞部上段肠管积气、积液。X线特征性表现为多发性半圆形或拱形透明气影，在其下部有致密的液平面。

(3)腹水　X线显示腹部膨胀，呈烟雾朦胧阴影，清晰度下降，正常腹内组织器官结构被遮蔽而不能清晰显示，仅可显示肠内气体阴影。腹腔穿刺放液后重新拍片，可显示腹内结构影像。

(4)子宫蓄脓　排空直肠后做腹部X线片。在中腹部、后腹部以及骨盆前区，子宫蓄脓通常显示为轮廓清楚、密度均匀、盘旋曲管状、团块状或袋状密影，肠管被挤向前方移位。应注意与有气体阴影的肠管进行鉴别，并结合病史、配种经过等，不可误诊为妊娠子宫。

(5)尿结石　尿结石按其发生部位分为肾结石、输尿管结石、膀胱结石和尿道结石。临床上以膀胱结石和雄性动物的尿道结石多见。多数尿结石为X线不透性结石，如磷酸盐、碳酸盐和草酸钙等，普通X线摄影检查可以显示其高密度阴影。但尿酸盐结石密度低，与软组织密度相同，普通X线摄影检查不可显示，为X线可透性结石。犬、猫最常见的尿结石是磷酸盐结石。肾结石可发生于一侧或双侧肾盂或肾盏内，X线表现为单个或多个大小不一、边界清楚、粒状、角形或鹿角形的不透性致密阴影。对尿酸盐X线可透性结石，需在肾盂造影下才能显示，呈透明的充盈缺损。膀胱结石多为X线不透性结石，X线表现单个或多个圆形、椭圆形密影，阴影呈分层者多为草酸钙结石。对疑有X线可透性结石者，应做膀胱造影检查。

五、腹部疾病的X线诊断注意事项

(1)腹部投照时，应适当降低管电压(kV)，增加曝光量(mAs)，曝光时间不必低于0.05 s。

(2)腹部投照最好选择呼气之末进行曝光。

(3)腹部的测量以第13肋骨处的厚度为准，当超过12 cm时用滤线器。

(4)动物正位投照时,体位一定要摆正,避免扭曲。腹背位时,后肢呈“蛙腿”样屈曲,以避免皮褶影像的干扰。

(5)被检动物要根据疾病的性质和检查的目的进行不同的投照前准备。怀疑膀胱疾病时只需要清理后段结肠内的粪便;怀疑中腹部肿块时,则要清理全段消化道。一般要在检查前禁食 12 h。

项目2

B超检查

【知识目标】

1. 了解B超基本成像原理及常见伪影。
2. 熟悉犬、猫B超检查的适应证。

【能力目标】

1. 熟练掌握B超检查流程。
2. 掌握常见胸部、腹部异常B超的鉴别诊断。

【素质目标】

1. 培养学生辩证分析问题的能力和实事求是的工作态度。
2. 培养学生爱护动物、注重动物福利的职业素养。

任务1　B超的认识和使用

学习任务单

学习目标：1. 了解B超成像原理。2. 掌握腹部大器官超声检查方法。
学习资源：1. 教材。2. 实验用犬、猫。3. 信息化教学资源。4. B超。
学习任务：1. 能够掌握B超的操作方法。2. 掌握主要脏器的探查部位和方法。

【相关知识】

一、B超成像原理

(一)超声波的物理特性

声波是物体的机械振动产生的，振动的频率超过20 000次/s称为超声波，简称超声。超声波在机体内传播的物理特性是超声影像诊断的基础，其中主要有：

1. 超声的定向性

又称方向性或束性。当探头的声源晶片振动发出超声时，形成一股声束，以一定的方向传播。诊断方面利用这一特性做器官的定向探查，以发现体内脏器或组织的位置和形态上的变化。

2. 超声的反射性

超声在介质中传播，若遇到声阻抗不同的界面时一部分声能引起反射，所余的声能继续传播。如介质中有多个不同的声阻界面，则可顺序产生多次的回声反射。超声界面的大小要大于超声的半波长，才能产生反射。若界面小于半波长，则无反射而产生绕射。超声垂直入射界面时，反射的回声可被接收返回探头而在示波屏显示。入射超声与界面成角而不垂直时，入射角与反射角相等，探头接收不到反射的回声。

3. 超声的吸收和衰减性

超声在介质中传播时，由于与介质中的摩擦产生黏滞性和热传播而吸收，又由于声速本身的扩散、反射、散射、折射与传播距离的增加而衰减。吸收和衰减除与介质的不同有关外，也与超声的频率有关。但频率又与超声的穿透力有关，频率越高，衰减越大，穿透力越弱。超声诊断主要是利用这种界面反射的物理特性。

(二)B型超声诊断的原理

B型超声诊断法，又称超声断层显像法或辉度调制超声诊断法，简称B型超声或B超。B型超声诊断法是将回声信号以光点明暗，即灰阶的形式显示出来。光点的强弱反映回声界面反射和衰减超声的强弱。这些光点、光线和光面构成了被扫查部位二维断层图像或切面图像，这种图像称为声像图。

B超成像的基本原理基于超声波的物理特性，当超声探头发出的超声波在动物机体组织中传播时，遇到不同声阻抗的各种界面，而发生一系列的反射，反射回来的声能通过探头的晶体片转变为电能，主机再将电信号经过处理，以不同大小的光点，不同亮暗的灰度显示在荧光屏上，并构成脏器断面的大体形态及内部结构解剖图像和病变区域的大小、形态、部位等二维切面图像。当成像速度达到每秒25～30幅或以上时，则可显示脏器的活动情况，检测和观察心脏、大血管、胎动、胎心的动态变化。

(三)探头种类的选择(图3-2-1)

图3-2-1　4种不同型号的探头(A. 大凸阵探头，B. 微凸阵探头，C. 线阵探头，D. 相控阵探头)

(1)微凸阵探头　犬、猫腹部常规扫查、胸膜腔快速扫查、超声引导介入。

(2)线阵探头　皮肤表面、甲状腺、血管等浅表器官。

(3)相控阵探头　心脏检查。

(四)探头频率的选择

在保证足够诊断深度情况下，选择尽可能高的频率。

低频率(3.5～7.5 MHz)用于深部结构：肝脏、脾脏、肾脏和肾上腺。

高频率(＞7.5 MHz)用于浅表或者细微结构：脾体、肾脏、膀胱、消化道、淋巴结、子宫、卵巢。

二、B超检查方法

1. B超检查基本流程

(1)除去动物体表的各种覆盖物、牵引绳。具有攻击性的动物应佩戴项圈或镇静后操作。

(2)根据检查部位剃毛。

(3)填写宠物主人及动物基本信息，涂抹耦合剂。

(4)调节图像深度、图像质量，开始B超检查。

(5)擦掉动物体表及探头上的耦合剂，检查结束，出具影像报告。

2. 体位摆放

腹部多选择V形槽内仰卧扫查，呼吸困难或心脏检查时使用侧卧扫查。

3. 扫查切面

从至少两个不同的切面扫查；扫查器官的所有边缘，确保是扫查了整个器官；某些器官(脾脏)要跟踪扫查。

(1)纵切面　探头平行身体长轴。

(2)横切面　探头垂直身体长轴。

(3)冠状面　探头平行于身体长轴，侧面扫查。

4. 探头方向

探头缺口(指示灯、凸起)与屏幕上的图像一致，纵切朝向头侧，横切朝向操作者或者动物右侧。

任务2　腹部脏器的B超诊断

学习任务单

学习目标：1. 了解B超成像原理。2. 掌握腹部大器官超声检查方法。

学习资源：1. 教材。2. 实验用犬、猫。3. 信息化教学资源。4. B超。

学习任务：1. 能够识别超声图像中的正常肝脏、胆囊、脾脏、肾和膀胱。2. 尝试描述正常的肝脏、胆囊、脾脏、肾和膀胱超声影像。

【相关知识】

犬腹部脏器的探查法及正常声像图特征见表3-2-1。

表 3-2-1　犬腹部脏器的探查法及正常声像图特征

脏器	项目	呈像特征
肝脏和胆囊	扫描部位	左、右侧 9～12 肋间肋骨弓下
	回声特点	肝脏正常声像图边缘平滑，实质呈均匀点状（粗质）回声结构。在同样条件下，回声强度比肾脏稍强，比脾脏稍低。在前腹部后腔静脉的腹侧可见到呈强回声门静脉管壁。胆囊壁很薄，难于观察到，内部为无回声暗区，其大小与充盈度有关。横切时呈圆形，矢状切时呈卵圆形
脾脏	扫描部位	左侧最后肋间及肷部
	回声特点	外形平滑，边界清晰，实质回声较肝脏强，呈均匀的细质状回声结构
肾脏	扫描部位	左、右 12 肋间上部及最后肋骨后缘
	回声特点	外周为低回声的皮质，髓质呈多个无回声或稍显弱回声区。肾脏中央或偏中央区为肾盂和肾盂周围的脂肪囊，呈放射状排列的强回声结构，正常情况下肾盂不扩张，呈 C 形或倒 C 形
膀胱	回声特点	膀胱充盈尿液时声像图很易识别，如无尿，可用导管注入生理盐水后再探查。膀胱壁回声较强，其内的尿液为无回声暗区伴后方回声增强。正常膀胱横切时呈圆形、矢状切时呈梨形，细锥形处朝向膀胱颈

图 3-2-2 为正常肾脏长轴超声图，图 3-2-3 为犬、猫正常脾脏长轴超声图。

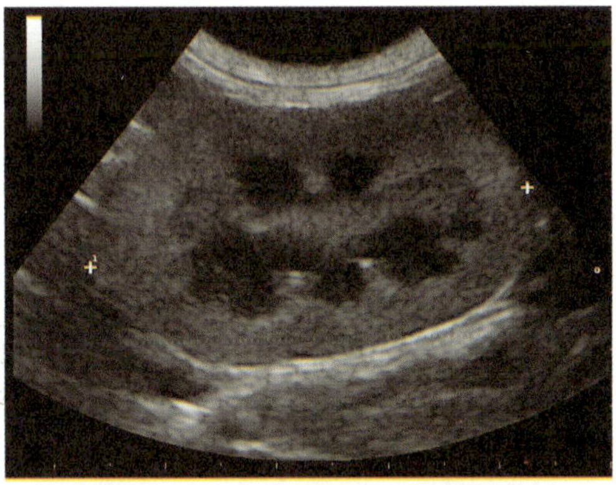

图 3-2-2　正常肾脏长轴超声图

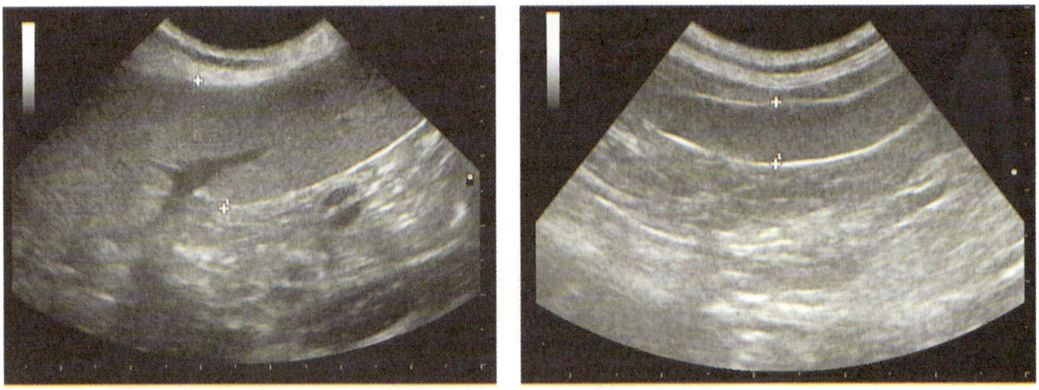

图 3-2-3　犬、猫正常脾脏长轴超声图（左为犬，右为猫）

项目 3

内窥镜检查

【知识目标】

1. 了解内窥镜的类型、基本结构及特点。
2. 了解各类内窥镜检查的适应证及注意事项。
3. 了解宠物各项内窥镜检查的正常外观及病理外观。

【能力目标】

1. 掌握内窥镜检查前的准备工作。
2. 掌握常用内窥镜检查的操作过程。
3. 掌握内窥镜检查后的清洗消毒。

【素质目标】

1. 培养学生三维立体空间感知能力。
2. 提高职业素养，培养前卫、科学的理念，理解内窥镜检查的微创优势。

任务 1　内窥镜设备

学习任务单

学习目标：1. 了解常用内窥镜的基本结构。2. 掌握常用内窥镜的使用准备。
学习资源：1. 教材。2. 内窥镜设备。3. 实验用犬、猫。4. 信息化教学资源。
学习任务：1. 熟悉内窥镜的基本结构。2. 掌握内窥镜检查的准备工作及清洗消毒。

【相关知识】

内窥镜是一种先进的医学光学仪器。借助内窥镜，可以直视体内许多器官系统的形态，可在损伤性很小的情况下完成一些传统手术，并方便地从活体器官上获取少量组织，进行疾病诊断。

一、内窥镜的种类

迄今为止，内窥镜发展史可分 5 个阶段：

(1)硬管式内窥镜　1868 年 Kussmual 首创的硬管式胃镜为其经典之作。

(2)可曲式胃镜　1932年问世,其远端可弯曲。

(3)纤维内窥镜　1957年将纤维光学引进到内窥镜领域,使医用内窥镜跨入真正实用的新时代。

(4)电子摄像式内窥镜　其头端装有小的光敏感集成电路块,作为微型电视摄像机,成像于电视屏幕上,可供多人观看,便于会诊和教学;并可录像和摄影,有利于资料保存。

(5)超声内窥镜　将超声探头固定在纤维内窥镜头端,送入上消化道或呼吸道,在内窥镜观察管道内腔的同时,可用超声探头探查消化道壁、支气管管壁及毗邻脏器,并将声像图显示在屏幕上。

内窥镜检查的临床应用以纤维内窥镜为主。随着纤维光学技术的不断发展及工艺改进,目前已经制成了多种类型的纤维内窥镜,国内外学者也逐步将其应用于兽医临床领域,如咽喉镜、支气管镜、食道镜、胃镜、结肠镜、膀胱镜、腹腔镜、胸腔镜、关节镜等。

二、内窥镜成像原理

1. 纤维内窥镜

成像原理是将冷光源的光传入导光束,在导光束的头端(即内窥镜前端部)装有凹透镜,导光束传入的光通过凹透镜照射于脏器内腔的黏膜面上即被反射,这些反射光即为成像光线。成像光线进入观察系统后,按照先后顺序经过直角屋脊棱镜、成像物镜、玻璃纤维导像束、目镜等一系列光学反应,便能在目镜上呈现被检查脏器内腔黏膜的图像。纤维内窥镜的放大倍数一般为30～35倍,最高可达170倍。纤维内窥镜光度较好,图像清晰,光纤细小柔软,镜身可在被检脏器内回转弯曲。纤维内窥镜与硬管式内窥镜相比,提高了插入性和可操作性,视野广泛,减少了观察盲区。

2. 电子内窥镜

成像原理是利用镜身前端装备的微型图像传感器(CCD)及传导电缆代替纤维胃镜的棱镜和导像束,使CCD采集的电信号经外部的视频处理系统转换、分析、变成视频信号在显示器上成像。这种电信号很容易数字化,方便进行储存、冻结、打印、局部放大等处理。电子内窥镜与光导纤维内窥镜相比,CCD的应用使像素比纤维内窥镜大为增加,可达40万像素以上,在高分辨率大屏幕显示器观看图像更加清晰逼真,且有放大功能,因此具有很高的分辨能力,容易观察到被检脏器的微小病变,可以达到早期发现、早期诊断、早期治疗的目的。

三、内窥镜的结构

各种内窥镜的形状、结构虽不相同,但一般均由粗细、长短、形状不一的金属或塑料导管制成。其前端附有照明装置,管内有折射用的反光镜及电线,通过电线将尖端照明装置与外面的电源相连接。有的内窥镜配备有充气、充水或工作通道。

四、内窥镜的特点

(1)软质内窥镜镜身较细,柔软可弯曲,可插入体内迂回曲折的内腔,上下、左右各方向弯曲角度大,弯曲半径小,故视野广,基本消灭了盲区,纤维束导光、导像、成像清晰,操作部分功能复杂,但操作简单,能单手操作,方便上下调节、左右弯角,并能进行充气、充水操作。

(2)采用大功率、高亮度光源(卤素灯泡)照明,并用滤热线措施,使之成为冷光源,光线明亮,接近日光,使图像清晰,呈现自然色彩,比较逼真,也不会灼伤器官黏膜。

(3)配备多种附属设备和器械,如活检钳、细胞刷、夹持器械、异物取出器械、注射器、切开刀,可在内窥镜检查过程中完成多项功能。

五、软镜的准备及清洗

(1)接通电源,连接内窥镜与主机、光源,连接充水、抽吸系统。同时检查硬件设备有无外观损坏,是否可进行转向操作。打开总电源、显示器开关、光源、充水系统及抽吸系统,检查是否正常工作,光源亮度是否可调节,并调至较弱光源状态。进行白平衡。准备合适的取样钳、活检钳等,检查器械关节活动是否正常。

(2)使用后用纱布擦拭管道部分的明显污物,将其插入洗涤液中,用纱布或软海绵轻轻擦洗。反复进行 10 s 的送气/送水,以清洗送气/送水管道。取下吸引按钮、水气按钮、插钳口密封阀并放入洗涤液中清洗。用清洗刷进行全吸引管路的刷洗。

任务 2　喉镜及支气管镜检查

学习任务单

学习目标:1. 了解喉镜及支气管镜的基本结构。2. 了解喉镜及支气管镜检查的适应证及注意事项。3. 掌握喉镜及支气管镜检查的操作过程。

学习资源:1. 教材。2. 实验用犬、猫。3. 喉镜及支气管镜设备。4. 信息化教学资源。

学习任务:1. 熟悉喉镜及支气管镜的基本结构。2. 掌握喉镜及支气管镜检查的准备工作、操作过程。

【相关知识】

喉镜及支气管镜检查所用的内窥镜通常为软质内窥镜,直径以 3～10 mm、长度以 25～60 cm 为宜,至少有两个方向的 90°转向。通常不配备充水功能。应根据动物气道的直径和长度选择适当的内窥镜型号,需保证有足够的空间以利于动物呼吸。

喉镜及支气管镜检查适应证如下。

1. 诊断

用于上呼吸道阻塞(喉小囊外翻、软骨麻痹、声带增厚、软腭过长、外伤等)、气管支气管病变(气管塌陷、肿瘤、寄生虫性结节等)等疾病的诊断以及活检取样。对上呼吸道阻塞采用保守疗法无效时,可使用支气管镜直接确定阻塞性质及程度。图 3-3-1 为喉塌陷,图 3-3-2 为犬气管塌陷。

2. 治疗

用于取出气管内异物;对气管狭窄进行扩张手术等。

准备工作:若动物体况允许,可进行全身麻醉,若全身麻醉危险时可进行咽部局部麻醉;注意监测呼吸情况。动物俯卧保定，悬吊上颌，保持开口位。避免长时间使用大张力开口器。

操作过程：左手持支气管镜的操作手柄，右手持镜头，将其送入咽部，观察有无结构、颜色等异常。将镜头经勺状软骨之间的空间慢慢送入气管，观察气管壁的形态及颜色等。左手控制方向，保持镜头居中，视情况轻微转向及旋转镜体进行观察。根据病变情况进行细胞刷、活检钳等取样。图 3-3-3 为正常犬支气管分叉。

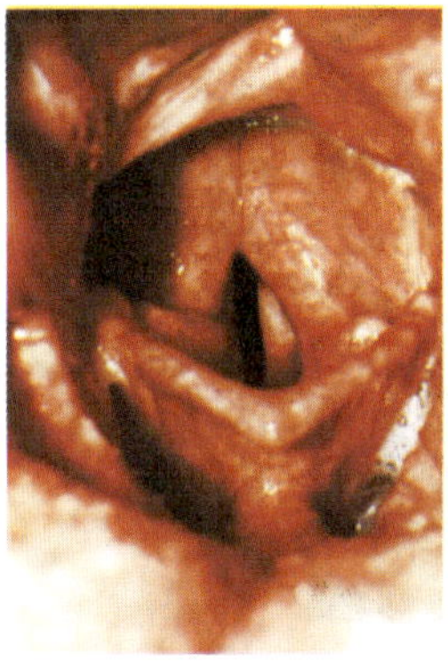

图 3-3-1　喉塌陷

（图片引自：Todd R. Tams，2010，Small Animal Endoscopy，3rd Edition）

图 3-3-2　犬气管塌陷

（图片引自：Todd R. Tams，2010，Small Animal Endoscopy）

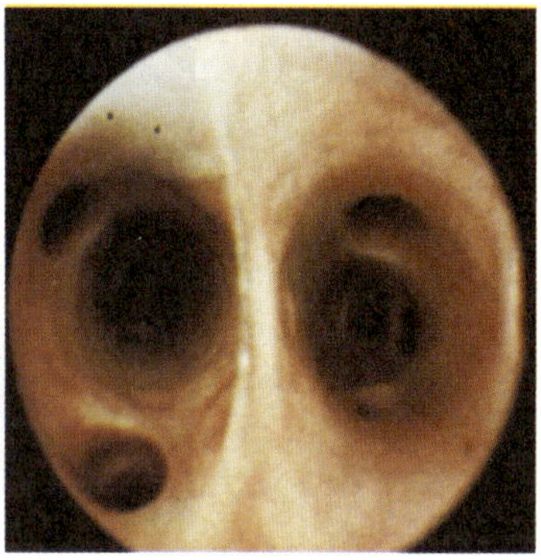

图 3-3-3　正常犬支气管分叉

（图片引自：Todd R. Tams，2010，Small Animal Endoscopy）

任务 3　食道镜检查

学习任务单

学习目标：1. 了解食道镜的基本结构。2. 了解食道镜检查的适应证及注意事项。3. 掌握食道镜检查的操作过程。

学习资源：1. 教材。2. 实验用犬、猫。3. 食道镜。4. 信息化教学资源。

学习任务：1. 熟悉食道镜的基本结构。2. 掌握食道镜检查的准备工作、操作过程。

【相关知识】

进行食道镜检查所用的内窥镜为软质内窥镜，直径以 7.5～9.8 mm、长度以 110～150 cm 为宜，可在四个方向转向，并且至少一个方向（通常为向上方向）至少 180°转向，通常配备充水、充气、抽吸功能及操作通道。应根据动物体型选择适当的内窥镜型号。

食道镜检查适应症：食道疾病（不明原因的吞咽困难、异物阻塞、肿瘤、炎症、狭窄、扩张）的诊断；取食道异物、扩张食道狭窄等。

注意事项：在食道镜检查过程中，为了保持视野清晰通常需要充气。若内窥镜检查前已通过影像学检查怀疑食道穿孔，可能无法进行内窥镜检查。若检查前 24 h 内曾进行钡餐造影，则不建议进行食道镜检查。钡餐可能会影响视野并阻塞工作通道等。

准备工作：动物行全身麻醉。动物左侧卧保定，适当打开口腔。避免长时间使用大张力开口器。

操作过程：左手持食道镜的操作手柄，右手持镜头，确定最大转向方向向上。将其送入咽部再进入食道。左手操作对食道内适当充气，同时控制方向，保持镜头居中，视情况转向及旋转观察食道壁的形态及颜色等。若食道内黏液使镜头模糊，可使用充水功能清理镜头。若食道内存在积液，可使用抽吸功能吸出液体。根据病变情况进行细胞刷、活检钳等取样，或根据异物情况使用异物钳等将异物取出或推入胃内。图 3-3-4 至图 3-3-9 为犬、猫食道镜示例。

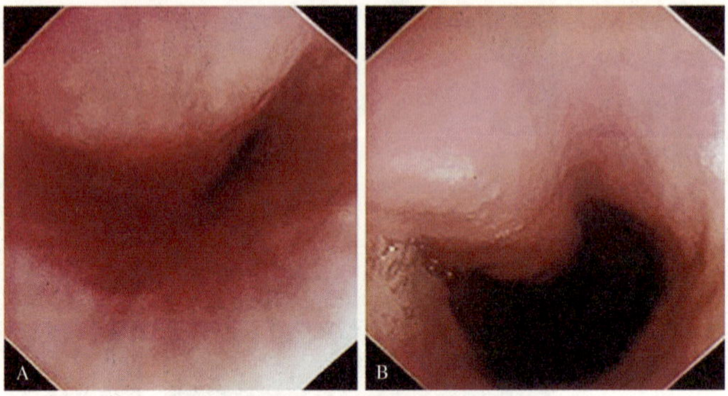

图 3-3-4　正常犬颈部食道，充气后

A. 第一次进入时管腔是部分扩张的。B. 管腔被空气完全扩张后，纵向皱襞消失，并且在松弛的食管腹侧壁上可观察到气管的轮廓(在视野中的 10～12 点位置)。

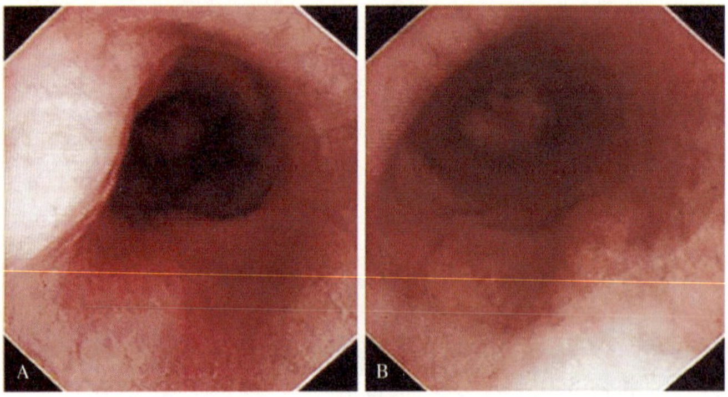

图 3-3-5　正常犬中段食道

A. 内窥镜正在接近心脏的基部(观察到主动脉搏动)。B. 内腔是空的且充满了注入的空气，闭合的胃食管括约肌开始显现。

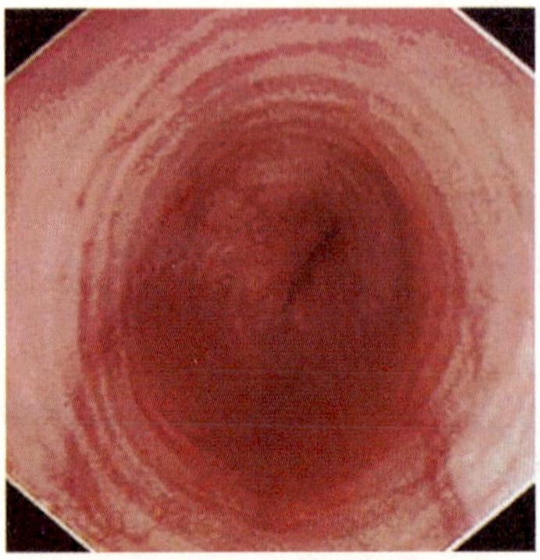

图 3-3-6　正常猫后段食道的胃食道括约肌

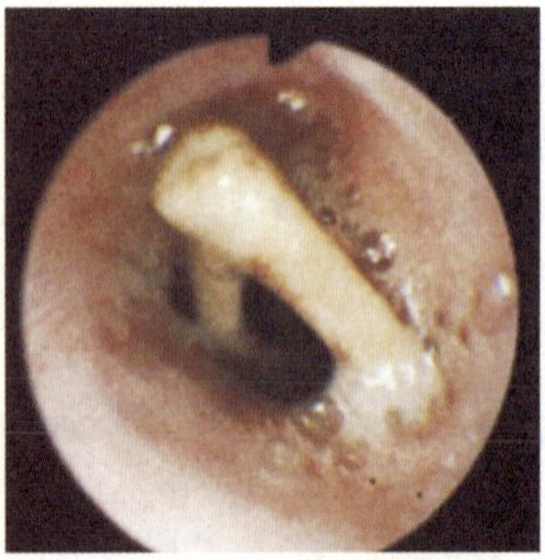

图 3-3-7　犬食道异物

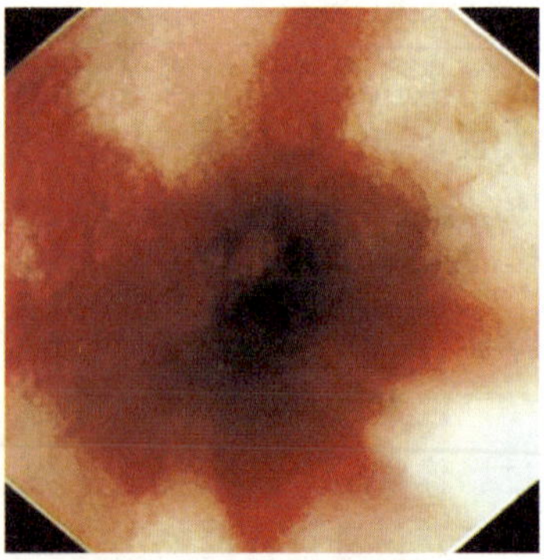

图 3-3-8　犬反流性食道炎

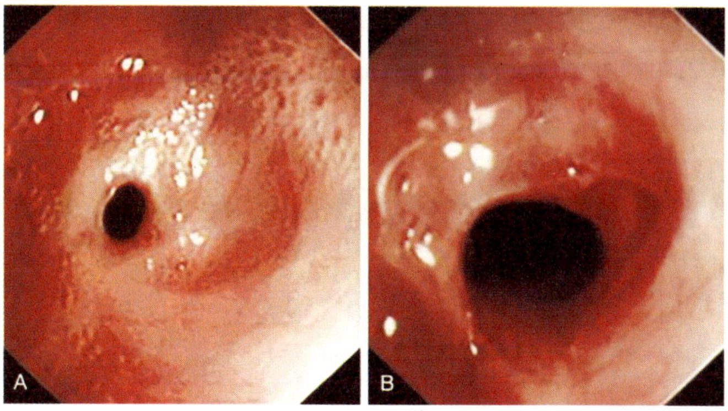

图 3-3-9　食道纤维性狭窄

A. 球囊扩张前狭窄部位只有 2 mm。B. 扩张后狭窄部位立即表现出典型的黏膜撕裂和轻度出血症状。

任务 4　胃镜检查

学习任务单

学习目标：1. 了解胃镜的基本结构。2. 了解胃镜检查的适应证及注意事项。3. 掌握胃镜检查的操作过程。

学习资源：1. 教材。2. 实验用犬、猫。3. 胃镜。4. 信息化教学资源。

学习任务：1. 熟悉胃镜的基本结构。2. 掌握胃镜检查的准备工作、操作过程。

【相关知识】

进行胃镜检查所用的内窥镜为软质内窥镜，直径以 7.5～9.8 mm、长度以 110～150 cm 为宜，可在四个方向转向，并且至少一个方向（通常为向上方向）至少 180°转向，通常配备充水、充气、抽吸功能及操作通道。应根据动物体型选择适当的内窥镜型号。

胃镜检查适应证：胃部疾病（对药物治疗反应不佳的呕吐、肿瘤等）的诊断；取胃内异物、活检取样等。

注意事项：在胃镜检查过程中，为了保持视野清晰通常需要充气。若内窥镜检查前已通过影像学检查怀疑消化道穿孔，可能无法进行内窥镜检查。若检查前 24 h 内曾进行钡餐造影，则不建议进行胃镜检查。钡餐可能影响视野并阻塞工作通道等。

准备工作：动物行全身麻醉。动物左侧卧保定，适当打开口腔。避免长时间使用大张力开口器。

操作过程：左手持胃镜的操作手柄，右手持镜头，确定最大转向方向向上。将其经食道送入胃内。进入贲门后，左手操作对胃内适当充气，同时控制方向，对胃体进行大体观察。继续向前推进，并控制镜头转向 180°观察胃底、贲门。镜头方向回正，寻找胃角，胃角将胃体与幽门窦区域分开。一边向前推进、一边转向，直至观察到幽门。稍微退回内窥镜、一边旋转镜头，至观察到胃底及贲门。若胃内黏液使镜头模糊，可使用充水功能清理镜头。若胃底存在积液，可使用抽吸功能吸出液体。根据病变情况进行细胞刷、活检钳等取样，或根据异物情况使用异物钳等将异物取出。图 3-3-10 至图 3-3-16 为胃镜示例。

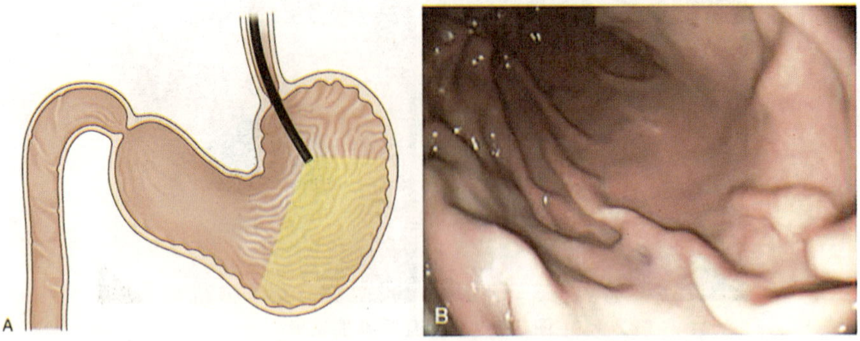

图 3-3-10　正常胃体

A. 由于标准的前视胃镜被推到胃的近端，因此胃部有些区域未出现在视野中(阴影部分)。这时需要进行回转操作才能完全看到贲门和胃底。B. 中等程度的充气所对应的胃镜图像。皱褶和胃大弯清晰可见，这种外观是正常的。

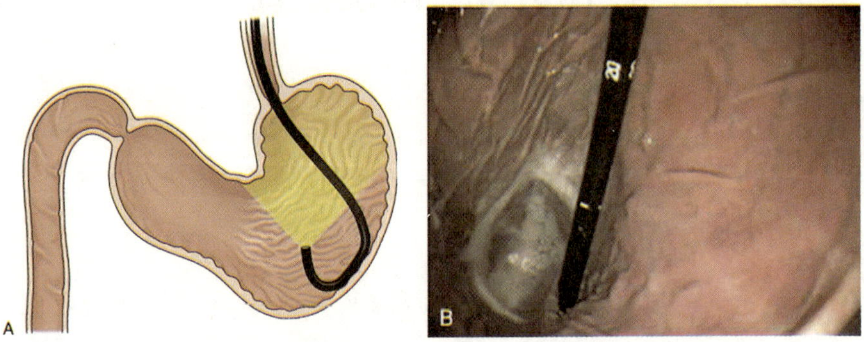

图 3-3-11　正常胃底及贲门

A. 回转操作(J 形操作)示意，胃镜末端已完全向上偏转。B. 胃镜末端回转后对应的胃镜图像。可观察到胃镜插入管上的 20 cm 标记。胃底有白色泡沫。

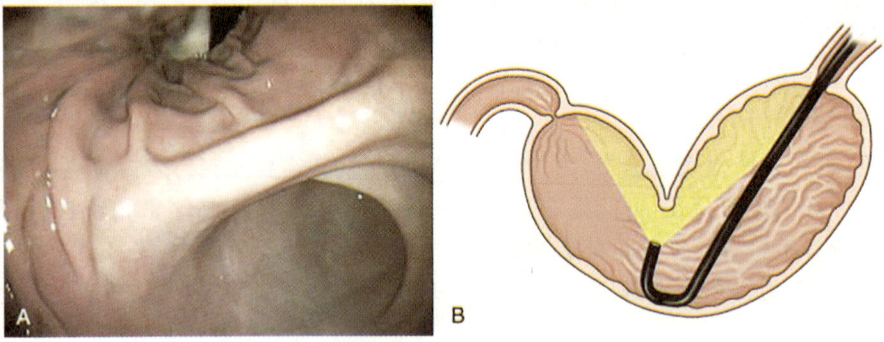

图 3-3-12　正常胃角

A. 胃角为视野中央呈锐角的皱褶。胃镜末端已回转。胃窦管位于视野的下方。胃体在视野上方。12 点位置可以看到一小部分胃镜。B. 图 A 中胃镜的位置及其视野的示意图。

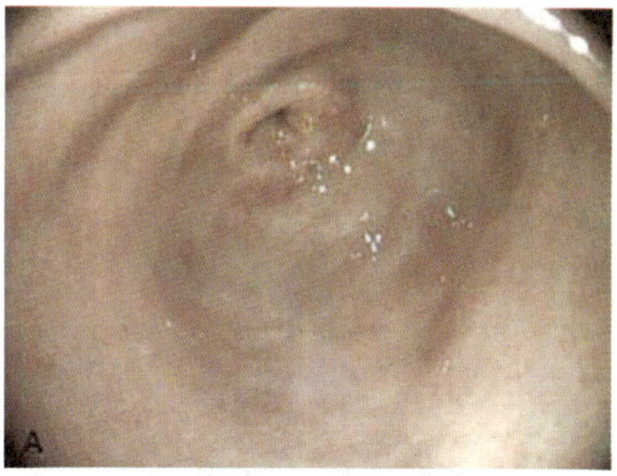

图 3-3-13 正常幽门

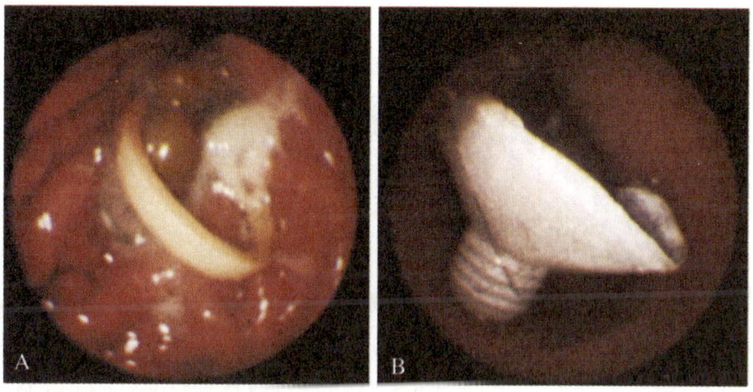

图 3-3-14 胃内异物

一只 14 岁的混血贵宾犬(8 kg),有 6 d 的间歇性呕吐史,胃中有多个异物。A. 胃体部的第一个内窥镜视野。回形针的尖端位于视野中央偏左侧(9 点位置)。橡皮筋清晰可见,其后较远处有其他无法识别的材料。回形针、橡皮筋、一堆小树枝和少量绳子都钩在一起,把它们作为一个整体取出。B. 楔入胃窦中的螺旋盖。尝试抓住带螺纹部位未成功(物体太滑而无法保持抓持力)。

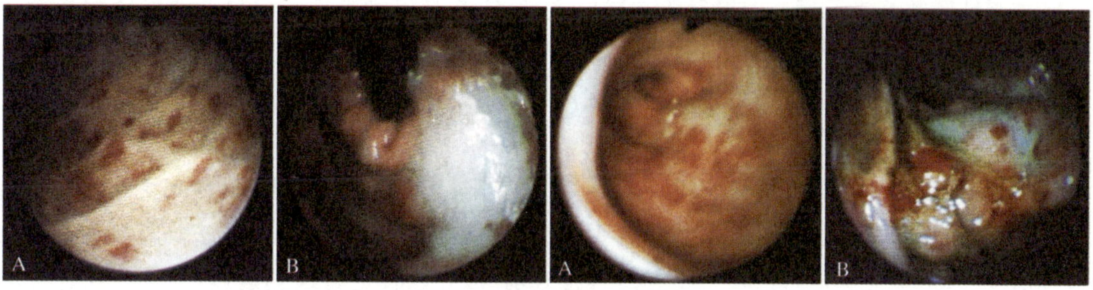

图 3-3-15 慢性胃炎

A. 胃体膨胀后发现多灶性浅表糜烂性病灶。B. 回转操作观察胃底及贲门黏膜。可见泡沫和糜烂。A. 胃窦管黏膜有红斑。幽门在左上角(11 点位置)。B. 在单次黏膜活检后,出血量比正常要多(视野前方)。这是一个回转操作时的视野,胃角在右下角(5 点位置),胃小弯在视野右侧,胃大弯皱褶在视野左侧。插入管在顶部几乎看不到,位于中线的右侧。组织学检查诊断为多灶性糜烂性胃炎伴纤维化。

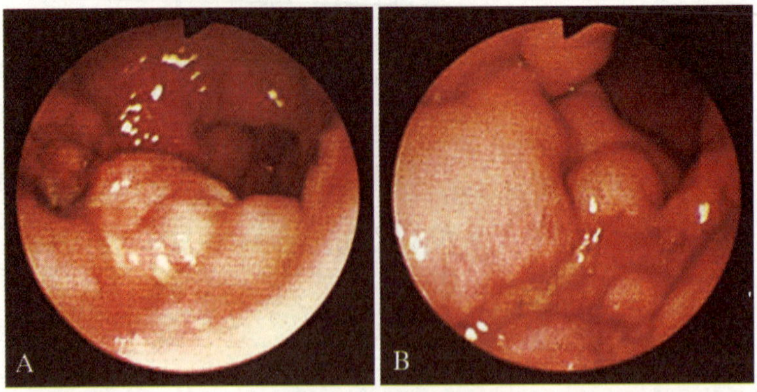

图 3-3-16 胃腺癌

A. 胃体下部明显的增生性病变，正常的皱褶结构完全丧失。B. 在视野下方可见胃体下部的浅表性溃疡区域。

任务5 结肠镜检查

学习任务单

学习目标：1. 了解结肠镜的基本结构。2. 了解结肠镜检查的适应证及注意事项。3. 掌握结肠镜检查的操作过程。

学习资源：1. 教材。2. 实验用犬、猫。3. 结肠镜。4. 信息化教学资源。

学习任务：1. 熟悉结肠镜的基本结构。2. 掌握结肠镜检查的准备工作、操作过程。

【相关知识】

进行结肠镜检查所用的内窥镜为软质内窥镜，通常与胃镜类似。应根据动物体型选择适当的内窥镜型号。

结肠镜检查适应证：结肠降段、直肠、肛门等部位的检查，诊断肉芽肿性结肠炎、异物、肿瘤、黏膜异常等后段肠管的病变。

注意事项：结肠镜检查前通常需要灌肠，因此应避免检查后立即进行开放式手术。在结肠镜检查过程中，为了保持视野清晰通常需要充气。但若内窥镜检查前已通过影像学检查怀疑消化道穿孔，可能无法进行内窥镜检查。若检查前 24 h 内曾进行钡餐造影，则不建议进行结肠镜检查。钡餐可能影响视野并阻塞工作通道等。

准备工作：用温水灌肠，排空直肠和后部结肠的粪便。动物进行全身麻醉，左侧卧保定。

操作过程：左手持结肠镜的操作手柄，右手持镜头。左手操作适当对肠道内充气，同时控制方向，保持镜头居中，视情况转向及旋转观察肠壁的形态及颜色等。若肠道内黏液使镜头变模糊，可使用充水功能清理镜头。根据病变情况进行细胞刷、活检钳等取样。

图 3-3-17 至图 3-3-19 为结肠镜示例。

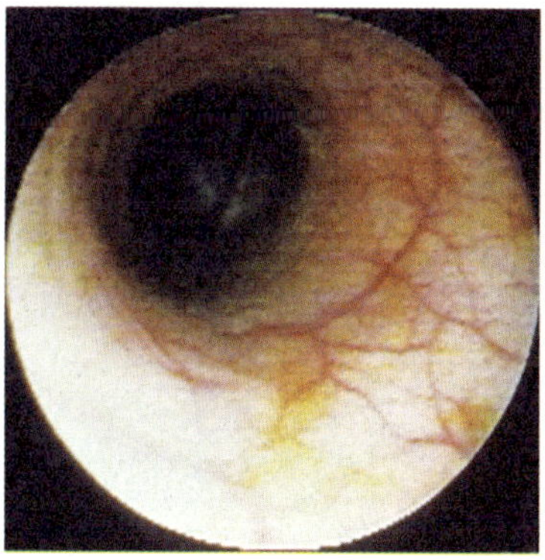

图 3-3-17　正常结肠

(图片引自:Todd R. Tams,2010,Small Animal Endoscopy)

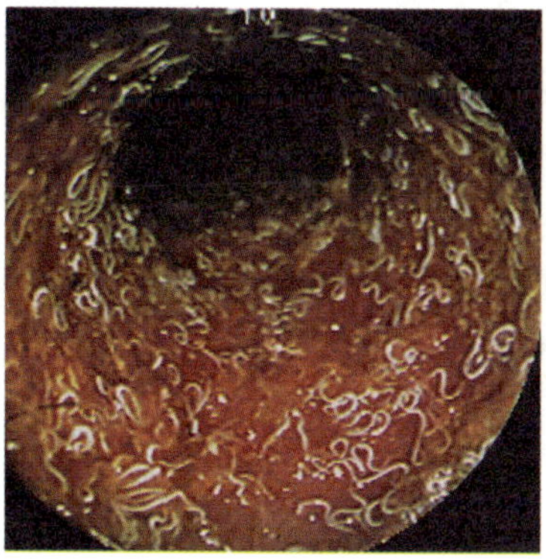

图 3-3-18　结肠鞭虫

(图片引自:Todd R. Tams,2010,Small Animal Endoscopy)

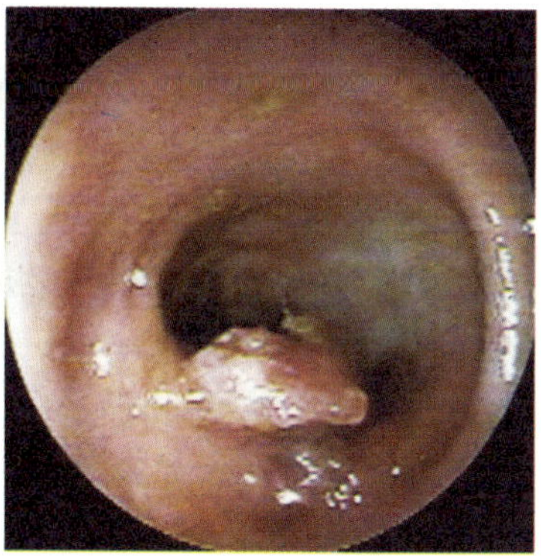

图 3-3-19　结肠腺癌

(图片引自:Todd R. Tams,2010,Small Animal Endoscopy)

思考与测试题

一、选择题

1. 如何检查犬是否食入金属异物(　　)。

A. 检查血液　　B. 检查粪便

C. 拍片子　　D. 临床检查

2. 犬 5 kg,治疗过程中突然出现呼吸急促、鼻出现浆液性分泌物、心率上升到 140 次/min,听诊胸部有湿罗音。可能的原因为(　　)。

A. 输液过多、过快　　B. 尿失禁

C. 尿闭　　D. 少尿

3. 犬颈部侧位 X 线片中,在颈椎腹侧中部有一条与颈椎并行的带状低密度阴影。该条带状阴影是(　　)。

A. 食管　　B. 气管

C. 支气管　　D. 气管插管

4. 有关滤线栅,描述错误的是(　　)。

A. 腹部厚度＞10 cm 必须使用滤线栅

B. 胸部厚度＞15 cm 必须使用滤线栅

C. 腹部厚度＜10 cm 也可以使用滤线栅

D. 为获得更好的质量,使用滤线栅要降低投照条件

5. 对 X 线片密度起主要作用的条件变量是(　　)。

A. mA　　B. mAs

C. KvP　　D. FFD

二、思考题

1. X 线机如何操作? 进行 X 线摄影检查时的注意事项有哪些?

2. X 线检查的适应证有哪些?
3. 影响 X 线片质量的因素有哪些?
4. B 型超声检查的适应证有哪些?
5. 如何操作 B 超仪?
6. B 型超声检查时的注意事项有哪些?
7. 腹腔常见疾病的超声声像图有何特点?
8. 内镜由哪些部件组成?
9. 简述内镜的操作方法。

参考答案：1. C　2. A　3. B　4. D　5. B

模块4

临床治疗技术

宠物经济蓬勃的背后，是人类的一场自我治愈。

爱抚、撒娇、拥抱，与宠物间发生的种种亲密依恋让许多人意识到了自己的“被需要”，享受着陪伴的温情。对于许多独居人士而言，有了宠物，屋子才真正变成了家。推开门，有个小家伙在等待着，生命敞开了温馨美好、缓缓流动的一面。

宠物医院每天上演着人类与动物相通的喜怒哀乐。一个独自在外打拼的女孩，将生病的猫咪送来。在猫咪住院的一星期里，她每天下班后都会来到诊所，站在猫笼前说一小时的话。她询问猫咪一天的情况，也诉说自己这一天的际遇，仿佛对着一位老朋友。

在动物医院，与生命救治相关的故事每天都在这里上演。宠物医生们在死神面前救下了很多垂危的小生命。

有了可敬、可爱的宠物医生们，通过“救治”与“治愈”的衔接，让宠物们温暖的陪伴变得更加长情。

项目1

给药技术

【知识目标】

1. 了解经口投药、直肠投药及注射法的特点、操作方法及适用范围。
2. 了解各种给药技术的注意事项。

【能力目标】

1. 熟练掌握给药时犬、猫的保定方法。
2. 掌握药物调配技术、抽吸技术、消毒技术及给药技术。
3. 能应对给药过程中宠物的突发情况并进行紧急处置。

【素质目标】

1. 培养学生严谨用药、一丝不苟的工作态度。
2. 培养学生科学合理用药的职业素养。
3. 培养学生好学敬业和吃苦耐劳的精神。

任务1　经口投药

学习任务单

学习目标：1. 了解经口投药的方法种类、各种经口投药的操作方法及注意事项。2. 了解不同经口投药的适用情况。

学习资源：1. 教材及信息化教学资源。2. 实验用犬、猫。3. 实验器材及药物：胃管（可用14号导尿管）、注射器、给药器、各种剂型药物（固体或液体）。

学习任务：1. 分别给犬、猫投药。2. 在投药过程中注意观察犬、猫的状态，保证安全。

【相关知识】

经口投药是一种常用的给药方式，我们在给药时要采用相应的操作方法，让犬、猫配合用药，便于疾病早愈。

视频 4-1-1　口服给药

一、拌食投药

此方法适用于食欲一般的犬、猫。要求所投药物用量少、无刺激性、异味小。用药时，将药物与犬、猫平时爱吃的食物搅拌均匀，让犬、猫自主服下。为了让犬、猫更好地服药，可以将药物碾成粉末或者在给药前让犬、猫饥饿一段时间。

二、灌服投药

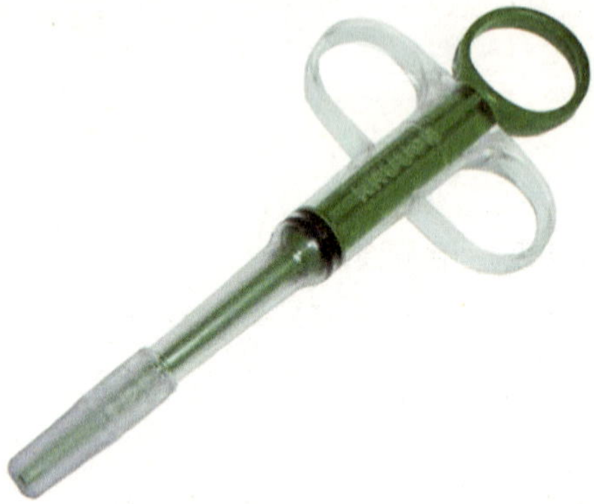

图 4-1-1　宠物喂药器

此方法适用于食欲小或者无食欲的犬、猫。操作时，在药物中加入少量的水调成糊状。将犬、猫保定好后，一人用手分开犬、猫的上下颌，另一人将药物涂抹在犬、猫的舌根部。涂抹时可借助喂药器(图 4-1-1)或光滑头钝的竹片。对于水含量稍高的药物，也可借助洗耳球、注射器等。

操作时要注意的是：

(1)本方法不适用于含水量大的药物或刺激性大的药物。

(2)一次灌服的量不能太大，每次灌入后要让犬、猫吞咽后再进行下一次的灌服，动作要轻柔缓慢，以免引起动物的不适。

(3)当动物出现剧烈挣扎时要立即停止灌服，以免将药物灌入动物气管内。一旦误入气管，可使动物头部低下，使药液咳出，安静后再灌药。

三、插胃管投药

此方法适用于用量大、水或油含量较大的流质药物，对于开口较困难的猫也可采用此法。插胃管投药安全可靠，能防止普通灌服投药中动物易呛咳的问题，而且药液不易流出，减少了药物的浪费。

犬插胃管投药时以坐姿保定，用开口器打开其口腔，选择大小适宜的胃导管(幼犬用直径 0.5～0.6 cm，大型犬用直径 1.0～1.5 cm 的胶管或塑料管)，用胃导管测量犬鼻端到第八肋骨的距离后，做好记号。用润滑剂涂布胃导管前端，插入口腔后从舌面上缓缓地向咽部推进，在犬出现吞咽动作时，顺势将胃导管推入食管直至胃导管记号处(判定插入胃内的标志是从胃管末端吸气呈负压，犬无咳嗽表现)，然后连接装有药液的注射器，将药液注入。

猫插胃管投药时可采用 14 号导尿管(图 4-1-2)作为胃管，配以开口器(图 4-1-3)，灌胃时把猫保定好，把开口器放入上下腭之间，猫自然咬住开口器后，以左手抓住猫嘴固定开口器，右手取胃管从开口器中央插入，导管经口沿颌后壁慢慢送入食管内，在导管口连接装有药液的注射器，将药液缓慢推注入胃内，若猫剧烈挣扎有呛咳，应拔出胃管重新插入。

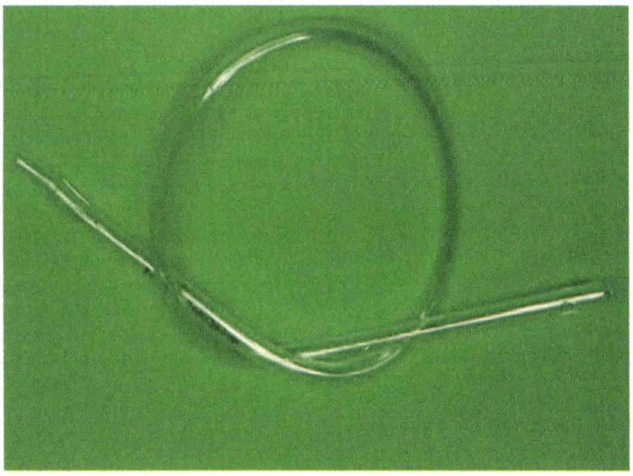

图 4-1-2　14 号导尿管(可做胃管)

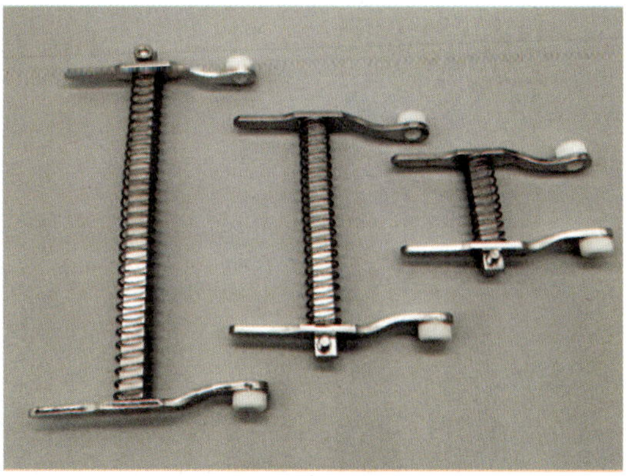

图 4-1-3　猫用开口器

任务 2　直肠投药

学习任务单

学习目标:1. 了解直肠投药的操作方法及注意事项。2. 了解直肠投药的适用情况。

学习资源:1. 教材及信息化教学资源。2. 实验用犬、猫。3. 实验器材及药物:手套、凡士林或液体石蜡、肛门管(12～18 号导尿管)、注射器、各种剂型药物(栓剂和液体制剂)。

学习任务:1. 分别对犬、猫进行栓剂直肠投药和液体制剂直肠投药。2. 在投药过程中注意观察犬、猫的状态,保证犬、猫的安全,并观察药物正确有效投入不被排出。

【相关知识】

直扬投药是指从犬、猫的肛门向肠管内投灌药物。直肠投药比较适用于严重呕吐或者其他不宜经口投药的情况。犬、猫患病时,往往发生呕吐、食欲不振甚至绝食,给其投服药物十分困难。实践证明,直肠投药方法简单、安全可靠,尤其对于治疗犬、猫的呕吐、腹泻、腹水、中毒或误食异物等情况疗效较好。

一、栓剂直肠投药

此方法适用于向犬、猫肛门内插入药物栓剂(图 4-1-4)。

操作时用戴有手套的左手执拿犬、猫尾根部向上抬举,使肛门显露,用右手的拇指、食指及中指夹持药栓(在食指手套外涂液体石蜡或凡士林软膏),按入肛门并用食指向直肠深部推入。暂停片刻,待犬、猫不再用力时,轻轻滑出食指。注意不要再刺激肛门以免药物栓剂被努责排出。

图 4-1-4　栓剂

视频 4-1-2　液体制剂直肠投药

二、液体制剂直肠投药

取肛门管(也可用 12～18 号导尿管),将尖端涂上凡士林或液体石蜡,插入直肠内 5～10 cm,并用左手将导管与肛门固定在一起,以防药液从肛门溢出。

操作时要注意的是:

(1)药液温度应与体温一致,可事先加温至 38～39 ℃,且无刺激性。如果药液量大,应再向深部插入导管。

(2)灌注时,可先灌注少量药液,软化直肠内积粪,待排净积粪后,再大量灌注药液。

(3)拔除导管时不要松开闭塞肛门的手,暂停一会儿待动物肛门不再用力时再缓慢松手。

任务 3　注射法

学习任务单

学习目标:1. 了解各类注射法的特点、操作方法及注意事项。2. 了解各类注射法的适用情况。

学习资源:1. 教材及信息化教学资源。2. 实验用犬、猫。3. 实验器材及药物:注射器、消毒酒精、干棉球、注射药物(可用生理盐水)。

学习任务:1. 分别采用皮下注射、肌内注射、静脉注射、腹腔注射、胸膜腔内注射、气管内注射对犬、猫实施注射给药。2. 在注射过程中相互配合,对出现的各类紧急状况能处理并进行分析和总结。

【相关知识】

注射法是借助注射器将药液直接注入动物体内(组织、组织腔或血管内等),是临床治疗中最常用的给药方法。注射法具有用药量小、起效快、疗效确实和避免经口给药的麻烦等优点。常用的注射方法有皮下注射、肌内注射、静脉注射、腹腔注射、胸膜腔内注射、气管内注射等。

一、皮下注射

皮下注射是将药物注射于皮下结缔组织内,药物经毛细血管、淋巴管吸收,进入血液循环。因皮下有脂肪层,吸收速度较慢,因此一般在注射后 5～10 min 才呈现效果。皮下注射适用于易溶解、无刺激性的等渗药品以及疫苗等。注射时选择犬、猫皮下组织疏松部位(如颈部或者颈部稍往下的部位),将毛拨开,用酒精棉消毒注射部位,左手将皮肤微微拉高后在中间形成陷窝,右手持针倾斜 45°角刺入皮肤内,有明显落空感,回抽针筒,确认针筒负压状态下将药物注入皮下,拔针后用消毒棉球轻按注射部位。

视频 4-1-3　犬皮下注射

二、肌内注射

视频 4-1-4　犬后肢肌内注射

肌内注射是将药物注入肌肉内的注射方法，是兽医临床上较常用的给药方法。肌肉内血管丰富，药液注入肌肉内吸收较快。肌肉内的感觉神经较少，疼痛轻微，因此，刺激性较强和较难吸收的药液，一般进行血管内注射；而有副作用的药液，油剂、乳剂等不能进行皮下或血管内注射的药液，需要延缓吸收、持续发挥作用的药液等，均可采用肌内注射。注射时选择犬、猫肌肉比较丰满的部位（如股直肌或背最长肌），避开大血管及神经。左手的拇指与食指轻压注射局部，右手持注射器，迅速刺入肌肉内，一般刺入 1～2 cm，而后用左手拇指与食指握住露出皮外的针头结合部分，以食指指节顶在皮上，再用右手抽动针管活塞，观察无回血后，即可缓慢注入药液。如有回血，可将针头拔出少许再行试抽，见无回血后方可注入药液。注射完毕，用左手持酒精棉球压迫针孔部，迅速拔出针头。

肌内注射时要注意：

(1)刺入深度为针体 2/3 为宜，不宜全部刺入以免针体折断。若针体不慎折断，立即拔出，不能拔出应立即对犬、猫实施保定，实施局部麻醉后用镊子拔出针体。

(2)若注射时接触到犬、猫的神经造成犬、猫躁动不安时，可拔出针头改变角度后重新注射。

三、静脉注射

静脉注射可以使药物直接进入血液循环，血药浓度迅速达到峰值，是治疗危重疾病的重要给药方法。常用的可供选择的体表静脉有前肢的前臂头静脉、后肢的隐小静脉和股静脉以及颈静脉。

1. 前臂头静脉

前臂头静脉位于前肢小臂部的背面或背内侧面，是最常选用的静脉。注射时可令犬侧卧、腹卧或站立位。注射前应对注射局部进行剪毛、消毒。给大型犬进行注射时，助手位于患犬的左侧，用左手从腹侧环抱患犬的颈以固定头部，右手跨过背部，于右侧肘关节的上部握紧注射肢，静脉怒张后便可进行注射。对于小型犬和猫，则应使用止血带于肘上部扎紧使血管怒张，以便于注射。注射者用左手握持注射器，拇指平行静脉走行并将静脉固定，右手拇指、食指夹持输液针柄，针头与静脉呈 45°角刺入静脉，见回血后沿血管方向顺针，助手松开手或解除止血带，药液进入无误后用胶布固定注射针，进行点滴或注射。

当犬、猫脱水严重或贫血、血液过于黏稠，实施注射操作见不到回血时，可以通过折捏输液管后松开，观察是否回血；也可以稍横向移动针头，观察血管是否跟随滚动；还可以试滴，观察针头部是否持续膨胀来确定穿刺位置是否无误。

2. 股静脉

视频 4-1-5　犬静脉输液

股静脉注射对于昏迷、休克状态下宠物最适宜，在小型犬和猫比较常用。股静脉位于后肢股内侧面，用手指压迫近心端可以使静脉怒张。但要注意的是，该部位用止血带阻血及固定针头比较困难。

3. 隐小静脉

隐小静脉位于后肢的膝炎节与跗关节间，靠近跗关节，由后上斜向前下，位于后肢的外侧面。注射时可令犬腹卧，助手用右大臂压抵宠物头颈部，用双手手指合力压迫膝关节部，使静脉怒张，剪毛消毒后便可以进行注射。也可以令犬横卧，助手用左手下压颈部(注意不要影响宠物呼吸)，右手置于膝关节下并压迫，这时静脉怒张便可以注射。

4. 颈静脉

颈静脉注射用于休克的抢救、中毒与昏迷时的快速补液及作为供血动物进行血液采集时选用。主要用于仔犬及猫。助手用左手托住宠物的后肢及臀部，右手把持颈部，并用中指和无名指于颈基部固定颈静脉，助手用左手拇指压迫颈静脉使之怒张，剪毛、消毒后，注射者用右手拇指、食指持针头与颈静脉呈 30°角向头部方向刺入，见回血后进行注射。

静脉注射时要注意：

(1)静脉注射多不必进行特殊的保定，只要投给的药物对机体无碍，均能在主人的陪伴下安静而顺利地进行。

(2)对于不安的动物，要注意观察，如果出现不安、气喘、肌肉震颤、心搏异常(过快、过慢、节律不齐)、呕吐、眼睑或唇的肿胀与瘙痒等现象时，应及时调节滴速或立即停止滴注。

(3)静脉注射时出现不滴液的原因主要有针头不在血管内、针头斜面角度不当、针头阻塞、输液瓶位置过低造成压力小或动物出现静脉痉挛，可以改变针头位置、更换针头、抬高输液瓶或热敷注射部位附近来改善。

四、腹腔注射

腹腔注射是指将药液直接注入腹腔的方法。此方法适用于静脉注射困难而又需要注入大量药液的情况。注射时可由助手抓住犬、猫，上提两后肢，使其腹部向上，在腹部下约 1/3 处略靠外侧将注射器针头垂直刺入腹腔，回抽观察是否插入脏器或血管，确认刺入腹腔后固定针头进行注射。

腹腔注射时要注意：

(1)针头刺入不宜太靠近上腹部或下腹部，避免进入胃或膀胱。

(2)针头与腹腔的角度不宜太小而刺入皮下。

五、胸膜腔注射

胸膜腔注射也称胸腔内注射，是将药物或气体注入胸膜腔内的方法。适用于治疗胸膜的炎症或压缩肺脏，即用于排除胸膜内的渗出液、漏出液；并注入消毒药或洗涤药液(如生理盐水、吖啶黄、黄色素液等)，治疗胸膜炎可注射抗生素及磺胺类药物；气胸疗法是向胸腔注入空气以压缩肺脏。注射部位大致为右侧第 6 肋间，左侧第 7 肋间，以犬、猫坐立姿势为宜，在胸外静脉直上并沿肋骨前缘刺入。

胸膜腔注射时要注意：

(1)刺入注射针头时一定注意不要损伤胸腔内脏器官。

(2)注入药液温度应与体温相同。

(3)在排出胸腔积液后注入药液或气体时，必须缓慢进行，并密切注意动物反应。

六、气管内注射

气管内注射是将药液注入气管内，使之直接作用于气管黏膜的方法。临床上常将抗生素注入气管内，来治疗支气管炎和肺炎；注入驱虫剂以驱除肺丝虫；注入麻醉剂以治疗剧烈咳嗽等。

注射部位一般选择在颈部气管上 1/3 处或颈部中央处，于腹侧气管软骨环间进行注射。注射时，对注射部位进行常规剪毛消毒后，注射者一手持注射器，另一手握住气管、垂直刺入气管内，左右缓慢摆动针头，感觉针尖周围无物时即可注射，完毕后常规消毒注射部位。

项目 2

补液疗法

【知识目标】

1. 了解脱水、电解质和酸碱平衡紊乱的诊疗方法、治疗机理。
2. 掌握补液的途径、适应证、操作方法及注意事项。

【能力目标】

1. 熟练掌握输液疗法的操作。
2. 掌握输液泵的适用方法。

【素质目标】

1. 培养学生科学合理用药、一丝不苟的精神。
2. 培养学生爱岗敬业、团结协作的精神。

任务 1　脱水评估

学习任务单

学习目标：1. 了解体液电解质紊乱的类型及常见原因。2. 掌握脱水的评估方法。

学习资源：1. 教材及信息化教学资源。2. 实验用犬、猫(有临床脱水表现为宜)。3. 实验器材及药物：输液器、补液药物。

学习任务：1. 使用多种方式评估犬、猫脱水，包括病史询问、临床检查和实验室检查。2. 根据动物的临床表现、PCV 的变化、体重变化等计算动物的脱水量、补液量。

【相关知识】

水和电解质的关系极为密切，在体液中总是以比较恒定的比例存在。水和电解质摄入过多或过少，或排泄过多或过少，均对机体的正常机能产生影响，使机体出现脱水或水肿，发生体液平衡紊乱。

动物发生体液平衡紊乱时，由静脉输入不同成分和一定数量的溶液进行纠正，这种治疗方法称为输液疗法。输液疗法具有调节体内水和电解质平衡、补充循环血量、维持血压、中和毒素、补充营养物质等作用，对机体疾病的恢复起重要作用。

一、脱水的类型

当动物机体丢失过多的液体时，动物会发生脱水。体液丢失或缺乏有3种类型：单纯性脱水、水和电解质同时丢失以及失血。需要根据动物丢失的类型来选择补充合适的液体。

(一)单纯性脱水

单纯性脱水仅丢失水分，电解质丢失较少或不丢失。这时只需要补水，常见的病因包括颌骨骨折、气喘和动物意识丧失。

(二)水和电解质丢失

电解质是机体内的化学物质，如钠、钾、镁等。它们对维持组织和器官的正常功能有重要作用。这种类型的体液丢失是最常发生的，通常可见于引起呕吐、腹泻等临床症状的疾病。

此种脱水又可分为等渗性脱水、低渗性脱水和高渗性脱水。

1. 等渗性脱水

特点是丢失的水和电解质相平衡，因而细胞外液渗透压保持正常。等渗性脱水的临床诊断要点：病畜尿少、乏力、眼球下陷和皮肤干燥，但不口渴。治疗方法是在祛除病因的同时，迅速根据红细胞压积的测定值给予平衡盐溶液或等渗盐水。

平衡盐溶液需要量(L)＝(红细胞压积测得值/红细胞压积正常值)×体重(kg)×0.25

输液时要注意：

(1)用平衡盐溶液比用等渗盐水效果好，可避免补液后血氯增高。

(2)上述平衡盐溶液需要量算出后，当天一般只补其1/2～2/3，但病畜每日水需要量仍应给予。

(3)补液后缺水改善，尿量增加后钾排出增多，因此要适时给予补充，一般当患病动物尿量达10～30 mL/h及以上时，即应在补液中加入氯化钾以缓慢补钾。

(4)病畜有酸中毒的应同时予以纠正。

2. 低渗性脱水

特点是丢失电解质大于丢失水分。低渗性脱水按缺钠程度可分为：

(1)轻度缺钠　其临床症状表现为精神沉郁，食欲减少，四肢无力，病畜每千克体重缺钠量为0.25～0.50 g。

(2)中度缺钠　表现为血压下降，全身症状明显，症状除上述者外尚有恶心、呕吐、脉搏细速、尿少，病畜每千克体重缺钠量为0.6～0.75 g。

(3)重度缺钠　病畜常有昏睡或处于昏迷状态，并可有休克，病畜每千克体重缺钠量为0.75～1.25 g。

根据病史，结合临床症状和实验室检查可以诊断，初期测定血清钠接近正常，后期测定血清钠可见下降。治疗方法，在积极解除病因的同时给予含盐溶液或高渗盐水，以纠正低渗状态并补充血容量。具体方法可参考下列公式补钠：

需补充的钠盐量(mmol)=(血钠正常值－血钠测得值)(mmol/L)×体重(kg)×0.6

补钠输液时要注意：

(1)液体用5%葡萄糖氯化钠溶液或0.9%氯化钠溶液。缺钠严重的，补钠量中的2/3用5%葡萄糖氯化钠溶液，其余1/3用0.9%氯化钠溶液；当天只补缺钠量的1/2。

(2)重度缺钠患病动物出现休克症状的，则应在补氯化钠溶液的同时给予血浆、全血等胶体溶液，以较快地纠正血容量缺失。

(3)纠正可能同时发生的酸中毒。如尿量增加，应补钾。

3. 高渗性脱水

特点是丢失水分大于丢失电解质。高渗性脱水的临床诊断要点：

(1)轻度脱水　缺水量为体重的2%～4%，其主要症状为口渴、精神沉郁、尿量减少、血色稍暗。

(2)中度脱水　缺水量为体重的4%～6%，其主要症状除口渴、舌干、乏力外，尿量减少极为明显，血液黏稠、色暗、脉搏增数。

(3)重度脱水　缺水量大于体重的6%，患病动物除有上述症状外，大多有血压下降和神志障碍等症状，可见黏膜发绀，高度口渴，眼球凹陷，耳鼻端发凉，心音及脉搏均减弱，脉搏不感于手，有时出现神经症状。

高渗性脱水的治疗，其原则首先是解除病因，然后对轻度脱水的病畜给予水或低渗盐溶液口服，但中、重度脱水或不能口服的患病动物，则应静脉输入低渗盐溶液(0.45%氯化钠溶液或5%葡萄糖溶液)。整个治疗过程中，还应顾及患病动物的血钾含量和酸中毒情况并给予适当纠正。

补液量的计算可按临床表现估计：补液量=估计脱水相当于体重的%×现有体重(kg)

补液量也可按血清钠的测得值计算：补液量=(血钠测得值－血钠正常值)(mmol/L)×体重(kg)×4

二、脱水的评估

评估动物脱水的方法有通过病史询问、临床检查、实验室检查及临床监测等方法。但这几种方法都属于粗略评估，没有任何一种方法是完全准确的。

1. 病史询问

通过观察动物的体液丢失情况(根据病史)来估算液体需要量，这种方法是可行的。可通过呕吐和腹泻的常用丢失量计算补液量，即动物发生一次呕吐或腹泻时，通常认为其液体丢失量为4 mL/kg。

2. 临床检查

视频4-2-1　脱水评估

临床检查可用于粗略判断动物的脱水程度，一般根据皮肤弹性情况来判断。颈背部或眼睑部皮肤在提起后松开，健康动物的皮肤会在2～3 s回到原位。其他用于评估脱水状况的临床检查包括：毛细血管再充盈时间(CRT)、黏膜的干燥程度、眼窝的凹陷程度、是否出现精神沉郁、虚弱及休克症状。表4-2-1列出了不同脱水程度的临床表现。

表 4-2-1　不同脱水程度的临床表现

脱水程度/%	临床表现
<5	不可察觉
5～6	皮肤弹性轻度降低
6～8	皮肤弹性显著降低;CRT 轻度延长;眼窝轻度凹陷;黏膜干燥
10～12	提起皮肤后,皮肤不能复原;CRT>2 s;眼窝凹陷;黏膜干燥
12～15	除以上症状外,动物出现休克、虚脱,即将死亡

3. 实验室检查

可通过红细胞压积(PCV)、血红蛋白、血浆总蛋白、尿素、肌酐、血浆蛋白质或酸碱度评估来估算体液的丢失量及类型。

将毛细血管内的血液样本离心,其中红细胞所占的比例为红细胞压积(PCV)。脱水动物血浆中水分丢失,因而 PCV 增加。PCV 每增加 1%,体液丢失约为 10 mL/kg。通常把犬的正常 PCV 定为 45%,猫为 35%。

由于血浆中水分的丢失,脱水动物的血红蛋白和血浆总蛋白浓度都会增加。由于肾脏灌注降低,尿素和肌酐排出减少,也会导致这两者水平的升高。

若设备条件允许,还可监测血浆电解质,因为出现体液不平衡的动物一般同时伴有电解质失衡。可在补液前采集血液和尿液样本,将检测结果作为基础值,以便监测动物对治疗的反应。

4. 临床监测

(1)体重　测定动物的体重变化可用于评估脱水动物的体液丢失量,但由于无法精确确定动物脱水前的重量,因此,此方法并不常用。

(2)排尿量　可利用排尿量的变化来评估水合状态。动物脱水时会出现少尿。若排尿量恢复正常,则说明输液治疗正在起效。可采用观察或留置导尿管获得排尿量数据。一般来说,动物正常排尿量为 1～2 mL/(kg·h)。

(3)中心静脉压　中心静脉压(CVP)是右心房处的血压。一般不常进行此项检查,因为该过程需要埋置颈静脉导管,还有出血和严重感染的风险。CVP 的正常范围是 3～7 cm H_2O。重复测量可以更准确地反映动物水合状态的变化,CVP 升高提示补液量过量,颈静脉导管阻塞或右侧室性心力衰竭。CVP 降低提示血容量较少。CVP 的改变可以指示动物的水合状态以及对治疗的反应。

任务 2　补液途径的选择

学习任务单

学习目标:1. 掌握常用的补液疗法的适应症。2. 掌握宠物常用的补液方法及注意事项。

学习资源:1. 教材及信息化教学资源。2. 实验动物用犬、猫(有临床脱水表现为宜)。3. 实验器材及药物:输液器、补液药物。

学习任务:1. 能够采用静脉注射给犬、猫进行补液。2. 能够采用腹腔注射、口服、直肠给药给犬、猫进行补液。

【相关知识】

补液的方法取决于疾病的种类和病情严重程度、脱水程度、电解质紊乱的类型、患病动物的器官机能和可供使用的设备等。常用的补液方法有口服补液、静脉注射补液及其他补液方法，各种补液方法的缩写见表4-2-2。

表 4-2-2　补液途径的缩写

补液途径	常用缩写
口服	p. o.
静脉注射	i. v. ;i/v;I/V
腹腔内注射	i. p. ;i/p;I/P
皮下注射	s. c. ;s/c;S/C;S/Q

一、静脉注射补液

动物发生体液平衡紊乱时，由静脉输入不同成分和一定数量的溶液进行纠正，这种治疗方法称为输液疗法。输液疗法具有调节体内水和电解质平衡、补充循环血量、维持血压、中和毒素、补充营养物质等作用，对机体疾病的恢复起重要作用。输液疗法是最常见也是最有效的补液途径。此方法必须定期监测以防补液过量。

水、电解质和酸、碱平衡之间是密切相关的。在临床上酸、碱常常是并存和相互影响的，只不过由于原发病的不同，在程度上有主、次差别而已。临床上应根据患病动物的病史、体征和实验室检查等进行正确诊断，采取综合治疗措施。在采用输液疗法时，要注意以下几点：

(1)输液时，速度宜先慢后快。先输等渗溶液，后输高渗溶液。

(2)静脉注射技术要熟练。注射过程中，防止由于病畜骚动，使针头脱至血管外，药液漏入皮下。

(3)药液温度不能太高，以免造成心内膜炎。

(4)如遇输液反应，应立即停止输液。并注射肾上腺素、苯海拉明、盐酸异丙嗪(非那根)或氢化可的松等进行解救。

(5)输液时首先要设法补足有效循环血量，因为血容量不足，不但组织缺氧无法纠正，且肾脏也会因缺血而不能恢复正常功能，代谢产物也无法排出，酸中毒无法纠正，电解质平衡无法调节。

(6)补充血容量一般可用生理盐水、5%葡萄糖溶液等。

(7)患有心脏病或肾脏疾病的动物在输液过程中出现机体组织水肿、颈静脉怒张等说明补液过量，立即停止补液，必要时进行导尿。

二、口服补液

简便易行，不良反应少，可避免补液过量，动物无须住院。危险性最小，可不必严格注意其等渗性、容积大小和溶液的无菌性。但存在耗时问题，且并非所有液体均可口服，无法进行大量补液。

三、腹腔内注射

静脉注射有困难时，可进行腹腔注射输液和治疗。一般无刺激性的等渗溶液，可进行腹腔注射。此方法可迅速给予大量液体而不良反应较少，可用于休克早期。

四、皮下注射

皮下注射尤其适用于年幼动物。皮下注射要求药物是等渗和无刺激性的，且每一点注射的药物不宜过多，注射量较大时则宜分点注射。为了加快药物的吸收，可对局部进行轻度按摩或热敷。

五、直肠给药

直肠给药补液不常用，可使用大量非灭菌液体，但不可用于消化道吸收障碍的患病动物，有些动物对此种给药可能耐受不良。

给动物补液时，还需要确定动物是否出现钾缺乏或蓄积，长期食欲不振、呕吐、长期进行利尿治疗或长期腹泻会出现钾缺乏；动物尿道阻塞、膀胱破裂或出现急性肾功能衰竭会引起钾蓄积。若机体丢失了大量的钾，需要静脉输入；若出现钾的蓄积，则应确保输液治疗时不再输入钾。有些输液治疗所使用的液体含有钾离子，故选择合适的液体至关重要。

低血钾是指血钾浓度低于3.5 mmol/L。若要补钾，要注意以下几点：

(1)补钾必须等血容量恢复和尿量增加后方可开始。

(2)补氯化钾时，如病畜能口服则不应静脉输液。需静脉输液的，应以10%氯化钾溶液稀释后经静脉缓慢滴入，其浓度不应大于0.3 g/100 mL，滴速应低于20～40滴/min，绝对禁止静脉内直接推注氯化钾，以免血钾突然增高导致严重心律不齐和停搏。

(3)补钾时必须注意尿量的变化，尿少时补钾将使钾积滞体内，引起高钾血症。

(4)如果将钾加入输液袋中，要反复摇匀几次，并在输液袋上标注已经添加钾。

任务3　体液酸碱平衡紊乱的评估与治疗

学习任务单

学习目标：1. 了解体液酸碱平衡紊乱的类型及常见原因。2. 掌握体液酸碱平衡的评估方法及输液治疗方法。

学习资源：1. 教材及信息化教学资源。2. 实验用犬、猫。3. 实验器材：血气分析仪。

学习任务：1. 会使用血气分析仪对犬、猫的血液酸碱状态进行分析。2. 针对犬、猫的酸碱中毒会设计合理的治疗方案。

【相关知识】

为使体内反应正常进行，体液pH必须维持在一定范围内。pH是反映氢离子浓度的指标，血液正常pH是7.35～7.45，血液pH低于7.35时，机体处于酸中毒状态；体液pH高于7.45时，机体处于碱中毒状态。机体pH超出正常范围会引起机体出现严重问题甚至导致死亡。

一、酸碱平衡紊乱的类型

机体有内在的调节机制，可以应对酸碱平衡的轻微改变，然而有些病理状态下，调节机制无法应对酸碱平衡的改变，从而出现酸或碱中毒。常见的类型有：

1. 代谢性酸中毒

如果酸性代谢产物滞留在体内，造成氢离子蓄积，会出现代谢性酸中毒。患病或休克动物经常会出现代谢性酸中毒，这些动物组织灌注不良导致细胞代谢产生乳酸，从而引起氢离子蓄积。引起代谢性酸中毒的常见病因有：肾衰、膀胱破裂、尿道阻塞、下泌尿道疾病以及休克等。

2. 代谢性碱中毒

体内氢离子的异常丢失会引起代谢性碱中毒。例如剧烈呕吐或者输液治疗期间过量补充碳酸氢盐会引发代谢性碱中毒。

3. 呼吸性酸中毒

呼吸性酸中毒发病较急，可由二氧化碳在体内蓄积引发。动物发生急性呼吸道阻塞或者呼吸衰竭、严重的肺脏疾病、各种原因引起的呼吸抑制、麻醉设备故障后导致动物吸入过多的二氧化碳，这些都可能导致动物呼吸性酸中毒。

4. 呼吸性碱中毒

过量的二氧化碳从体内丢失会引起呼吸性碱中毒。过度换气如恐惧、疼痛等引起呼吸性碱中毒。相较于呼吸性酸中毒，呼吸过快引起二氧化碳大量丢失的情况并不多见。

二、酸碱平衡紊乱的评估

通常使用血气分析仪来评估酸碱中毒是比较准确的。

1. 标本来源

血气分析的最佳标本是动脉血，能真实地反映体内的氧化代谢和酸碱平衡状态，常用采血部位是犬、猫的股动脉。静脉血也可用作血气测定的标本，但其分析结果与动脉血存在一定的差异。犬、猫静脉采血部位常用头静脉、颈静脉、外侧隐静脉或跗返静脉等。

血液气体分析指标主要包括反映气体交换的氧分压、二氧化碳分压和反映酸碱平衡的酸碱度、碳酸氢根等。犬、猫正常血气参考值见表 4-2-3。临床上可能由于动物血气分析仪的生产厂商不同，其参考值略有不同，应以所购仪器所附参考值为准。

表 4-2-3 常用血气分析项目的参考数值

	pH	HCO_3^-/(mmol/L)	PaO_2/mmHg	$PaCO_2$/mmHg
犬动脉血	7.36～7.44	18～26	80～110	36～44
犬静脉血	7.32～7.40	18～26	35～45	33～50
猫动脉血	7.36～7.44	17～22	100	28～32
猫静脉血	7.28～7.41	18～23	35～45	33～45

2.血气分析项目指标及意义

(1)pH　动脉血 pH 代表血中氢离子浓度,反映血液的酸碱度,是临床上观察代偿或失代偿酸碱中毒的重要指标。血中碳酸氢盐缓冲对($BHCO_3/H_2CO_3$)对于维持正常的血液酸碱度具有重要作用。缓冲对中的碳酸氢盐由肾脏调节,碳酸由肺脏调节,当二者的比值保持在 20∶1 时,血液 pH 为 7.40。动脉血 pH 正常值为 7.36～7.44,低于 7.36 提示酸中毒,高于 7.44 为碱中毒。但临床上 pH 正常也可能为代偿性酸、碱中毒,因此要结合其他有关指标才能判断酸碱中毒的类型。

(2)血二氧化碳分压($PaCO_2$)　$PaCO_2$指血液中物理溶解的二氧化碳分子所产生的压力,是反映肺通气的指标。正常范围是 36～44 mmHg,$PaCO_2$增高表示肺通气不足,为呼吸性酸中毒或代谢性碱中毒;降低为换气过度,为呼吸性碱中毒,或代谢性酸中毒。

(3)二氧化碳总量(T_{CO_2})　二氧化碳总量指血、血浆或血清的全部 CO_2浓度,其中 95%为 HCO_3^- 结合形式,少量为物理溶解的 CO_2。正常值为 17～23 mmol/L。当 CO_2潴留或 HCO_3^- 增加时数值增大,反之降低。

(4)二氧化碳结合力(CO_2-Cp)　二氧化碳结合力是指血浆中结合状态的 CO_2,反映体内的碱储备量,在代谢性酸碱平衡失调时,它能较及时地反映体内碱储备量的增减变化。二氧化碳结合力是静脉血标本分离血浆后,与正常动物肺泡气压(PCO_2 40 mmHg)平衡后测得血浆中 HCO_3^- 所含 CO_2量,其临床意义与 HCO_3^- 的变化基本一致。

(5)血氧分压(PaO_2)　血氧分压指血液中物理溶解的氧分子所产生的压力。正常范围为 80～110 mmHg。作为缺氧指标较血氧饱和度更为敏感,临床上主要以此来判断机体是否缺氧及其程度。当 PaO_2低于 60 mmHg,动物机体处于中度缺氧状态;PaO_2小于40 mmHg 时判为重度缺氧;PaO_2在 20 mmHg 以下,脑细胞不能再从血液中摄氧,有氧代谢不能正常进行,生命难以维持。

(6)动脉血氧饱和度(SaO_2)　动脉血氧饱和度指动脉血氧含量与氧容量之比值,以百分率表示。受 PaO_2和 pH 的影响,正常范围为 95%～98%。临床上当氧供应不足或肺部通气、换气障碍导致组织缺氧,或心力衰竭、休克等原因,血循环淤滞使流经组织的血液量不足导致组织缺氧,以及严重的酸中毒、高铁血红蛋白血症时,可见动脉血氧饱和度降低。

(7)血氧含量(CaO_2)　血氧含量指每 100 mL 血液实际结合的氧量,包括与血红蛋白结合的氧及溶解于血液中的氧量。正常值 6.7～10.3 mmol/L。血氧含量是判断缺氧程度和呼吸功能的重要指标。临床上动脉血、静脉血血氧含量都降低见于各类贫血、空气稀薄、供氧不足、呼吸道受压或阻塞、肺炎、肺水肿和右向左分流的先天性心脏病等,静脉血血氧含量降低见于局部血液淤滞、休克、心力衰竭等。

(8)碳酸氢根(HCO_3^-)　碳酸氢根是反映动物机体内酸碱代谢状况的主要指标。在医学临床上包括实际碳酸氢根(AB)和标准碳酸氢根(SB)。实际碳酸氢根(AB)是指在隔绝空气的条件下,取血分离血浆测得的 HCO_3^- 实际含量。标准碳酸氢根(SB)是在 37 ℃,$PaCO_2$ 5.3 kPa,SaO_2 100%条件下所测的 HCO_3^- 含量,SB 被认为能够准确反映代谢性酸碱平衡状态。犬、猫正常范围是犬 AB 18～26 mmol/L、猫 AB 17～22 mmol/L。正常情况下,AB 和 SB 的值相差非常微小,一般作为相等处理。临床上呼吸性酸中毒时,受肾脏代偿调节作用影响,HCO_3^- 增加,AB 大于 SB;呼吸性碱中毒时,AB 小于 SB;相反,代谢性酸中毒时,HCO_3^- 减少,AB 等于 SB,

但低于正常参考值；代谢性碱中毒时 HCO_3^- 增加，AB 等于 SB，但高于正常参考值。

(9)缓冲碱(BB) 缓冲碱为血液中所有能起缓冲作用的碱量之和，包括 HCO_3^-、HPO_4^-、血红蛋白、血浆蛋白。正常值为 45～55 mmol/L。BB 能反映机体对酸碱平衡紊乱时总的缓冲能力，不受呼吸因素和二氧化碳改变的影响。临床上增高多常见于代谢性碱中毒，减低常见于代谢性酸中毒，若此时实际碳酸氢盐正常，有可能为贫血或血浆蛋白低下。

(10)碱过剩(BE) 碱过剩是将隔绝空气的全血标本在 38 ℃，$PaCO_2$ 40 mmHg、血红蛋白 100%氧合的标准条件下，用强酸或强碱滴定至 pH 为 7.40 时所需的酸或碱量，正常范围是 －4～＋4。临床意义同 SB 基本一致，反映血中碱量增多或减少的具体程度。正值表示碱过剩，负值表示碱缺少。是临床上反映代谢性碱平衡紊乱的客观指标。

(11)血浆阴离子间隙(AG) 血浆阴离子间隙也称阴离子隙，是指血浆中未测定的阴离子(UA)与未测定的阳离子(UC)浓度间的差值，即 AG＝UA－UC。犬、猫的正常范围是 15～25。临床上阴离子间隙能帮助鉴别诊断代谢性酸中毒的不同原因，可帮助阐明混合性酸碱平衡失调的原因。代谢性酸中毒并阴离子间隙增大，诊断为无氯性酸中毒，如乳酸、酮酸、乙二醇代谢物、水杨酸、磷酸盐和硫酸盐等中毒；代谢性酸中毒具有正常阴离子间隙和高氯血症。高氯血性酸中毒的原因多常见于乳酸中毒、糖尿病酮酸中毒、尿毒症时酸中毒、乙二醇中毒、严重脱水、碱血症、血清样品放置时间过长等。临床上阴离子间隙减小的原因多见于低白蛋白血症和免疫球蛋白 G 多发性骨髓瘤。阴离子间隙减小时，一般临床意义不大。

三、输液治疗方法

输液治疗可以帮助机体纠正酸碱紊乱，对于呼吸性酸碱中毒，一般改善呼吸后能调整到正常。常用的治疗代谢性酸中毒的药物有碳酸氢钠和乳酸钠。其中乳酸钠进入体内，经乳酸脱氢酶转化为丙酮酸，再经三羧酸循环氧化脱羧生成 CO_2，继而转化为碳酸根离子，碳酸根离子易与钠离子结合成碳酸氢钠，具有碱性，起纠正酸中毒的作用。与碳酸氢钠比较，此作用慢而不稳定。内服碳酸氢钠能直接增加机体的碱储备，迅速纠正代谢性酸中毒并碱化尿液。治疗可静脉输入 5%碳酸氢钠，中和体内酸，每毫升 5%碳酸氢钠溶液含碳酸氢钠0.6 mmol。在一般酸中毒情况下，每千克体重可用 5%碳酸氢钠 2 mL 加入其他液体中，静脉输入。对于代谢性碱中毒，可以通过口服氯化铵、输生理盐水或葡萄糖生理盐水来治疗。

任务 4 输液药物的选择

学习任务单

学习目标：1. 了解犬、猫输液药物的 3 种主要液体类型及常用药物。2. 根据不同的临床情况能选择合适的输液药物。

学习资源：1. 教材及信息化教学资源。2. 实验用犬、猫。3. 实验器材及药物：输液器、离心机、试管、EDTA、生理盐水。

学习任务：1. 根据犬、猫的临床症状选择合适的输液药物。2. 进行简单交叉配血试验。

【相关知识】

一、液体分类

用于静脉输液治疗的液体通常可以分3类，分别为全血、胶体液和晶体液。

(一)全血

全血用于严重出血、严重贫血或者需要提供血小板或凝血因子的特殊情况。

1. 采血

可使用标准采血袋采血。一次可以从供血动物安全采集400 mL。如果输血的目的是补充红细胞，那么猎犬类(如灰猎犬)由于PCV较高，适合做供血犬。一般情况下供血动物不需要镇静，通过颈静脉采血，可在穿刺前进行局部麻醉。采血时，使供血犬保持在一个舒适的姿势(坐、站立或俯卧)。将与采血袋相连的采血针刺入静脉并保持不动。采血袋的位置要低于供血动物并缓慢晃动采血袋以便使血液与抗凝剂混匀。采血袋充满后采血结束，可通过称重或目测采血袋充盈度来判断是否充满。拔针后，在颈部用压迫绷带固定2 h，避免形成血肿。

猫同样是从颈静脉采血，不过是采集到一个大注射器中。供血猫可能需要镇静，但非必需情况下应尽量避免。一只体型较大的健康猫可采集多达50 mL血液。注射器以血液:抗凝剂(常用枸橼酸磷酸葡萄糖)9:1的比例吸入抗凝剂。供血猫可坐位保定或身体下倾斜保定于助理的大腿上。

2. 血型

犬有8个同种抗体(血型)系统，用数字1～8表示。唯一真正有临床意义的是DEA(犬红细胞抗原)1型。虽然犬的每种血型都可能引发输血反应，但DEA1型导致的输血反应最严重。输血前可以做血液分型，DEA1阳性犬不应作为供血犬。

猫的血型系统则简单得多。基本分为3型:A型、B型和AB型。由于猫发生输血反应的风险较高，所以，猫输血前都要做交叉配血试验或血液分型。

虽然首次输血的犬很少发生输血反应，但随着输血次数的增多，犬出现输血反应的风险增大。因此，理想情况下，供血犬和受血犬应进行血液分型，并且已经输过血的犬、猫须在下次输血前进行交叉配血。由于血液分型是根据红细胞表面特殊抗原进行区分的，故比交叉配血更精准。可使用商品化测定试剂盒，没有商品化测定试剂盒时，供血动物和受血动物进行交叉配血，可以避免出现输血反应。

交叉配血可避免血型不相容引起的反应。将2滴供血动物的EDTA抗凝血加入1 mL生理盐水中，加入2滴患病动物血清。低速离心15～30 s，轻弹试管使其重悬，出现凝集表示配血失败。

3. 输血

为受血动物输血前要计算输血速度，先将血液孵育到37 ℃，过度加热会发生凝集和蛋白质降解。血液不相容反应最可能发生在输血后1 h，因此要密切监护动物。输血反应可能有荨麻疹、多涎、肌肉震颤、心动过速、呕吐恶心、不安、黄疸、呼吸困难、血红蛋白尿、发热、面部水肿、呼吸急促、抽搐等。若动物表现异常，应立即停止输血，必要时输晶体液、抗组胺药、抗生素和皮质类固醇。

(二)胶体液

胶体液含有大分子，与晶体液相比，可在血管内停留更长时间。即胶体液在扩充血管和维持血容量上，比晶体液更有效。胶体液的高渗透活性可将组织间隙和细胞内的水分渗透进血浆，因此，胶体液常被称为血容量扩充剂。常用于治疗出血、休克、严重脱水。出血后，当找到供血动物比较困难或无法进行交叉配血时，胶体液可避免出现输血反应。常用的胶体液有：

1. 葡聚糖

葡聚糖是一种高分子量的人造胶体液。

2. 明胶

明胶是一种淡黄色等渗胶体液。用药前不需要进行交叉配血，但禁止与全血一同输液。需要在室温下保存。

(三)晶体液

晶体液是一种以钠离子为基础的电解质溶液。常用的晶体液的构成与血浆相似。肾功能正常的动物，晶体液会随尿液排出。

1. 乳酸林格氏液

乳酸林格氏液电解质构成与细胞外液相似，含 Na^+、K^+、Ca^{2+}、Cl^- 和乳酸盐。适用于多种体液和电解质丢失。乳酸盐在体内代谢为碳酸氢盐，用于治疗临床常见的代谢性酸中毒。

2. 0.9%氯化钠(生理盐水)

含有钠离子和氯离子，但不含有钾离子，适用于体液和电解质丢失，尤其是一些由潜在疾病导致的血钾上升，输液治疗时一定要注意避免额外输入 K^+。

3. 5%右旋糖

5%右旋糖，又称为5%葡萄糖。基本上是由水加入少量葡萄糖配成的等渗溶液，以便直接静脉输注。这种液体不含电解质，只能供给机体水和少量葡萄糖。5%右旋糖适用于因不能经口饮水而引起的单纯性失水，也可用于低血糖病例。但因所含葡萄糖太少，故对动物的能量摄入无明显影响。

4. 0.18%氯化钠和4%葡萄糖(糖盐水)

糖盐水主要是水，适用于单纯性脱水，有时也可用于维持补液，但后者需要在滴注袋内加入钾。

5. 林格氏液

林格氏液主要含有 Na^+、K^+、Cl^-。适用于伴有缺钾的水和电解质丢失。主要用于严重呕吐的子宫蓄脓病例。严重呕吐导致 H^+ 和 Cl^- 大量丢失，引起 Na^+ 过多。肾脏为了代偿过量 Na^+，可能会导致低血钾症。

6. 复方氯化钾溶液

复方氯化钾溶液主要含有 Na^+、K^+、Cl^-。K^+ 高于林格氏液和乳酸林格氏液，主要用于伴有缺钾的代谢性酸中毒，如持续性腹泻。

二、不同临床情况的输液选择

针对不同的临床病例，需要根据患病动物的情况选择不同的液体进行治疗。通常尝试“缺什么补什么”，即失血时，用血液来补充；失水时，补充水分；水和电解质丢失时，补充水和电解质。

(一)失血

失血会降低循环血量和血液灌注，从而减少血液携氧量。通常 PCV 低于 20%时应立即输血。手术过程中，如果患病动物失血超过 18 mL/kg，也应输血。血液是严重失血动物的首选补充液。如果没有血液，胶体液可以扩充血容量，是第二选择。如果没有胶体液，也可以给予晶体液。乳酸林格氏液与血浆构成最相似。

(二)单纯性失水

单纯性失水动物只需要补水，首选晶体液：5%右旋糖或糖盐水。

(三)水和电解质丢失

这种情况必须用含有水分和电解质的晶体液来补充。晶体液的选择要参考钾离子浓度。也要考虑动物的酸碱状态。代谢性酸中毒时，需要补充碳酸氢根离子，这时可以通过补充乳酸盐(乳酸林格氏液)实现，也可以在晶体液中添加碳酸氢盐。代谢性碱中毒时，不可补充含有碳酸氢盐和乳酸盐的晶体液。表 4-2-4 中列出了常见临床情况所需的补充药物及建议。

表 4-2-4　常见的临床表现及补液建议

临床表现与结果	需要补充的物质	液体类型	建议
腹泻 ·水分和电解质丢失 ·通过胃肠道丢失 K^+ ·代谢性酸中毒	·水和电解质 ·K^+ ·碳酸氢盐/乳酸盐	乳酸林格氏液	
严重失血 ·如手术期间	·红细胞和血浆	全血	
呕吐 ·水分和电解质丢失 ·代谢性碱中毒	·水和电解质	0.9%氯化钠	如果持续呕吐，会丢失 K^+，必须补充乳酸林格氏液或林格氏液
厌食 ·单纯性失水	·水	0.18%氯化钠和 4%葡萄糖	如果长期厌食，会导致缺 K^+，必须补充乳酸林格氏液
子宫蓄脓 多种疾病过程的复杂情况 ·动物可能呕吐、厌食继而引起 K^+ 丢失； ·子宫蓄脓的患病动物通常考虑酸中毒	·水和电解质 ·K^+ ·碳酸氢盐/乳酸盐	乳酸林格氏液	
泌尿道阻塞(猫) 高钾血症	·水和电解质	0.9%氯化钠	确保输液中不含 K^+

任务5 补液量和输液速度的计算

学习任务单

学习目标：1. 掌握补液量的计算方法。2. 掌握补液速度的计算方法。
学习资源：1. 教材与信息化教学资源。2. 实验用犬、猫。
学习任务：1. 会计算动物的补液量。2. 能通过计算确定输液速度。

【相关知识】

一、补液量的计算

计算动物的补液量，应按照下面的步骤逐步进行：

(1)计算需要多少液体才能补充丢失的液体量，这需要通过临床检查、实验室检查或者动物的病史来推算。用于补充已经丢失的液体的量称为丢失量。

(2)计算动物每日静脉输液期间正常所需摄入的液体量，即动物的正常24 h维持需要量，可估算为50 mL/(kg·24h)。

(3)通常需要48 h纠正脱水，计算48 h液体需要量。

48 h液体需要量＝液体丢失量(体重×脱水程度)＋维持需要量(50 mL/kg·24 h)×2

例如：犬，10 kg，脱水程度为5%。计算接下来48 h的液体需要量。

液体丢失量＝5%×10 kg＝0.5 kg＝500 mL

维持需要量＝50 mL/(kg·24 h)×2×10 kg＝1 000 mL

48 h液体需要量＝液体丢失量＋维持需要量＝500 mL＋1 000 mL＝1 500 mL

除此以外，还可根据红细胞压积(PCV)来确定液体丢失量，一般PCV每升高1%，液体丢失量约为10 mL/kg。

例如：猫，4 kg，正常红细胞压积是37%。脱水程度严重，现在是49%。计算接下来48 h的液体需要量。

液体丢失量＝12%×10 mL×4 kg＝480 mL

维持需要量＝50 mL/(kg·24h)×2×4 kg＝400 mL

48 h液体需要量＝液体丢失量＋维持需要量＝480 mL＋400 mL＝880 mL

二、输液速度的计算

计算出动物24 h内的液体需要量，下一步就是确定输液速度。输液器的外包装上标明了滴注系数，滴注系数就是1 mL液体的滴数。常见的滴注系数为15或者20，即输液器每滴注15或20滴为1 mL。

根据以下步骤计算滴注速度：

(1)确定48 h的维持需要量(单位毫升，mL)

(2)确定每分钟的液滴数(单位滴/分钟，滴/min)(48 h维持需要量÷48 h÷60 min×滴注

系数)

(3)确定1滴需要的时间(单位秒,s)[60 s∶每分钟液滴数(滴/min)]

例如:一只10 kg的犬需要在接下来的48 h内输液500 mL以补充丢失量,还需要1 000 mL的维持液体,输液器每mL滴下20滴,计算输液速度。

①48 h液体需要量=500 mL+100 mL=1 500 mL

②每分钟的液滴数=1 500 mL÷48h÷60 min×20≈10.42

③确定1滴需要的时间:60 s÷每分钟液滴数(滴/min)≈5.76 s

所以应该调节输液器,将输液速度设为每5～6 s一滴。

任务6　输液泵的使用

学习任务单

学习目标:正确掌握输液泵的使用方法。

学习资源:1. 教材及信息化教学资源。2. 实验用犬、猫。3. 实验器材及药物:输液泵。

学习任务:熟练使用输液泵。

【相关知识】

一、输液泵使用步骤

(1)选择输液泵专用的输液导管,接通液体,排尽空气,夹闭导管。

(2)将输液泵固定在输液架上。

(3)打开泵门,将输液导管按方向嵌入泵内,关闭泵门。

(4)接通电源。

(5)设置输液程序(输注速度,输注量)。

(6)按自动键开始输液,观察输液程序是否正确运行。

(7)用毕关闭自动键将输液针拔出,打开泵门取出导管,停止电源,擦拭输液泵,放置备用。

二、使用注意事项

(1)每次更换液体应重新设置输液程序。

(2)解除报警法:①气泡报警:先关闭静脉通道,打开泵门,排尽气泡,放妥导管,关闭泵门,开放静脉通道,启动输液;②完成报警:再设置用量;③阻塞报警:常因回血、管道扭曲、过滤器堵塞、调节器未打开,去除阻塞原因;④泵门未关:关闭泵门;⑤电池殆尽:装新电池。

(3)正在使用输液泵,若需打开泵门,无论排气泡、更换导管或撤离输液泵等,务必先将输液导管调节夹夹好,严防输液失控。

(4)长期不用者,每周充电1次以防潮湿。

任务 7　留置针的使用

学习任务单

学习目标：正确掌握留置针的使用方法。

学习资源：1. 教材及信息化教学资源。2. 实验用犬、猫。3. 实验器材及药物：留置针、肝素、生理盐水等。

学习任务：熟练使用输液泵。

【相关知识】

一、留置针的使用方法

（1）将应用物品带至患病动物输液台旁，核对主人姓名、宠物姓名，有礼貌地向主人请求、解释、说明操作前的准备工作。

（2）将输液瓶挂于输液架上，打开导管针外包装。取出导管针，转动针心使针头斜面向上。将输液器的头皮针刺入肝素帽内，排尽空气，关闭输液器开关。

（3）穿刺部位进行剃毛，按常规进行局部皮肤消毒（酒精、碘酊、酒精）。

（4）选择血管。在穿刺点上方 10 cm 处扎压脉带。针头与皮肤呈 15°～30°角穿刺，见回血后，降低角度再将穿刺针推进 0.2～0.5 cm。右手以拇指和食指夹紧导管针的护翼。右手固定导管针、左手拔出针心 0.5～1 cm，左手将外套管全部送入静脉，松压脉带。

（5）抽出针心，固定导管针（用纸胶带缠一圈，再用布胶带缠两圈，最后用弹力绷带缠一圈）。

（6）再次查对无误后，根据医嘱和病情调节输液速度（参考静脉输液法）。

（7）帮助患病动物卧于舒适体位，向看护者交代注意事项。

（8）按皮下注射法处理所用物品和废弃物，洗手。

（9）封管：当液体输完后进行封管。

①常规消毒肝素帽。

②将抽有封管液（生理盐水和肝素液生理盐水）的注射器针头刺入肝素帽内。

（肝素液的配制浓度：1.5 支肝素稀释于 100 mL 生理盐水中，用量 2 mL。严格掌握封管液的维持时间，一般生理盐水维持 6～8 h，稀释的肝素溶液维持 12 h。）

③边推注封管液边退针。

④用夹子将留置针硅胶管夹好。

（10）再次输液

①常规消毒肝素帽，松开夹子，将抽有生理盐水的注射器针头刺入肝素帽内，先抽回血，再推注 2～5 mL 生理盐水。

②将输液器头皮针刺入肝素帽内，打开调节器调节滴速进行再次输液。

③观察穿刺部位有无红肿，在完整敷料表面沿导管走向触摸有无触痛。

二、留置针的使用注意事项

(1)使用静脉留置针时，必须严格执行无菌技术操作规程。

(2)密切观察患病动物生命体征的变化及局部情况。每次输液前后，均应检查穿刺部位及静脉走行方向有无红肿。如有异常情况，应及时拔除导管并做相应处理。对仍需输液者应更换肢体另行穿刺。

(3)对使用静脉留置针的肢体应妥善固定，尽量减少肢体的活动，避免被水沾湿和啃咬。

(4)每次输液前先抽回血，再用无菌的生理盐水冲洗导管。如无回血，冲洗有阻力时，应考虑留置针导管堵塞，此时应拔出静脉留置针，切记不能用注射器使劲推注，以免将凝固的血栓推进血管，造成栓塞。

视频 4-2-2　Y 形留置针的准备

视频 4-2-3　Y 形留置针的留置

视频 4-2-4　足背侧静脉 Y 形留置针

项目 3

治疗技术

【知识目标】

掌握穿刺术、冲洗术、导尿术等治疗技术的适应证和注意事项。

【能力目标】

掌握穿刺术、冲洗术、导尿术等治疗技术的操作方法。

【素质目标】

1. 培养学生胆大心细、一丝不苟、精益求精的精神。

2. 培养学生善于思考、严谨务实的职业素质。

任务 1　穿刺术

学习任务单

学习目标：1. 掌握胸腔穿刺、腹腔穿刺、膀胱穿刺和脊椎穿刺技术的临床适应证与操作方法。2. 能熟练进行各项穿刺术操作。

学习资源：1. 教材及信息化教学资源。2. 实验用犬、猫。3. 实验器材及药物：穿刺针、血管钳、注射器、无菌手套、消毒盘、局麻药、废液容器。

学习任务：1. 能完成胸腔穿刺、腹腔穿刺、膀胱穿刺和脊椎穿刺。2. 在训练过程中同学之间相互配合，一方进行穿刺操作，一方进行保定和辅助。

【相关知识】

一、胸腔穿刺术

胸腔穿刺指从胸腔抽吸积液或气体。用于排出胸腔积液、观察积液性质、进行细菌学检查和细菌培养、冲洗胸腔和注入药物等。

1. 穿刺部位

病侧肩端水平线与第 4～7 肋间隙交点。若胸腔积液，其穿刺点在第 4～7 肋间下 1/3 处；气胸者，则在其上 1/3。

2. 穿刺方法

术部剪毛、消毒，用 0.5%盐酸利多卡因溶液局部浸润麻醉。

动物站立保定为宜，也可侧卧保定。

根据胸部 X 线检查结果（是胸腔积液还是气胸），确定其穿刺点。

选 12～14 号注射针头，其针座接一 6～8 cm 长胶管，后者再与带有三通开关的注射器（20 mL）连接。通常针头在欲穿刺点后一肋间穿透皮肤，沿皮下向前斜刺至穿刺点肋间。再垂直穿透胸壁。

一旦进入胸腔，阻力突然减少，停止推进，并用止血钳在皮肤上将针头钳住，以防针头刺入过深损伤肺脏。然后打开三通开关，抽吸胸腔积液或气体。

如胸腔积液很多，可用胸腔穿刺器（也可用通乳针代替）。穿刺前，术部皮肤应先切一小口，再经此切口按上述方法将其刺入胸腔。拔出针芯，其套管再插一长 30 cm 聚乙烯导管至胸底壁。拔出针套，将导管固定在皮肤上。导管远端接一三通开关注射器，可连续抽吸排液。

二、腹腔穿刺术

腹腔穿刺指手术穿透腹壁，排出腹腔液体。

腹腔穿刺多用于腹水症，减轻腹内压。也可通过穿刺，确定其穿刺液性质（渗出液或漏出液），进行细胞学和细菌学诊断，以及腹腔输液和腹腔麻醉等。

1. 穿刺部位

在耻骨前缘腹白线一侧 2～4 cm 处。

2. 穿刺方法

动物侧卧保定，术部剪毛消毒，先用 0.5%盐酸利多卡因溶液局部浸润麻醉，再用套管针或 14 号针头垂直刺入腹壁，深度 2～3 cm。如有腹水经针头流出则使动物站起，以利液体排出或抽吸。术毕，拔下针头，碘酊消毒。

三、膀胱穿刺术

膀胱穿刺可用于因尿道阻塞引起的急性尿潴留，可缓解膀胱的内压，防止膀胱破裂。另外，经膀胱穿刺采集的尿液，可以减少在动物排尿过程中收集尿液的污染，使尿液的化验和细菌培养结果更为准确，也可减少导尿引起医源性尿道感染的机会。

1. 穿刺部位

耻骨前缘 3～5 cm 处腹白线一侧腹底壁上。也可根据膀胱充盈程度确定其穿刺部位。

2. 穿刺方法

动物前躯侧卧，后躯半仰卧保定。术部剪毛、消毒，0.5%盐酸普鲁卡因溶液局部浸润麻醉。膀胱未充满时，操作者一手隔着腹壁固定膀胱，另一手持接有 7～9 号针头的注射器，其针头与皮肤呈 45°角向骨盆方向刺入膀胱，回抽注射器活塞，如有尿液，证明针头在膀胱内。将尿液立即送检化验或细菌培养。如膀胱充满，可选 12～14 号针头，当刺入膀胱时，尿液便从针头射出。可持续地

视频 4-3-1　膀胱穿刺

放出尿液，以减轻膀胱压力。穿刺完毕，拔下针头消毒术部。

四、脊椎穿刺术

脊椎穿刺的目的是为了采取脊髓液进行化验或者打入造影剂进行脊椎造影来诊断某些疾病，也可向蛛网膜下腔内注射药物治疗某些疾病。

1. 穿刺部位

枕骨正线与寰椎翼两前外角隆起连线的交点上。经此点穿刺，针头进入寰枕关节的小脑延髓池内。

2. 穿刺方法

将动物进行全身麻醉，伏卧保定或侧卧保定，将头部保定于保定台的边缘上，头向腹部屈曲与颈部长轴垂直，以增大枕骨与寰椎之间的间隙。术部剃毛、消毒。针头垂直刺入皮下，经项韧带慢慢向深部推进。不时拔出针芯以观察脑脊液是否流出。

穿刺针要防止左右移动，严格掌握垂直方向。进针中感到穿过硬脑膜的阻力感消失时，立即停止进针，此时针端已进入小脑延髓池内。拔出针芯，脑脊液即可流出。若针头内流出血液而无脑脊液，说明刺破了椎骨静脉丛的分支，此时，应更换穿刺针头，重新穿刺。如果在脑脊液中出现了新鲜血液，应停止穿刺，等 24 h 之后再重新穿刺。

在针进入小脑延髓池内，针孔内看到液体时，立即接上脊髓液压力计测定其压力，然后抽吸 2 mL 脊髓液放入灭菌小瓶内。脑脊液的检查内容包括颜色、混浊度、细胞计数及分类和蛋白质的测定。必要时检查电解质的含量，进行细菌计数和培养。穿刺完毕，拔下针头，术部消毒。术后 5～7 d 内注意犬有无不良反应。

任务 2　冲洗术

学习任务单

学习目标：1. 掌握洗眼术、鼻腔冲洗术、口腔冲洗术、阴道及子宫冲洗术的方法及注意事项。2. 能够完成洗眼术、鼻腔冲洗术、口腔冲洗术、阴道及子宫冲洗术。

学习资源：1. 教材及信息化教学资源。2. 实验用犬、猫。3. 实验器材及药物：冲洗器、生理盐水、高锰酸钾溶液、依沙吖啶等。

学习任务：1. 分别完成洗眼、鼻腔冲洗、口腔冲洗、阴道及子宫冲洗的学习任务。2. 在训练过程中同学之间相互配合，一方进行冲洗操作，一方进行保定和辅助。

【相关知识】

一、洗眼术

主要用于各种眼病，特别是结膜与角膜炎症的治疗。洗眼及点眼时，助手要确实固定动物头部，术者用一手拇指与食指翻开上下眼睑，另一手持冲洗器（洗眼瓶、注射器、洗耳球等），使其前端斜向内眼角，徐徐向结膜上灌注药液冲洗眼内分泌物。洗净之后，左手食指向上推上眼睑，以拇指与中指捏住下眼睑缘，向外下方牵引，使下眼睑呈一囊状，右手拿眼药瓶，靠在外眼角眶上，斜向内眼角，将药液滴入眼内，闭合眼睑，用手轻轻按摩1～2下，以防药液流出，并促进药液在眼内扩散。如用眼药膏时，可用玻璃棒一端蘸眼膏，横放在上下眼睑之间，闭合眼睑，抽去玻璃棒，眼膏即可留在眼内，用手轻轻按摩1～2下，以防流出。或直接将眼膏挤入结膜囊内。

洗眼药通常用2％～4％硼酸溶液、0.1％～0.3％高锰酸钾溶液、0.1％依沙吖啶溶液及生理盐水等。常用的点眼药有0.55％硫酸锌溶液、3.5％盐酸可卡因溶液、0.5％阿托品溶液、0.1％盐酸肾上腺素溶液、0.5％锥虫黄甘油、2％～4％硼酸溶液、1％～3％蛋白银溶液等，还有氯霉素、红霉素、四环素等抗生素眼药膏（液）等。

二、鼻腔冲洗术

当鼻腔有炎症时，可选用一定的药液进行鼻腔冲洗。犬、猫等动物可用放乳针连接注射器吸取药液。洗涤时，将放乳针插入鼻腔一定深度，同时用手捏住外鼻翼，然后推动注射器内芯，使药液流入鼻内，即可达到冲洗的目的。洗鼻时，应注意把动物头部保定好，使头稍低；冲洗液温度要适宜；冲洗剂选择具有杀菌、消毒、收敛等作用的药物。一般常用生理盐水、2％硼酸溶液、0.1％高锰酸钾溶液及0.1％依沙吖啶溶液等。

三、口腔冲洗术

主要用于口炎、舌及牙齿疾病的治疗，有时也用于洗出口腔的不洁物。口腔冲洗时，先将犬站立保定，术者（或犬主）一手抓住犬的上下颌，将其上下分开，另一手持连接放乳针的注射器，将药液推注入口腔，达到洗涤口腔的目的。从口中流出的液体，可用容器接着，以防污染地面。冲洗剂可选用自来水、生理盐水或收敛剂、低浓度防腐消毒药等。

四、阴道及子宫冲洗术

阴道冲洗主要是为了排出炎性分泌物，用于阴道炎的治疗。子宫冲洗用于治疗子宫内膜炎和子宫蓄脓，排出子宫内的分泌物及脓液，促进黏膜修复，尽快恢复生殖功能。

1. 准备

根据动物种类准备无菌的各型开膣器、颈管钳子、颈管扩张棒、子宫冲洗管、洗涤器及橡胶管等。

冲洗药液可选用温生理盐水、5％～10％葡萄糖、0.1％依沙吖啶及0.1％～0.5％高锰酸钾等溶液，还可用抗生素及磺胺类制剂。

2. 方法

先充分洗净外阴部，而后插入开膣器开张阴道，即可用洗涤器冲洗阴道。如要冲洗子宫，先用颈管钳子钳住子宫外口左侧下壁，拉向阴唇附近。然后依次应用由细到粗的颈管扩张棒，插入颈管使之扩张，再插入子宫冲洗管，通过直肠检查确认冲洗管已插入子宫角内之后，用手固定好颈管钳子与冲洗管，然后将洗涤器的胶管连接在冲洗管上，将药液注入子宫内，边注入边排除（另一侧子宫角也同样冲洗），直至排出液透明为止。

3. 注意事项

(1)操作过程要认真,防止粗暴,特别是在冲洗管插入子宫内时,须谨慎缓慢以免造成子宫壁穿孔。

(2)不要应用强刺激性及腐蚀性的药液冲洗。量不宜过大,一般 500～1 000 mL 即可。冲洗完后,应尽量排净子宫内残留的洗涤液。

任务 3　输氧疗法

学习任务单

学习目标:1. 了解氧气治疗的方法、适应证和注意事项。2. 掌握输氧疗法操作方法。

学习资源:1. 教材及信息化教学资源。2. 实验用犬、猫。3. 实验器材及药物:注射器、过氧化氢溶液、葡萄糖注射液、氧舱、氧气筒、医用流量表等。

学习任务:1. 分别完成静脉注射输氧法、鼻导管给氧法、皮下输氧法、气管穿刺给氧、氧舱给氧法学习任务。2. 在训练过程中同学之间相互配合,一方进行输氧操作,一方进行保定和辅助。

【相关知识】

氧气疗法的对象主要是指那些组织供氧不足的动物。组织缺氧主要原因是血流太慢或血中氧气浓度下降。氧气疗法的目的是增加血氧的张力,促使脑和其他组织氧张力恢复到正常水平。适用于通气不足引发的低氧血症。

一、静脉注射输氧法

犬、猫以 3%过氧化氢溶液 5～10 mL 加入 10%葡萄糖注射液 250～500 mL,缓慢地一次注射。

二、鼻导管给氧法

本法适用于脾气温顺,易与兽医配合的动物。此法需有一套氧气筒和医用流量表等吸入装置。检查流量表开关是否关紧,打开总开关,再慢慢打开流量表开关,连接鼻导管,观察氧气流出是否通畅,然后关闭流量表开关。用湿棉签清洁鼻腔,将鼻导管用水湿润后,自鼻孔轻轻插入鼻腔,用胶布将鼻导管固定于鼻面部;打开流量表开关,调节流量以 3～4 L/min 为宜,每次吸入 5～10 min。

三、皮下输氧法

把氧气注入肩后或两肋皮下疏松结缔组织中,通过皮下毛细血管内红细胞逐渐吸收而达到给氧的目的。操作方法是:将注射针头刺入皮下,把氧气输入导管和针头相连接,打开流量表,使氧气输入,皮肤逐渐膨起,待皮肤比较紧张时停止输入。如一次注入量不足,可另加一处。输入速度为1～1.5 L/min，皮下给氧后一般于6 h内被吸收。

四、气管穿刺给氧

此法适用于病情较重的动物。选一粗的套管针经皮肤穿透环甲韧带或在两气管环间穿入气管，将长(20～30 cm)的柔软导管经套管针插入气管至气管中段，并拔出套管针。导管前端侧壁多孔，后端接给氧装置，按2～4 L/min输氧。危急动物必要时可气管切开，插入导管给氧。

五、氧舱给氧法

此法尤其适用于清醒的幼犬或猫，患慢性肺部疾病或其他原因所引起的低氧血症需长期氧治疗的小动物也可用，将犬的头部或整体放入氧舱内。舱内氧气的浓度，可根据病情的需要进行调节，一般舱内氧气浓度应保持在40%～60%。可同时混入1.2%以上的二氧化碳，对兴奋呼吸中枢有明显作用。

☞**注意事项：**

(1)为保证安全，给氧时犬、猫需妥善保定，周围严禁烟火以防燃烧和爆炸。

(2)输氧导管宜选用便于穿插、较为细软的橡皮管，以减少对鼻、咽黏膜的刺激。给氧前应检查导管是否通畅，并清洁鼻腔。

(3)吸入氧气时，其流量大小应按犬、猫呼吸困难的改善状况进行调节；皮下给氧时，不能把氧气注入血管内，以防形成气栓。

任务4 导尿术

学习任务单

学习目标：1.了解公犬、母犬、公猫、母猫导尿的方法和注意事项。2.能够完成公犬、母犬、公猫、母猫的导尿。

学习资源：1.教材及信息化教学资源。2.实验用犬、猫。3.实验器材及药物：消毒外科手套、灭菌尿导管、盛尿容器、无菌润滑胶(油)、0.1%的高锰酸钾溶液等。

学习任务：1.分别完成公犬、母犬、公猫、母猫的导尿。2.在训练过程中同学之间相互配合，一方进行导尿操作，一方进行保定和辅助。

【相关知识】

导尿是指用人工的方法诱导动物排尿或用导尿管将尿液排出。冲洗主要用于尿道炎及膀胱炎的治疗。目的是为了排出炎性渗出物和注入药液，促进炎症的治愈。

根据动物种类及性别使用不同类型的导尿管，公畜选用不同口径的橡胶或软塑料导尿管，母畜选用不同口径的特制导尿管。用前将导尿管放在0.1%高锰酸钾溶液或温水中浸泡5～

10 min,插入端蘸液状石蜡。冲洗药液宜选择刺激性或腐蚀性小的消毒、收敛剂,常用的有生理盐水、2%硼酸、0.1%～0.5%高锰酸钾、1%～2%石炭酸、0.1%～0.2%依沙吖啶等溶液,也常用抗生素及磺胺制剂的溶液(冲洗药液温度要与体温相等)。注射器与洗涤器、术者的手和母畜的外阴部及公畜阴茎、尿道口要清洗消毒。

一、公犬导尿法

动物侧卧保定,上侧后肢前方转位,暴露腹底部,长腿犬也可站立保定。助手一手将阴茎包皮向后退缩,另一手在阴囊前方将阴茎向前推,使阴茎龟头露出。选择适宜导尿管,并将其前端 2～3 cm 涂以润滑剂。操作者(戴乳胶手套)一手固定阴茎龟头,另一手持导尿管从尿道口慢慢插入尿道内或用止血钳夹持导尿管徐徐推进。导尿管通过坐骨弓尿道弯曲部时常发生困难,可用手指按压会阴部皮肤或稍退回导尿管调整其方位重新插入。一旦通过坐骨弓尿道弯曲部,导尿管易进入膀胱。尿液流出,连接 20 mL 注射器抽吸。抽吸完毕,注入抗生素溶液于膀胱内,拔出导尿管。导尿时,常因尿道狭窄或阻塞而难插入,小型犬种阴茎骨处尿道细也会限制其插入。

视频 4-3-2　公犬导尿

二、母犬导尿法

所用器材包括人用橡胶导尿管或金属、塑料的导尿管、注射器、润滑剂、照明光源、0.1%新洁尔灭溶液、2%盐酸利多卡因、收集尿液的容器等。多数情况行站立保定,先用 0.1%新洁尔灭溶液清洗阴门,然后用 2%利多卡因溶液滴入阴道穹隆黏膜进行表面麻醉。操作者戴灭菌乳胶手套,将导尿管顶端 3～5 cm 处涂灭菌润滑剂。一手食指伸入阴道,沿尿生殖前庭底壁向前触摸尿道结节(其后方为尿道外口),另一手持导尿管插入阴门内,在食指的引导下,向前下方缓缓插入尿道外口直至进入膀胱内。对于去势母犬,采用上述导尿法(又称盲目导尿法),其导尿管难插入尿道外口。故动物应仰卧保定,两后肢前方转位。用附有光源的阴道开口器或鼻孔开张器打开阴道,观察尿道结节和尿道外口,再插入导尿管。用注射器抽吸或自动放出尿液。导尿完毕向膀胱内注入抗生素药液,然后拔出导尿管,解除保定。

三、公猫导尿法

先肌内注射氯胺酮使猫镇静;动物仰卧保定,两后肢前方转位。尿道外口周围清洗消毒。操作者将阴茎鞘向后推,拉出阴茎,在尿道外口周围喷洒 1%盐酸丁卡因溶液。选择适宜的灭菌导尿管,其末端涂布润滑剂,经尿道外口插入,渐渐向膀胱内推进。导尿管应与脊柱平行插入,用力要均匀,不可强行通过尿道。如尿道内有尿石阻塞,可先向尿道内注射生理盐水或稀醋酸 3～5 mL,冲洗尿道内凝结物,确保导尿管通过。导尿管一旦进入膀胱,即有尿液流出。导尿完毕向膀胱内注入抗生素溶液,然后拔出导尿管。

四、母猫导尿法

母猫的保定与麻醉方法同母犬。导尿前,用 0.1%新洁尔灭溶液清洗阴唇,用 1%盐酸丁卡因溶液喷洒尿生殖前庭和阴道黏膜。将猫尾拉向一侧,助手捏住阴唇并向后拉。操作者一手持导尿管，沿阴道底壁前伸，另一手食指伸入阴道触摸尿道结节，引导导尿管插入尿道内。

☞**注意事项：**

(1)所用物品必须严格灭菌，并按无菌操作进行，以预防尿路感染。

(2)选择光滑和粗细适宜的导尿管，插管动作要轻柔。防止粗暴操作，以免损伤尿道及膀胱壁。

(3)插入导尿管时前端宜涂润滑剂，以防损伤尿道黏膜。

(4)对膀胱高度膨胀且又极度虚弱的病畜，导尿不宜过快，导尿量不宜过多，以防腹压突然降低引起虚弱，或膀胱突然减压引起黏膜充血，发生血尿。

任务5 灌肠术

学习任务单

学习目标：1.了解浅部灌肠和深部灌肠的方法和注意事项。2.能够完成浅部灌肠和深部灌肠。

学习资源：1.教材及信息化教学资源。2.实验用犬、猫。3.实验器材及药物：灌肠器、注射器、漏斗等。

学习任务：1.分别完成浅部灌肠和深部灌肠操作。2.在训练过程中同学之间相互配合，一方进行灌肠操作，一方进行保定和辅助。

【相关知识】

一、浅部灌肠

浅部灌肠是将药液灌入直肠内。常在宠物有采食障碍或咽下困难、食欲废绝时，进行人工营养；直肠或结肠炎症时，灌入消炎剂；病畜兴奋不安时，灌入镇静剂；排除直肠内积粪时使用。

浅部灌肠用的药液量，每次30～50 mL。灌肠溶液根据用途而定，一般用1%温盐水、林格氏液、甘油、0.1%高锰酸钾溶液、2%硼酸溶液、葡萄糖溶液等。

灌肠时，将动物站立保定好，助手把尾拉向一侧。术者一手提盛有药液的药瓶，另一手将输液器乳胶管(针头去掉)徐徐插入肛门5～10 cm，然后高举药瓶，使药液流入直肠内。灌肠后使动物保持安静，以免引起排粪动作而将药液排出。对以人工营养、消炎和镇静为目的的灌肠，在灌肠前应先把直肠内的宿粪取出。

二、深部灌肠

此法适用于治疗肠套叠、结肠便秘、排出胃内毒物和异物。灌肠时，对动物施以站立或侧卧保定，并呈前低后高姿势，助手把尾拉向一侧。术者一手提盛有药液的药瓶，另一手将输液器乳胶管(针头去掉)徐徐插入肛门8～10 cm，然后高举药瓶，使药液流入直肠内。先灌入少量药液软化直肠内积粪，待排净积粪后再大量灌入药液。灌入量根据动物个体大小而定，一般幼犬 80～100 mL，成年犬 100～500 mL，药液温度以 35 ℃为宜。

☞**注意事项：**

(1)直肠内存有宿粪时，按直肠检查要先取出宿粪，再进行灌肠。

(2)避免粗暴操作，以免损伤肠黏膜或造成肠穿孔。

(3)溶液注入后由于排泄反射，易被排出，应用手压迫尾根和肛门，或于注入溶液的同时，用手指刺激肛门周围，也可通过按摩腹部减少排出。

任务 6　输血疗法

学习任务单

学习目标：1. 了解各种输血技术的适应证及注意事项。2. 能够完成输血的操作。

学习资源：1. 教材及信息化教学资源。2. 实验用犬、猫。3. 实验器材及药物：采血针、注射器、集血瓶、3.8%枸橼酸钠、地塞米松注射液、离心机、载玻片、滴管、剪毛消毒工具、1 m 左右输血胶管 2 根、一次性输血器、酒精棉、碘酊棉、保定用具等。

学习任务：1. 能完成输血的操作。2. 在训练过程中同学之间相互配合，一方进行输血练习，一方进行保定和辅助。

【相关知识】

输血疗法是抢救犬、猫的一种有效措施，目前已广泛用于小动物临床。输血能补偿病犬、猫体内丧失的血液，同时能激发体内的凝血过程，具有止血作用。此外，血液的输入能使血压升高，新陈代谢旺盛，内分泌活动增强，血液内激素含量增高，血液中的毒素被红细胞吸附而变为无毒，从而使机体全身抵抗力增强。

一、输血疗法的适应证

输血疗法适应于大失血、外伤性休克、非传染性贫血、严重中毒、败血症、体质极度衰弱、幼畜溶血病等。但在心脏病、并发心脏血管机能不全的肺脏疾病及肾脏疾病时禁用。

二、血型与输血的关系

在理论上，输血时应输以同型血液或相合血液。但实践证明，各种动物首次输血都可以选用任何一种同种动物作供血者，而不必考虑其与受血者血型是否相符，通常都不会发生严重危险。而无论何种动物，受血后都能在 3～10 d 内产生免异抗体，如果此时又以同一供血动物再次输血，就容易产生输血反应。因此，临床上常常对需多次输血的动物，准备多个供血动物，并把重复输血的时间缩短在 3 d 以内。

异型血液的血清和红细胞相混合，会迅速凝集成团，随后发生溶血，从而出现输血反应，所以在输血前进行血液相合检验就更为安全。

三、输血方法

小动物临床上常用的是间接输血法。其操作步骤是将抗凝剂置于灭菌的贮血瓶内，随后从供血动物静脉采血（二者比例为 1∶9），边采血边轻轻晃动贮血瓶，使血液与抗凝剂充分混合，以防血液凝固。采出需要血量后立即给犬、猫输入，输入速度要尽量缓慢。在输血过程中，要不断轻轻晃动贮血瓶，避免红细胞与血浆分离，给输入带来困难。

操作时先倒挂贮血瓶或塑料贮血袋于支架上，排尽输血导管内的空气；消毒注射部位的皮肤，将输血针头刺入静脉，固定针头于皮肤；调节输血速度，一般 4～6 mL/min，若大量失血或休克，则须快速输入；输血完毕，拔出针头，局部压迫止血；输血过程中，随时注意有无血液漏出血管外，针栓与导管接头处有无松脱。

四、输血不良反应及其防治

在输血过程中应注意溶血反应、致热原反应、过敏反应等输血反应。

一旦出现上述反应及时处理。①减慢输血速度或中止输血。②轻者，可选用苯海拉明或异丙嗪。③较重者，可静注或静滴氢化可的松 100 mg。④紧急者，1∶1 000 肾上腺素 0.5～1 mL 皮下注射或静脉注射。⑤会厌水肿危及生命者，立即行喉插管术、气管插管术或气管切开术。

五、输血中应注意的事项

（1）在输血中的一切操作均应严格无菌操作。

（2）采血时，须注意抗凝剂的应用量，血采入瓶中后，应充分混匀，以防出现血凝块；摇晃时要轻，以免破坏血球和产生气泡。在输血过程中，严防空气注入血管。

（3）输血时，密切注意病犬、猫的表现，出现异常反应，应立即停止输血。

（4）用枸橼酸钠作抗凝剂进行输血后，应立即补充钙制剂。

（5）严重溶血的血液，不宜应用，应废弃。

思考与测试题

一、选择题

1. 以下哪一项是脱水 10%～12% 才会出现的临床表现（　　）。

A. 皮肤弹性下降　　B. 呼吸急促

C. 心率升高　　D. CRT＞2 s

2. 以下哪一项是脱水 5% 会出现的临床表现（　　）。

A. 皮肤弹性下降　　B. 血压下降

C. 心率升高　　D. CRT＞2 s

3. 动物正常排尿量为(　　)。

A. 1～2 mL/(kg·h)　　B. 2～3 mL/(kg·h)

C. 3～5 mL/(kg·h)　　D. 4～6 mL/(kg·h)

4. 通常使用多长时间纠正动物脱水?(　　)。

A. 4 h　　B. 12 h

C. 24 h　　D. 48 h

二、思考题

1. 宠物的给药方法有哪几种?如何正确选择合适的方法?
2. 何谓投药法?常见有哪几种投药法?投药时应注意什么?
3. 怎样确定犬、猫的肌内注射部位?操作时应注意哪些事项?
4. 静脉注射的适用范围有哪些?操作时应注意哪些事项?
5. 输液疗法的临床应用有哪些?临床上如何正确选择各种常用输液用药品?
6. 临床上酸碱平衡紊乱常见类型及其病因有哪些?
7. 犬、猫如何进行导尿?
8. 穿刺有何临床意义?穿刺时应注意什么?

参考答案:1. D　2. A　3. A　4. D

模块5

异宠疾病临床诊疗技术

党的二十大报告指出，尊重自然、顺应自然、保护自然，是全面建设社会主义现代化国家的内在要求。随着经济与社会发展，人与自然和谐相处越来越受到国民的认同，在家里养宠物逐渐成为了一个普遍现象，撸猫、逗狗，让“毛孩子”与自己一起生活、互相陪伴是很多人喜爱的一种生活方式。他们把宠物看作“家人”，看作自己家庭的一部分。伴随着越来越多有宠物家庭的出现，一个话题也被大家关注和热议——“如何能让爱宠与城市和谐共处”？

当前不少城市存在着不文明的养宠物行为：如进入公共场所不拴牵引绳；宠物的排泄物不及时清理；不按规定为宠物进行登记和接种疫苗；随意弃养宠物等，这些不文明的养宠物行为导致因宠物引起的争端时有发生。也有人因不健康的心理做出虐待动物的恶性行为，某学校通报的“学生涉嫌虐狗”事件引发了网友的愤怒和谴责，大家纷纷呼吁“不爱请别伤害”“停止残忍捕杀流浪猫狗”“流浪的动物也是地球的主人”……养宠物不是一件私事，而是关乎城市文明与和谐的公事，营造良好的城市养宠氛围，需要大家共同努力和维护。

让动物与人类在城市中和谐共处需要多管齐下。一方面要进一步健全相应的管理条例和处罚办法，对于不文明的养宠物行为和故意伤害动物行为进行及时处罚。另一方面要大力进行宣传引导，帮助人们树立文明养宠物的意识和责任，提高人们保护动物的观念。

同时，在涉及宠物和流浪动物的处理时，我们也需要更多人性化、暖心的举措。在城市中建设犬只收容所，鼓励大家以领养代替买卖，在城市合理划定"宠物友好"地区，避免不必要的冲突等。

动物是人类的好朋友，在我们选择养宠物的那刻起，就应该承担起看护它的责任，爱是相互的，我们想要从动物那里获得治愈，就更应该善意地对待它们，用爱治愈它们……

项目 1

蜥蜴的临床诊疗技术

【知识目标】

1. 掌握改善蜥蜴饲养环境的方法。
2. 掌握蜥蜴的保定与临床检查方法。
3. 掌握蜥蜴血液样本采集技术。
4. 掌握蜥蜴治疗技术。

【能力目标】

1. 能够正确保定蜥蜴并完成临床检查。
2. 能够采集蜥蜴血液样本。
3. 能够对蜥蜴完成临床给约。

【素质目标】

1. 提升异宠诊疗专业素养与过硬的心理素质。
2. 掌握娴熟的诊断、治疗技术。
3. 锻炼较强的动手能力。
4. 培养团队协作精神。

任务 1　爬行动物饲养管理

学习任务单

学习目标：1. 掌握提高爬行动物体温的方法。2. 掌握给爬行动物提供光照的方法。
学习资源：1. 教科书。2. 信息化教学资源。
学习任务：根据不同物种，制订饲养管理计划。

【相关知识】

90%以上的爬行动物患病均为饲养管理错误导致，所有爬行动物疾病的治疗方法均包括“改善饲养管理”，学习爬行动物饲养管理至关重要。

一、爬行动物的体温

1. 最适温区

最适温区指环境温度。与哺乳动物和鸟类不同，爬行动物不同的生理代谢活动需要不同的温度，因此爬行动物会利用环境因素改变或提高自己的体温，以满足最基本的生理代谢需求。在最适温区内，爬行动物可以通过行为自主调节体温。

2. 温度梯度

温度梯度：环境中的温度(气温、水温、土壤温度)呈现阶梯式变化。

爬行动物需要利用环境因素改变自身的体温，如果饲养环境温度单一，爬行动物无法在活动范围内通过行为调节体温，便更容易患病。因此爬行动物的饲养环境必须提供温度梯度。温度梯度的范围即最适温度范围/最适温度区域(preferred optinal temperature rang/zone，POTR/POTZ)。

3. 最佳体温

最佳体温指爬行动物的代谢活性最强时的体温。患病的爬行动物通常需要每天有一定的时间处在最佳代谢体温，才能正常消化食物、使药物有效代谢和分布。最佳代谢体温通常是最适温区的上限，时间通常是白天的几个小时。

4. 提高爬行动物体温的有效方法

自然状态下，爬行动物通过热传导(趴在温热的石头上)或热辐射(晒太阳)提高体温。不同的爬行动物获得热量的方式不同，通常认为使用热辐射可以更有效地提高爬行动物体温，因此要给患病的动物晒太阳(或人造光源)。

5. 人工热源

人工热源包括辐射类热源和传导类热源。

(1)辐射类热源　又称为“晒灯”，晒灯通常可以有效提高爬行动物体温，主要包括太阳灯(自镇流器汞离子灯)、加热灯(避免使用聚光灯)、陶瓷灯(无光亮)、红外灯(无光亮)。

(2)传导类热源　主要为加热垫，加热垫可以一定程度上提高环境温度(作用较小)，也可以提供给爬行动物供其趴在加热垫上。可以将水盘水平放在加热垫上以更好地提供环境温度。为避免烫伤，应避免加热垫直接接触爬行动物。为保证动物过热时可以躲开热源，饲养箱中应有无加热垫的区域。单纯使用加热垫通常无法有效提高爬行动物体温。

晒背温度指晒灯下垫材表面的温度，通常高于 POTZ 上限。爬行动物的晒背行为可以有效提高体温。应为爬行动物提供无晒灯的区域，以免爬行动物体温过高。

二、爬行动物的光照

爬行动物需要热辐射的同时也需要 UV-B 光的照射。太阳光辐射到地球的紫外线由短波长部分 UV-B(290～320 nm)和长波长部分 UV-A(320～400 nm)组成。UV-B 将皮肤中的甾醇 7-脱氢胆固醇(7DHC)转化为维生素 D_3 前体，维生素 D_3 前体发生温度依赖性异构化，转化为具备生物学活性的维生素 D_3，维生素 D_3 对爬行动物生命活动至关重要。

玻璃可以过滤掉所有的 UV-B 辐射，因此室内饲养爬行动物需要人造光源提供 UV-B 照射。应使用检测设备确定灯具可以提供 UV-B 辐射，避免被商品标签误导。图 5-1-1 为可提供 UV-B 的人工光源。

图 5-1-1　可提供 UV-B 的人工光源

A. UV-B 荧光灯管；B. UV-B 荧光灯泡；

C. 太阳灯（自镇流器汞离子灯）；D. 金卤灯

根据爬行动物对紫外线辐射的需求量，将动物划分为弗格森区 1～4 区：1 为需求量最低，通常黄昏或在阴影处活动；4 为最强，这些动物会在正午时外出活动；2、3 区动物处于 1 和 4 之间。

通常人工 UV-B 光源穿透力较差，光源距离动物＞30 cm 时将无法提供有效的 UV-B 照射。

日行的爬行动物通常需要 12～14 h 光照。常见爬行动物饲养参数见表 5-1-1。

表 5-1-1　常见爬行动物饲养参数　　℃

物种	食性	晒背温度：晒背区垫材表面温度	弗格森区	白天空气温度（POTZ）	夜晚空气温度	冬季白天	冬季夜晚
鬃狮蜥	幼年食虫 成年食草	40～45	3～4	25～30	20～25	25～30； 15～20 （冬化）	20～22； 10～15 （冬化）

续表 5-1-1　℃

物种	食性	晒背温度：晒背区垫材表面温度	弗格森区	白天空气温度(POTZ)	夜晚空气温度	冬季白天	冬季夜晚
豹纹守宫	食虫	32	1	25～29	20～24	15～20	10～15
蓝舌石龙子	杂食	35～45	2～3	28～32	20～24	18～28	14～20
玉米锦蛇	肉食	31	1～2	24～26	20	19	16
球蟒	肉食	25～40	2	28～30	24～26	27～29	22～24
巴西龟	杂食	35	3～4	25～30（水温低3～5）	22	3～10	
辐射陆龟	草食	35～50	3	28～32	24～28	26～30	24～28
苏卡达陆龟	草食	45～50	3～4	30～35	25～28	28～30	18～22

任务 2　蜥蜴的保定与临床检查

学习任务单

学习目标：1. 掌握小型蜥蜴的保定方法，掌握蜥蜴的保定原则。2. 掌握蜥蜴临床检查的基本方法。

学习资源：1. 教科书。2. 实验蜥蜴。3. 信息化教学资源。

学习任务：1. 保定蜥蜴。2. 打开蜥蜴的口腔。3. 完成蜥蜴的临床检查。

【相关知识】

一、保定

保定时应小心，许多蜥蜴较难控制，可能会在试图逃跑时伤害自己（例如，小壁虎的皮肤撕裂），自割，或给处置者造成伤害。

• 小型蜥蜴应在精确的电子秤上称重。一些品种可能需要限制在塑料罐中，以便在进一步处理之前进行彻底观察。壁虎可能停留在张开的手掌上。

• 可允许较大的温顺蜥蜴在诊室中走动。

• 大型或毒蜥科蜥蜴需要有经验的处置者。

• 攻击性或易惊飞的蜥蜴应始终受到控制、限制。

控制头部以防咬伤，控制尾巴以防止鞭打，通常需要双手握住保定。尽可能将四肢合并在一起，以减少抓伤的风险。大的更具攻击性的个体可以用毛巾包裹起来，以便于进行处置。覆盖蜥蜴的头部可以起到镇静的作用。变色龙有一根树枝就会紧紧抓住。

眼心反射可以用来制服一只好斗的蜥蜴，对眼睛施加压力会导致副交感神经兴奋，使心率降低、对外界刺激反应减弱。在蜥蜴的头部敷上绷带，用棉絮垫在眼睛上，这样就可以快速地进行放射检查等程序。蜥蜴会因为噪声或身体操作苏醒。

☞**注意事项：**处置蜥蜴时应戴一次性手套。这是为了防止疾病在蜥蜴和处置者之间传播，也为了降低处置者成为不同物种之间疾病传播媒介的风险。

二、病史

90%以上的爬行动物患病是由饲养管理不佳导致的。在进行临床检查之前，应记录完整的病史，以便全面评估蜥蜴的饲养状态。根据具体情况，饲养史调查需要 10～30 min。

蜥蜴到达诊所时可能会体温过低，在临床检查之前，应将爬行动物放在温暖的环境中。观察或检查体温过低的蜥蜴会影响判定结果。有时需要在蜥蜴体温上升到最佳体温后住院观察一段时间。或者，在诊室里设一个温暖的生态缸或孵化器。

三、观察

检查应该从远处观察蜥蜴开始。蜥蜴应该敏锐机警，能够将身体抬离地面并探索环境。巨蜥应该表现出更多的舌头弹动，其他蜥蜴可能会舔物体表面和保定处理者。应严格评估动物身体静止和运动姿势，如有异常通常提示营养继发性甲状旁腺机能亢进（代谢性骨病）或神经系统疾病。震颤或肌束震颤可提示低血钙。

四、体格检查

每个病例都应该参考熟悉的物种进行详细的体格检查。有些蜥蜴可能需要麻醉以便于检查。

应彻底检查头部，特别注意舌头、眼睛和耳朵。应使用压舌板打开口腔并检查。蜥蜴常见出现外伤和口炎。皮肤病是蜥蜴的常见病，应进行寄生虫、未成功蜕掉的皮和损伤的全面检查。应仔细检查皮肤与黏膜连接处。鳞片内出血可能提示败血症或局部外伤。临床上脱水的蜥蜴会出现眼睛凹陷和皮肤皱褶。

肺野和心脏听诊的作用有限,最好使用多普勒超声来评估心脏,应密切观察呼吸,检查声门,以确定呼气时是否产生杂音。四肢肿胀提示创伤、营养性继发性甲状旁腺功能亢进或蜂窝织炎。应轻轻触诊体腔,检查是否有肿块。有卵泡疾病的雌性蜥蜴卵巢非常脆弱,可能破裂并引起腹膜炎,因此建议谨慎处理。皮肤色素少的壁虎可以进行透照,透照可以评估肝脏和体腔脂肪。在大型蜥蜴身上可以进行泄殖腔指检,通过这种方法可以在骨盆的背面触诊到肾脏。

任务 3　蜥蜴的实验室诊断技术

学习任务单

学习目标:1. 了解蜥蜴采血技术,掌握尾腹静脉穿刺技术。2. 掌握蜥蜴冲洗泄殖腔采集粪便的方法。

学习资源:1. 教科书。2. 实验蜥蜴。3. 信息化教学资源。

学习任务:1. 蜥蜴尾腹静脉采血。2. 冲洗蜥蜴泄殖腔采集粪便。

【相关知识】

大多数情况下,蜥蜴意识清醒时可以进行静脉穿刺。最大安全采血量为动物体重的 0.4%～0.5%。蜥蜴首选尾腹侧静脉采血。尾腹侧静脉容易被淋巴液污染,但很多情况下只能尝试此处采血。可以尝试颈静脉采血,不建议腹中静脉采血。表 5-1-2 为蜥蜴血液样本采集方法。

表 5-1-2　蜥蜴血液样本采集方法

采血部位	保定	技术	说明
尾腹侧静脉	仰卧位或者让尾巴挂在桌子边缘从下面进针	最好的进针点是尾巴近端 1/3 处: 1. 以 45°角入针。 2. 缓慢进针,同时对注射器施加负压。 3. 血液会进入注射器。如果触及椎骨时仍没有血液出现,稍微抽出针头并重新定位	血管位于尾腹中线,越靠近泄殖腔越粗。 应注意避开雄性体内的半阴茎。为大多数蜥蜴的首选穿刺部位。 壁虎尾静脉穿刺时应小心,最好对其进行麻醉,以降低自割的风险。 也可以采用椎骨横突下方的侧面入针。有报道该位置可留置静脉导管
颈静脉	侧卧,暴露颈部侧面	在肩部前方施加压力,使血管膨胀	血管从肩部到下颌角。 右颈静脉大于左颈静脉。 可能需要麻醉。 可用于静脉导管留置
心脏穿刺	仰卧、镇静	多普勒超声可以用来定位心脏	在胸腔入口的锁骨之间入针

1. 尾腹静脉采血

尾腹静脉采血容易被淋巴液污染。技术方法：与头背侧方向呈30°～60°角，由腹中线进针，注射器内保持轻度负压（图5-1-2）。也可以使用侧通路进针采血。具体见蜥蜴血液样本采集（表5-1-2）。

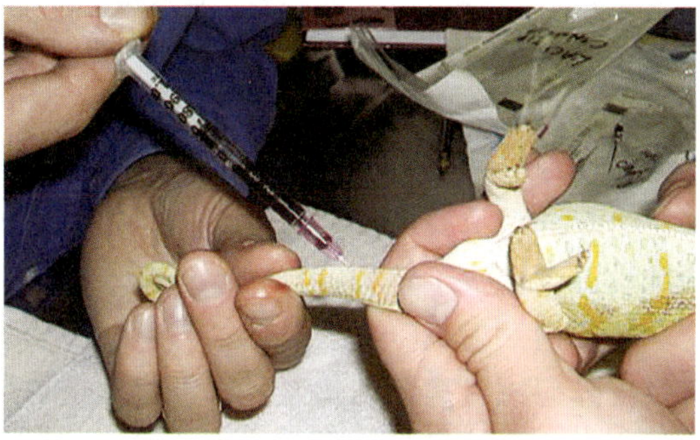

图5-1-2　蜥蜴尾腹侧静脉采血

2. 蜥蜴颈静脉采血

蜥蜴颈静脉粗大，但上覆有肌肉，位于深层。颈静脉位置的体表投影位于耳朵到肩关节连线。通常不采用颈静脉采血。

3. 使用冲洗泄殖腔的方法采集粪便样本

泄殖腔排泄物是粪便和尿酸盐的混合物。粪便呈褐色，半固态，将粪便与盐水混合涂片然后立即检查是否存在原生动物。将部分粪便悬浮在高渗溶液（如硫酸锌）中，离心并检查寄生虫卵和活的幼虫。如果没有粪便样本，可进行泄殖腔冲洗：

(1)使用润滑的圆头饲管，将生理盐水（10～20 mL/kg）注入泄殖腔。

(2)按摩尾侧体腔。

(3)抽取泄殖腔内容物。

任务4　蜥蜴的抗生素与液体疗法

学习任务单

学习目标：1. 掌握抗生素疗法。2. 掌握液体疗法。3. 掌握肌内注射、腹腔内注射、经口胃管给药方法。4. 了解蜥蜴骨内留置针、颈静脉留置针的操作方法。

学习资源：1. 教科书。2. 实验蜥蜴。3. 信息化教学资源。

学习任务：1. 制订蜥蜴的抗生素与液体治疗方案。2. 对蜥蜴进行肌内注射、腹腔内注射、经口胃管给药。3. 观看蜥蜴骨内留置针、颈静脉留置针的操作方法。

【相关知识】

一、住院治疗

当一只蜥蜴第一次被送到诊所时，在看诊前把它的体温提高到最适合这个物种的温度是很重要的。一旦达到最佳体温，就可以进行一次完整的临床检查，也能让药物更好地代谢。

用于住院的饲养箱需要功能齐全，提供适当的热、光和湿度，并易于清理。较大的蜥蜴或那些需要更专业的住所的蜥蜴很难在诊所里妥善安置，它们需要更大的饲养箱和更强大的热源。生命衰竭的蜥蜴不能调节体温，所以为这些动物提供一个均匀的热环境是很重要的。热疗法是对患病蜥蜴进行支持治疗的最重要部分。孵化器、植物育苗器甚至鸟类育雏器都可以达到很好的效果。所需的准确温度取决于物种，但通常 28～30 ℃是可以接受的。根据物种需求提供合适的 UV-B 照射和热辐射照射(35～40 ℃)。

许多蜥蜴(例如，患有蜕皮障碍或肾病的动物)需要高湿度，这可以通过简单地在饲养箱内放置一个装有潮湿垫付(如苔藓)的猫砂托盘来实现。对于希望治疗蜥蜴的临床医生来说，拥有合适的 UV-B 光源也很重要。

二、抗生素疗法

抗生素分 3 个等级，第一级抗生素为广谱抗生素，为了提高治愈率，也为了减少细菌耐药性的发展速度，应当首先选择第一级抗生素。只有基于药敏试验且药敏结果显示 1 级药物具有耐药性的情况下才选择第二级抗生素。第三级抗生素只有在特殊授权的情况下使用。

第一级抗生素：

—甲氧苄啶、磺胺类药物或组合

—四环素类(例如土霉素、多西环素)

—碱性/强化青霉素(如青霉素、阿莫西林/克拉维酸盐)

—甲硝唑

—林可霉素(例如林可霉素、克林霉素)

—氨基糖苷类

—第 1 代头孢菌素(例如头孢氨苄)

—第 1 代喹诺酮类(喹啉酸、萘啶酸)

第二级抗生素：

—第 2 代和第 3 代头孢菌素(头孢他啶、头孢噻呋)

—高级青霉素(如哌拉西林、羧苄西林、替卡西林)

—第 2 代氟喹诺酮类(例如恩诺沙星、环丙沙星)

—氟苯尼考、氯霉素

第三级抗生素：

—糖肽(例如万古霉素)

—碳青霉烯类(例如亚胺培南)

—恶唑烷酮(例如利奈唑胺)

—第 4 代及以上头孢菌素类(如得菲尔)

—酮内酯类(如泰利霉素)

—脂肽(如达托霉素)

—安索霉素(如格尔达那霉素)

—第3代及以上氟喹诺酮类(如左氧氟沙星)

抗生素疗法可能适用于虚弱的蜥蜴。青霉素是一线广谱抗生素,针对爬行动物的细菌培养和药敏的统计结果显示,96%的爬行动物细菌性病原对庆大霉素敏感,其次为青霉素(91%),再次是羧苄西林(90%)。

由于爬行动物的肾门静脉系统,由肾小管分泌物排出的药物在注射后躯时会有肾首过效应,导致部分药物尚未分布到体循环就被肾小管排出。因此,通过肾小管分泌排泄的药物,要注射在身体前半部分。

常见的注射部位包括轴上肌和四肢肌肉组织。由于爬行动物皮下注射可能吸收不佳,因此药物建议采用肌内注射的方法给药。爬行动物富含鳞片的皮肤脏污,注射前需要无菌准备。许多动物表现出疼痛反应,而变色龙和水龙会因黑色素细胞的激活而在疼痛处产生一个黑色区域(图5-1-3、图5-1-4),在注射前应向饲主说明,这种颜色变化是暂时的。

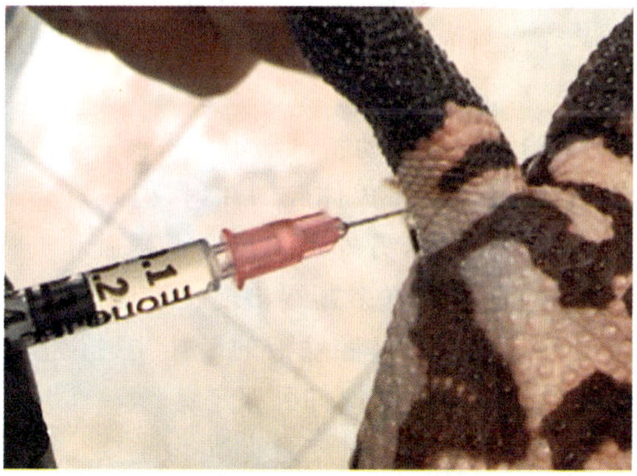

图5-1-3　守宫的肌内注射

图5-1-4　变色龙注射后皮肤变色

三、雾化

雾化也是蜥蜴治疗的一部分。这将提高饲养箱的相对湿度,并提供一些补水。可以使用药物雾化,许多药物可以用于雾化,如黏液溶解剂、系统性给药毒性较大的药物(氨基糖苷类、两性霉素B)。通常在一个小环境中雾化20 min,一天两次。

四、液体疗法

液体疗法适用于所有患病的爬行动物。蜥蜴的维持液量为30 mL/(kg·d)。这可以通过多种途径实现:

- 泡澡
- 经口胃管补液
- 肠外补液

1. 泡澡

对轻度衰弱的蜥蜴来说,泡澡(用水或市售电解质溶液)是有效的。蜥蜴在泡澡时不应该无人看管。泡澡的区域应该加温，一些蜥蜴可以忍受 5 min 的泡澡时间。可以在一个小塑料罐（以防泄漏）中泡澡，也可以在加温水的植物育苗器中进行。泡澡可能会促使蜥蜴排出粪便，如果排便，应立即清除并进行化验。

2. 经口胃管补液

胃管容易操作，硬管或软管均可。在很多情况下，应该使用压舌板等使蜥蜴保持开口，以免蜥蜴受伤或导管受损。蜥蜴会用力咬，脆弱的牙齿会受到创伤，甚至会发生颌骨骨折，为了减少这种风险，不使用质地很硬的物体让蜥蜴保持开口。压舌板是理想选择，因为压舌板在蜥蜴用力咬时会有比较宽的受力面。胃管可以给蜥蜴体重的百分之一（即 1 mg/100 g）的液体，每天最多 4 次。管子应该避开声门沿着食道向下，深度至肋弓后。给药前应加热液体，可以是自来水，也可以是市售的含有额外电解质的溶液。

图 5-1-5 蜥蜴经口胃管

3. 肠外给药

肠外给药每次可以按蜥蜴体重的 1% 给予，每天最多 4 次。可以使用用于哺乳动物的液体，因为其钠含量与蜥蜴体内的钠含量相似。大多数哺乳动物的液体渗透压为 280～320 mOsm。在注射前，应进行无菌准备：刷洗后用碘制剂消毒。

皮下输液：皮下输液在爬行动物医学中几乎没有用处。

体腔内输液：蜥蜴很容易完成体腔内注射，但缺点是液体会压迫体腔内脏，包括肺部，另外由于稀释了凝血和炎症因子，可能会影响伤口愈合。许多蜥蜴出现腹腔渗出，这种情况下体腔内输液没有好处。体腔输液的最佳注射位置是体腔的后 1/4 腹侧，避开中线，蜥蜴仰卧保定。

进针应注意避免损伤肺，这对变色龙尤为重要。可以先使用体腔输液 1 次，因为它操作简单、可以单独完成，随后有时间的时候，可以再使用技术要求更高的方法补液。如果需要多次体腔内注射，可以回抽注射器确定体腔中是否有上次注射后残留的液体。

骨内输液：骨内输液是四肢较长的蜥蜴的理想选择，并且优于体腔内输液。许多部位可用于骨内输液，包括股骨近端、肱骨和胫骨。许多临床医生会先使动物处于麻醉状态再埋置骨内留置针。

☞**骨内留置针方法：**

（1）用碘酒和医用酒精消毒。

（2）在长骨近端注入少量局部麻醉剂。

（3）将脊椎穿刺针插入髓腔，进针深度尽可能深。通过回抽后有血液确认位置（可能需要先注射少量生理盐水）或者可以进行试验性注射，软组织出现肿胀说明液体进入了周围软组织。也可以通过 X 线确认骨内留置针位置。

（4）开始输液。

骨内输液速度过快会造成疼痛，最好使用输液泵或注射泵。骨内输液还有发生医源性骨髓炎的风险，应当使用预防性抗生素。

静脉输液：静脉输液有诸多优点，蜥蜴可以选择使用静脉输液。只能选择颈静脉（图 5-1-6）或头静脉。首选右颈静脉，因为大多数蜥蜴右颈静脉较粗。需要切开皮肤留置颈静脉或头静脉的留置针。大多数病例需要麻醉。颈静脉位于下颌角到肩关节的连线，头静脉位于前肢背侧走向稍倾斜。腹静脉和尾静脉也可以插管，但对于小个体来说，这在技术上是有挑战性的。对于极度衰竭的患者，可能很难找到放置导管的位置，在放置导管之前，可以通过其他途径注射液体改善灌注。可以使用骨内输液，这是治疗初期最实用的一种液体治疗方法。

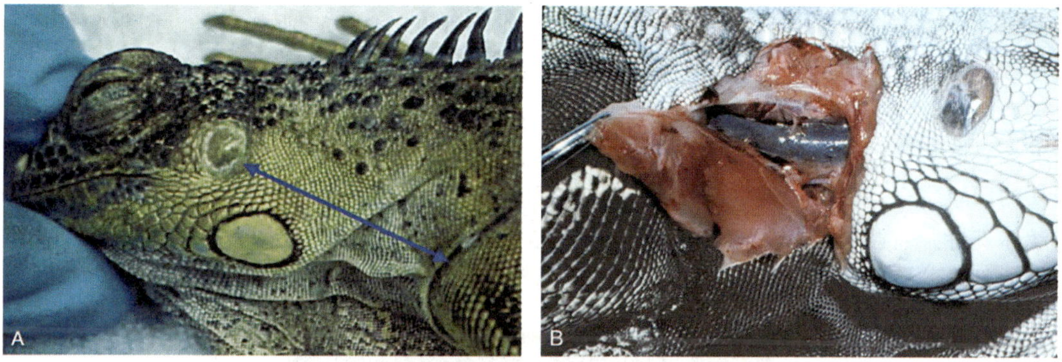

图 5-1-6　蜥蜴颈静脉

A. 颈静脉的体表投影；B. 切开皮肤示颈静脉

任务 5　蜥蜴的营养支持

学习任务单

学习目标：1. 掌握营养支持理论知识。2. 熟练掌握经口胃管给药方法。

学习资源：1. 教材。2. 实验蜥蜴。3. 信息化教学资源。

学习任务：1. 计算蜥蜴的 SMR，根据配方食品说明计算蜥蜴饲喂量。2. 制订蜥蜴的营养支持方案。3. 制订蜥蜴的综合治疗方案（包括环境管理、抗生素疗法、液体疗法、营养管理）。

【相关知识】

治疗爬行动物疾病，营养支持是必需的，但在最初并不迫切。长期厌食的蜥蜴缺乏液体、电解质和能量。细胞内成分被耗尽，以维持血浆水平，因此生化检查可能无法发现异常。提供葡萄糖会促进离子向细胞内运输，导致血浆中钾和磷的消耗，称为再饲喂综合征。重要的是要确保在进行营养治疗之前补充电解质。大多数病例应每天补液 4% 体重，直到排尿。一旦排尿，说明已成功补液，可以进一步加强液体疗法并开始营养支持。

蜥蜴的体重通常会持续增加，直到脱水被纠正（即水合状态恢复正常），之后体重不会再进一步大幅增加。当蜥蜴的体温升高时，能量需求增加。爬行动物的标准代谢率（SMR）定义为既定温度下的维持需求：

- $SMR(kJ/d)=10\times$体重$(kg)^{0.75}$

这相当于温血动物的基础代谢率。一般来说，爬行动物的维持能量需求是 SMR 的 1.5～2 倍。这大约是相当大小哺乳动物的 1/20，因此，蜥蜴不需要太多食物。

每次喂食时，胃管可提供蜥蜴体重 1% 的液体（见上文）。非常虚弱的蜥蜴给予小于 1% 的液体。如有反流，应停止给药，并减少液量。蜥蜴只有在温暖的条件下才能消化和吸收食物。应该慢慢将蜥蜴加热到它的最佳温度，并且在胃管强饲之前至少稳定 30 min。蜥蜴在喂食后应保持温暖数小时。如果有能力，蜥蜴会自行寻求更高的温度。

胃管只能短期使用，一些顽固的动物可能操作困难。有许多商业制剂可以用于爬行动物，包括草食和杂食物种。可以使用哺乳动物的产品饲喂肉食蜥蜴，然而，这些食物中可能含有高水平的嘌呤，这些嘌呤被代谢成尿酸。理论上，这可能导致排尿酸的蜥蜴患上肾脏疾病。通过基于金字塔营养结构的食物摄取蛋白质更为安全。如果动物在喂食前已纠正水合状态，食物带来的尿酸应当不会造成问题。没有支持治疗的进行性体重减轻表明爬行动物需要进行营养和液体支持。监测尿液和粪便排出量会有帮助。

如果需要长期营养支持，则应放置食道饲管，蜥蜴食道饲管相较于龟较难操作，但视情况可以留置（图 5-1-7）。

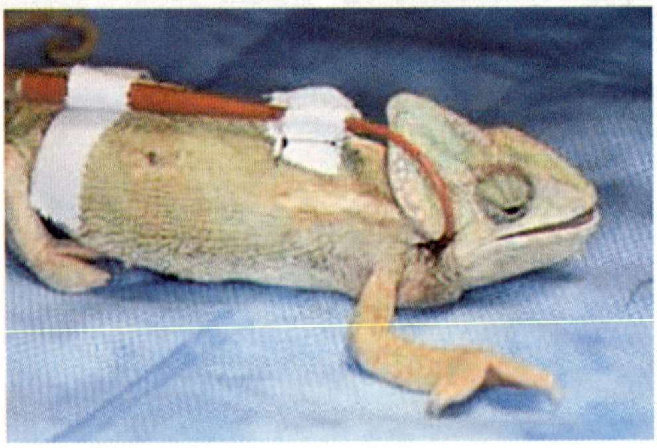

图 5-1-7　蜥蜴食道饲管

项目2

蛇的临床诊疗技术

【知识目标】

1.掌握蛇类保定与临床检查方法。

2.掌握蛇血液样本采集技术。

3.掌握蛇治疗技术。

【能力目标】

1.能够正确保定蛇并完成临床检查。

2.能够采集蛇血液样本。

3.能够对蛇完成临床给药。

【素质目标】

1.提升异宠诊疗专业素养与过硬的心理素质。

2.锻炼娴熟的诊断、治疗技术。

3.提高动手能力。

4.培养团队精神。

任务1　蛇的保定与临床检查

学习任务单

学习目标:1.了解蛇的保定方法。2.掌握蛇临床检查的基本方法。

学习资源:1.教材。2.实验蛇。3.信息化教学资源。

学习任务:1.学会如何保定实验蛇。2.学会打开蛇的口腔。3.学会使用探针检查蛇的性别。4.绘制蛇腹腔脏器解剖图。

【相关知识】

一、保定

兽医见到的大多数蛇是相对温顺的,但如树蚺(*Corallus* spp.)、绿树蟒和网纹蟒(*Python*

图 5-2-1 保定蛇的头部

reticulatus）等品种，可能会有攻击性。每一条蛇都应该被封闭在一个防逃跑的容器里，比如一个用绳结绑起来的布袋，袋子应该放在一个安全的箱子里。

• 任何长度超过 1.5 m 的蛇（尤其是蟒蛇和蚺蛇）应由两个人保定。

• 应从其头部后面靠近蛇，轻柔而坚决地抓住咽喉尾侧的部位（图 5-2-1）。

• 抬起蛇时，蛇身应有两个支撑位置。

• 体型较大且不配合的蟒蛇（如缅甸蟒、血蟒和网纹蟒）可能需要使用化学抑制剂来进行详细的检查和诊断。

• 蛇经常在受惊吓后排出泄殖腔和麝香腺内容物。

☞**注意事项**：处置毒蛇会使工作人员面临潜在的生命危险，必须考虑动物医院的法律责任。

二、临床检查

首先，应该对蛇进行称重并获得完整的病史。通过获得详细的病史可以很容易地确定大多数疾病的根本原因。给饲养管理提出改进意见后，进行临床检查。临床医生在保定蛇之前应该先观察，评估蛇的总体外观、营养状况、姿势和运动：

• 抬起蛇时，蛇应具有良好的肌张力且对环境敏感。

• 大多数蛇被触摸时会频繁弹舌头。

• 蛇身上不应有残留的表皮碎片。

• 松弛的皮肤皱褶和突出的肋骨提示脱水和营养不良。

• 应检查腹鳞有无变色、肿胀和溃疡。

• 背侧棘突侧面的凹痕是由于肋骨断裂造成的；这在野外捕获的蛇中偶尔可见。

• 泄殖孔应是清洁的，无任何堵塞的排泄物。

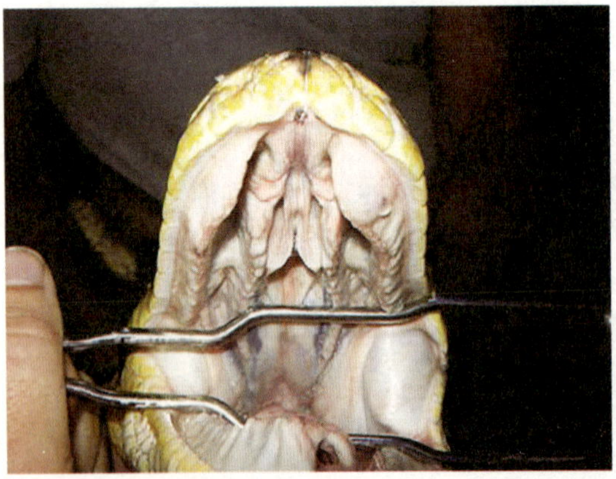

图 5-2-2 蛇的开口方法

在评估蛇的整体情况后，临床医生可以继续更详细地检查，从头部开始：

• 将橡胶压舌板或鸟用开口器轻柔插入两腭之间，使口腔张开（图 5-2-2）。

• 口腔黏膜通常呈淡粉色。

• 应检查牙龈有无肿胀、出血、渗出物和牙齿松动。

• 牙齿是弯曲的针状突起，包在牙龈中。

• 声门位于口腔底部，在吸气时会打开到最大限度。声门不应该有任何渗出物。

• 舌鞘位于声门之下。

• 食道起始于口腔后部，可能有黑色素着色。

• 每只眼睛都被一个单独的鳞片覆盖，称为眼盖。眼盖下面是角膜。眼盖和角膜间有间隙，间隙里有鼻泪器官产生的液体。

• 夜间活动的蛇有竖直的瞳孔，白天活动的蛇瞳孔为圆形。瞳孔反应可以用明亮的光源来评估。

温顺的蛇用食指或拇指按压肋骨腹突之间进行触诊，从颈部开始一直到尾巴。图 5-2-3 为蛇解剖示意图。

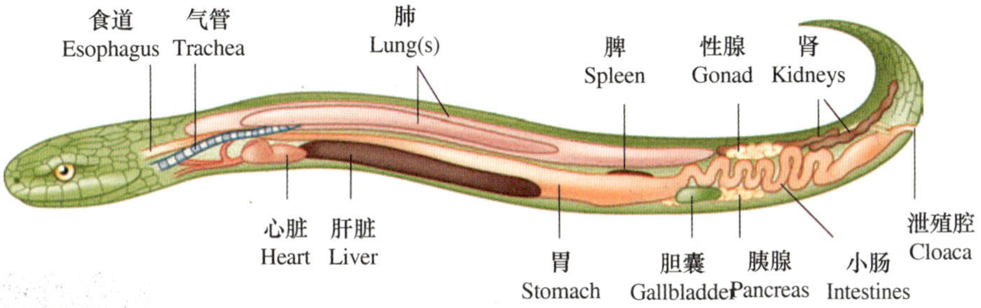

图 5-2-3　蛇解剖示意图

任务2　蛇的实验室诊断技术

学习任务单

学习目标：1. 掌握蛇尾腹侧静脉、颈静脉、心脏的解剖位置。2. 掌握蛇尾腹侧静脉采血，了解心脏采血，掌握血样处理技术。3. 掌握粪便采集技术。4. 了解气管灌洗技术。

学习资源：1. 教科书。2. 实验蛇。3. 信息化教学资源。

学习任务：1. 蛇尾腹侧静脉采血。2. 正确根据化验项目处理蛇血液样本。3. 使用冲洗泄殖腔的方法采集粪便样本。

【相关知识】

不同物种的爬行动物，需要选择不同的抗凝剂。通常认为 EDTA 会导致一些物种溶血，爬行动物通常使用肝素锂作为抗凝剂。由于爬行动物体型小，可提供的血液样本量少，因此通常进行血浆生化检测。使用注射器中残留的血制作血涂片。不建议在注射器中添加抗凝剂以避免影响检测结果。

一、蛇尾腹侧静脉采血

蛇尾腹侧静脉采血的适应证与其他动物相同。蛇尾腹侧静脉局部解剖图见图 5-2-4；蛇尾腹侧静脉穿刺见图 5-2-5。

• 通常使用物理保定即可，但大型或不配合的蛇可以用透明塑料管保定或用布托啡诺镇静。

• 对于大多数实验室而言，0.2～0.4 mL 的全血足以进行血液学和生化分析，但最好提前与实验室核实。

• 采样后应立即制作血涂片。

• 爬行动物血容量为 4%～8%体重，健康爬行动物的最大安全采血量为血容量的 10%：即 0.4～0.8 mL/kg。

• 如血液样本量足够，可以分别使用 EDTA 和肝素锂作为抗凝剂，选择 PCV 高的样本进行检测。

• 蛇的首选采血位置是尾腹静脉。小型蛇(≤0.2 kg)或脱水的蛇，可能需要心脏穿刺。

尾腹静脉穿刺：

• 避免雄性成对的半阴茎（14～16 片尾下鳞）和雌性成对的泄殖腔腺（6 片尾下鳞）。

• 局部消毒后，使用 22～24 G 的针头以 30°～60°角插入鳞片间，直到与尾椎接触。

• 然后将针头退出 1～2 mm，缓慢吸出血液。

• 样本可能被淋巴液污染。

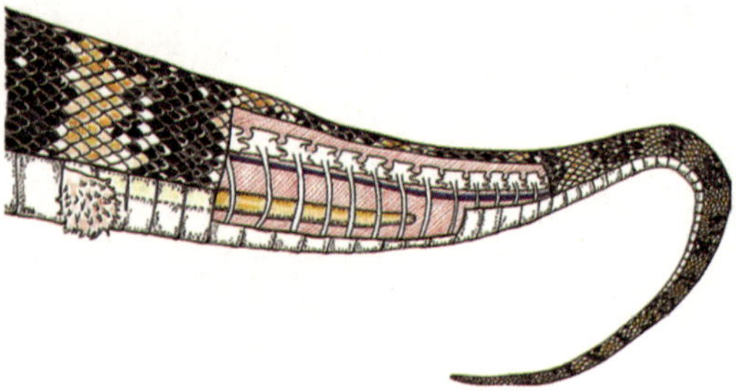

图 5-2-4 蛇尾腹侧静脉的局部解剖

(注：刺状的半阴茎在泄殖腔处向尾侧延伸。尾腹侧静脉呈蓝色，位于椎骨腹侧。)

图 5-2-5 蛇尾腹侧静脉穿刺

二、心脏穿刺采血

心脏穿刺采血有一定风险，无法使用尾腹静脉成功采集血液样本时，才考虑使用心脏穿刺。

心脏穿刺：

• 首选在镇静条件下操作。

• 背卧位，心脏位于从鼻孔到泄殖孔之间 22%～33%的地方。

• 触诊并固定住心脏，将针插入搏动心室的顶端。

• 可能需要血流多普勒超声来定位心脏。

• 血液会随着每次心跳搏动进入注射器。

• 采样后指尖对采样处按压 30～60 s，如果不按压可能会导致心包内积血。

三、冲洗泄殖腔采集粪便

泄殖腔排泄物是粪便和尿酸盐的混合物。粪便呈褐色，半固态，将粪便与盐水混合涂片然后立即检查是否存在原生动物。将部分粪便悬浮在高渗溶液（如硫酸锌）中，离心并检查寄生虫卵和活的幼虫。如果没有粪便样本，可进行泄殖腔冲洗：

（1）使用润滑的圆头饲管，将生理盐水（10～20 mL/kg）注入泄殖腔。

（2）按摩尾侧体腔。

（3）抽取泄殖腔内容物（图 5-2-6）。

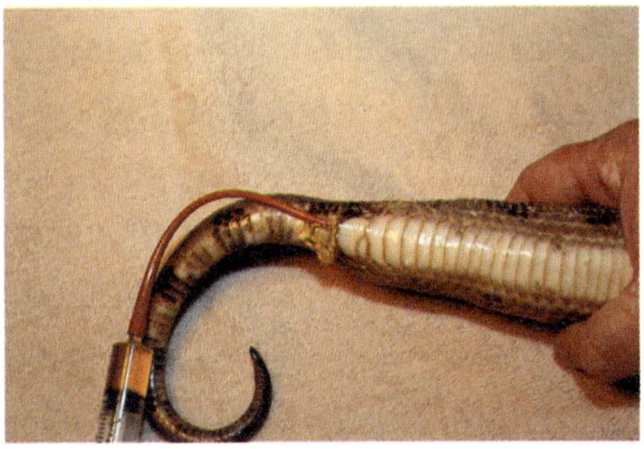

图 5-2-6　蛇泄殖腔冲洗

四、气管灌洗技术

使用气管灌洗技术从下呼吸道（气管、肺）中采集细胞样本，用于细胞学检查、寄生虫和微生物培养及药敏试验，对于诊断和治疗非常重要。通常，衰弱的蛇不需要镇静剂。大小合适的无菌饲管或公猫导尿管效果良好。

（1）将导管穿过声门。

（2）将无菌生理盐水（5～10 mL/kg）注入肺部。

（3）按压蛇的身体，使肺部渗出物松动。

（4）抽吸。

（5）涂片作细胞学分析，将液体转移到好氧、厌氧和真菌培养基上。

任务3　蛇的治疗技术

学习任务单

学习目标：1. 掌握液体疗法。2. 掌握营养支持疗法。

学习资源：1. 教科书。2. 实验蛇。3. 信息化教学资源。

学习任务：1. 对蛇进行肌内注射、皮下注射、体腔内注射。2. 通过经口胃管饲喂实验蛇。

【相关知识】

一、支持治疗

1. 给药方式

肌内注射的位置是平行于脊柱的背最长肌。由于蛇具有肾门静脉系统，应在身体前半部使用肾小管代谢（青霉素类）或肾毒性（氨基糖苷类）的抗生素。应在鳞片之间（鳞片间皮肤）进针。也可以使用皮下注射，但有些药物，如恩诺沙星和氯胺酮，具有刺激性，能引起无菌性脓肿。静脉注射的首选部位是尾腹侧静脉。

2. 液体疗法

哺乳动物使用的标准等渗晶体液对蛇很有效。具体包括乳酸林格液、林格液、2.5%葡萄糖溶液与0.45%生理盐水混合液。所有要进行手术的蛇都应该在围手术期进行肠外补液。加热的液体可以通过各种途径给予:泡澡、口服、皮下注射、体腔注射、静脉输液。

(1)泡澡　对于轻度脱水的蛇,温水或电解质/糖溶液是补充体液的有效方法。水深应不超过蛇的直径,浸泡24 h是有益的。体重增加5%~10%并不少见。

(2)口服　液体和药物可以通过预润滑的橡胶胃饲管、圆头饲针或导尿管给予。导管应预先测量,以确保液体被注入食道末端或胃,胃位于鼻部和泄殖孔的中间。建议的最大量为10~20 mL/(kg·d)。

(3)皮下注射　以5~10 mL/(kg体重·d)的速率在背侧棘突两旁注射温热液体。如果给药得当,可以看到液体在皮肤下向头/尾方向运动。

(4)体腔注射　补液量较大时[10~25 mL/(kg体重·d)],建议使用此方法。温热液体从身体后1/4段注入。由于体腔膜的表面积大,吸收比皮下吸收快。与身体长轴成30°朝向头侧,从前两排侧鳞之间进针。如果存在体腔疾病,则不建议使用此方式补液。

(5)静脉输液　通常在颈静脉进行静脉输液。蛇颈静脉位于心脏头侧9个鳞片的位置,位于腹直肌深部,放置颈静脉留置针需要镇静,切开皮肤并钝性分离腹直肌(图5-2-7)。

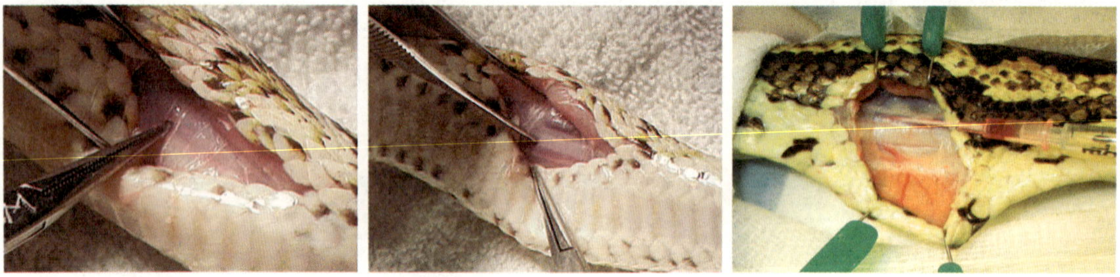

图 5-2-7　蛇颈静脉冲洗

二、营养支持

蛇为食肉动物,营养支持可选择商品化的食肉动物营养支持配方。打开蛇的口腔相对容易,可通过经口胃管(见口服补液部分)的方式对蛇进行营养支持(图5-2-8)。饲喂量可参考商品化配方说明。

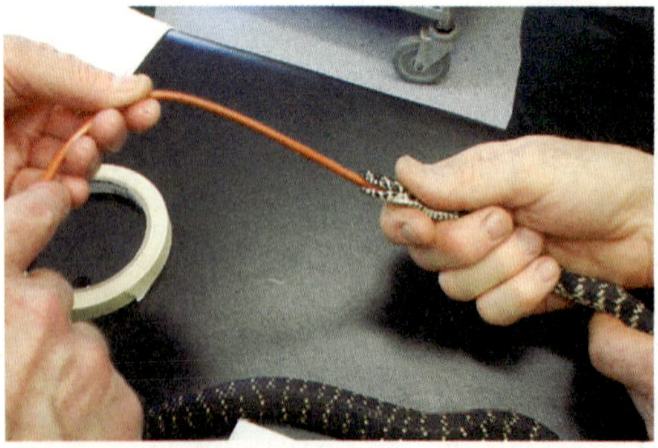

图 5-2-8　经口胃管对蛇进行营养支持治疗

项目3

龟类的临床诊疗技术

【知识目标】

1. 掌握龟类保定与临床检查方法。
2. 掌握龟类血液样本采集技术。
3. 掌握龟类治疗技术。

【能力目标】

1. 能够正确保定巴西龟并完成临床检查。
2. 能够于颈静脉采集巴西龟血液样本。
3. 能够对巴西龟完成肌内注射、静脉注射、体腔内注射、体腔外腔注射。

【素质目标】

1. 提升异宠诊疗专业素养与过硬的心理素质。
2. 掌握娴熟的诊断、治疗技术。
3. 锻炼动手能力。
4. 培养团队精神。

任务1　龟类的保定与临床检查

学习任务单

学习目标：1. 了解龟的保定方法。2. 掌握龟的临床检查基本方法。

学习资源：1. 教科书。2. 实验巴西龟。3. 信息化教学资源。

学习任务：1. 保定巴西龟。2. 打开龟的口腔。3. 使用多普勒血压仪检查龟的心率。

【相关知识】

一、保定

陆龟非常容易保定，大多数的宠物龟性格温和，通常可以密切、频繁地接触。应该在桌子上方保定陆龟，陆龟可能会用四肢挣扎和蹬挠保定人员，所以不应该在有摔落风险的地方保定。

对于野外捕获的动物或者一些较大的物种，在保定时可能需要额外的预防措施。与缩回壳内有关的肌肉组织非常有力，应该注意不要让处理患病动物的手指夹在四肢和壳之间。一些有铰链的物种能在龟甲闭合处夹住手指。一些大物种有非常有力的下腭，在检查口腔时需要小心。紧张的动物会排尿。

水龟非常活跃，很少退缩到壳里。这些水龟可能非常具有攻击性，处理患病动物时必须意识到这些物种可能会造成咬伤。可以用网把水龟从水里捞出来。

在处理多个龟类时，确保患病动物之间的生物安全非常重要。在保定不同的龟时，进行有效的手部消毒、手套和设备消毒可防止交叉感染。应防止龟与龟之间直接的接触。如果进入公共区域，比如进行冬眠前的健康检查，这些注意事项尤其重要。

大多数陆龟都可以接受检查，对于小到中等的个体则不需要特别的保定。体型较大的陆龟可能需要镇静。应该有助手辅助保定。

一般来说，大多数陆龟不能完全闭合龟甲，而是依靠前肢的大鳞片来保护头部和颈部。一些陆龟和箱龟几乎可以完全缩到壳中。处理这些动物时需要足够耐心使它们能够将头部或四肢伸出壳外。需要轻柔地引导头部伸展，牢固地抓住头部并轻轻地伸展以抵抗颈部肌肉的阵挛收缩。不宜太过用力，特别是对于幼年动物可能需要镇静。一旦保定住头部或任何四肢，患病动物就不能再退回壳内，可以开始检查或治疗。如有必要，可以使用开口器轻轻打开龟甲的后部。应注意不要使用过大的力，因为可能会损坏龟甲或其他结构。

二、病史调查

在对患病动物进行检查之前，必须详细地询问病史。饮食、环境、购买或收养的地点、同种个体的存在、繁育史和病史都是诊断的关键。和所有异宠一样，临床医生遇到的许多问题都可以追溯到饲养不当。

三、临床检查

- 应为患病动物或变凉的动物提供加热垫。
- 软橡胶压舌板可用于打开口腔进行检查并采集诊断拭子。
- 可使用涂有水溶性凝胶的 8 MHz 多普勒探头评估心脏。
- 通常需要打磨工具来进行喙的整形和修剪。

任务 2　龟类的实验室检查

学习任务单

学习目标：1. 了解龟的影像学检查方法。2. 掌握龟的血液样本采集。
学习资源：1. 教科书。2. 实验巴西龟。3. 信息化教学资源。
学习任务：1. 拍摄并解读巴西龟的 X 线片。2. 巴西龟颈静脉采血。3. 巴西龟背甲下静脉窦采血。

【相关知识】

一、采血前准备

大多数陆龟和水龟可以使用颈静脉、背甲下静脉、尾背静脉或肱静脉进行采血。陆龟不会自行梳理，皮肤表面因长有鳞片而凹凸不平，容易堆积大量碎屑和污垢，因此采血前进行彻底清洁非常重要。建议使用牙刷或指甲刷进行外科刷洗，用异丙醇冲洗，并用棉球、纱布或棉签擦拭，直至冲洗后的水眼观洁净。

针的大小取决于静脉穿刺部位的位置和患病动物的大小，应尽可能选择较小的适当尺寸。爬行动物的血容量占其体重的5%～8%，总血容量的10%可以安全地用于血液学检查。因此，100 g龟含有5～8 mL血液，安全采血量为5～8 mL的10%(0.5～0.8 mL)。对于大多数动物来说，23号针头足以进行颈静脉采样。背甲下静脉采血时，特别是在较大的动物中，可能需要使用加长的针头。

二、颈静脉采血

颈静脉采血不会受到淋巴液污染，因此是龟类最佳的采血位置。一些力量很强的龟，如大体型陆龟，颈静脉采血时需要镇静或麻醉。颈静脉的解剖位置位于耳朵上缘延长线、向尾侧延伸，位置非常浅表，5°～15°进针(图5-3-1)。

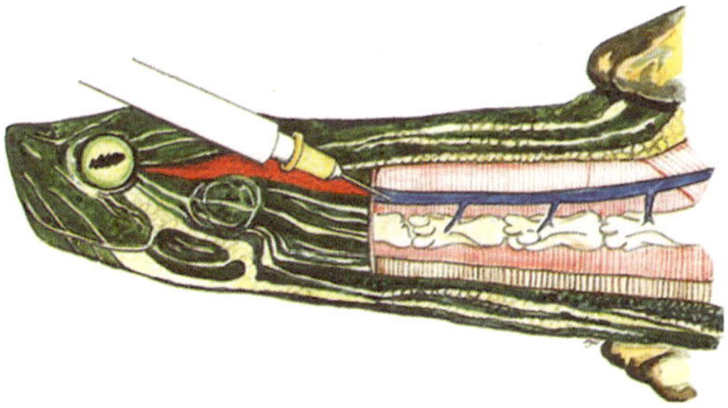

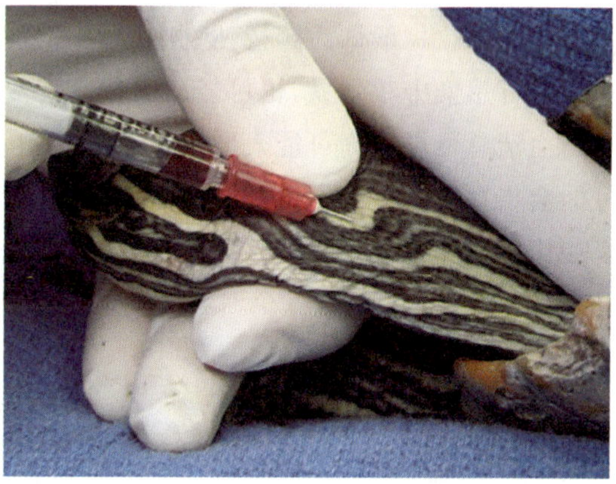

图5-3-1　龟颈静脉采血

三、背甲下静脉采血

背甲下静脉窦采血很容易受到淋巴液污染，位于背甲下与椎骨之间的空间。将手指伸入头颈背侧、背甲下方，手指可触摸到一个骨性凸起，于骨性突起背侧入针，顶到背甲后稍微退针。血管位于淋巴管的尾侧，如果采集到淋巴液，说明针尖位置应向尾侧调整(图5-3-2)。

四、血样处理

新鲜血液样本应收集到含有肝素锂的试管中。需要一个单独的取样管来检测葡萄糖，但许多实验室使用肝素锂血液样本进行所有生化指标检测。如果需要快速检测血糖水平，可以使用快速血糖仪。血液收集管中的EDTA可能导致龟类红细胞的裂解，特别是当储存时间大

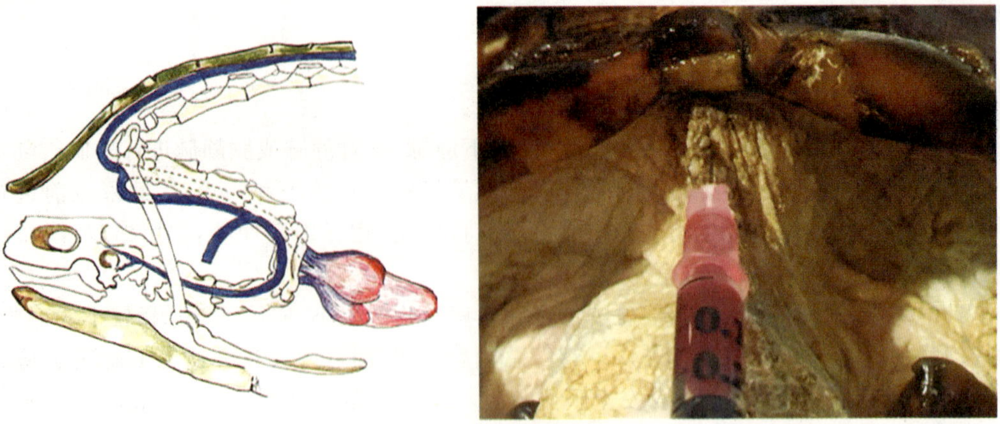

图 5-3-2　龟背甲下静脉采血

于 24 h，因此肝素锂是优选的抗凝剂。在样品与肝素混合之前，应制备新鲜血液涂片。强烈建议外送到专业实验室进行血液学评估。龟类的血液学分析是一个非常专业的领域，最好让熟悉龟血液学的临床病理学家对样品进行评估。

血液学和生化：血液学评估包括红细胞（RBC）计数和形态，以及血液寄生虫。白细胞血象可以提示细菌或病毒引起的急性或慢性感染。白细胞（WBC）计数可能在感染早期上升，然后大幅度减少。一般认为爬行动物嗜异性粒细胞等同于哺乳动物的中性粒细胞。单核细胞增多症在病毒感染中很常见，也可能表明慢性感染。

血清总蛋白升高可能表明脱水。在生殖活跃的雌性龟和那些患有卵巢疾病的雌性龟中，可能会出现钙磷平衡紊乱和肝酶升高。肝脂血症和（或）肝硬化难以通过血清生化值检测。可以使用尿酸和钙磷比率评估陆龟的肾脏状态。随着肾脏疾病的进展，尿素、肌酐和磷酸盐可能升高。

任务 3　龟类的治疗技术

学习任务单

学习目标：1. 掌握给药的基本方法。2. 掌握液体疗法。3. 掌握营养支持疗法。4. 了解龟安乐死。

学习资源：1. 教科书。2. 实验巴西龟。3. 信息化教学资源。

学习任务：1. 对巴西龟进行肌内注射、皮下注射、体腔内注射、体腔外腔注射。2. 通过经口胃管饲喂巴西龟。3. 观看食道饲管留置的操作方法。

【相关知识】

一、给药方式

• 龟可能难以直接口服药物。

—配合的患病动物可以使用橡胶压舌板打开口腔并投药。

—在非厌食的患病动物中，药物通常可以与动物喜欢的食物一起投喂：大多数箱龟会很乐意接受放在草莓或其他喜欢的水果里的药物，许多陆龟接受将药物撒在莴苣叶的断面上的方法饲喂。

• 可以在前肢进行皮下注射。

• 肌内注射易于给药，通常注射在肱骨近端的肌肉上。

二、液体疗法

据估计，爬行动物的每日维持液量在15～25 mL/kg。适应沙漠环境的物种很可能落在范围的下限。

脱水在患病的龟中很常见，应加热液体以匹配患病动物的POTZ。管理方法如下。

• 口服/泄殖腔：许多脱水的龟浸泡在浅的温水中时很容易饮水，同时也会通过泄殖腔吸收水分。水位必须足够低，使患病动物能够不费力地将头部抬出水面。托盘应装满温水至下颌水平，至少浸泡20 min。值得注意的是，陆龟通过鼻孔饮水，并可能长时间将头部保持在水下。这种方法适用于轻度脱水的龟。除非最初的脱水得到纠正，否则不建议给虚弱的患病动物经饲管喂水。初步纠正脱水后，可以将水与口服药一同经饲管给予。较浓稠的药液可以减少误吸的可能。

• 皮下：最容易进行皮下输液的区域是后肢头侧的皮下。

• 进针应在较浅表的位置，并且在皮下是可见的。

• 体腔内：液体可以直接注入体腔，以便更快吸收。连接头皮针注射即可不受患病动物运动的影响。体壁薄的患病动物，进针应浅，以避免刺入膀胱。患病动物应置于侧卧位，针头与体壁呈一定角度刺入。不应以这种方式输注大剂量液体，以免造成呼吸窘迫。

• 体腔外腔(Epicoelomic)：体腔外腔为胸肌与胸甲之间的潜在腔隙，此处可一次性注入最多0.5%体重的液体，操作简单、吸收迅速，一天中可多次注射，是比较理想的补液方式。注射要领：于头颈和前肢之间，紧贴胸甲背侧进针，针尖指向对侧腹股沟处。

• 静脉注射：患病动物可在麻醉状态下留置颈静脉导管。较大的动物或该区域皮肤较厚的动物通常需要切开皮肤后留置。导管容易留置在这个位置，但难以维护。如果在患病动物意识清醒后留置静脉导管，应将导管直接缝合到皮肤上或用胶带贴在导管周围后缝合到皮肤上。可能需要限制头部和颈部的运动，否则留置针可能发生阻塞。

• 骨内：骨内导管可以放置在背甲和腹甲之间桥连处的松质骨中。首选位置股前窝头侧。可以在壳中钻出小孔，并将大规格注射器针或脊髓针插入并固定在壳上。需要麻醉或镇静镇痛。

三、营养支持

在治疗的早期阶段不需要辅助饲喂，只有在长期厌食后才考虑进行。像其他爬行动物一样，龟可以长时间不进食。可以通过液体的形式提供热量和维生素。在大多数情况下，一旦确定了疾病的原因并开始适当地治疗，患病动物将恢复主动进食。如果厌食是慢性的，患病动物可以经管饲喂。在管饲前，患病动物应补充水分并保持最佳体温。

1. 胃管

用舌压板开口器打开口腔后，可以将大小适合的胃管放入胃中。陆龟可以使用 3 mm 气管插管，操作时润滑管道是非常重要的。胃位于身体的头侧 1/3 处，建议在喂食前测量导管的长度。对于完全清醒的龟可能很难操作，可能需要镇静。误吸和食道损伤是该操作最常见的并发症。脱水的陆龟食道黏膜非常干燥，很容易撕裂，因此，最好避免使用这种技术，或只使用一次。

2. 食道饲管放置

对于需要长期喂养和口服补液的龟，使用食道饲管比胃管更好（图 5-3-3）。可以使用较粗的饲管。较粗的饲管利于液体和以纤维为基础的饲料通过。有些动物需要使用饲管进食数个月。

☞**龟食道饲管留置：**

（1）对非常虚弱的动物使用局部麻醉；否则使用全身麻醉。

（2）将止血钳置于食道内侧壁上，以便标志位置，切开皮肤。小心避开颈动脉和颈静脉。

（3）使用止血钳刺穿食道壁和皮下组织。

（4）轻轻打开止血钳，扩大孔径，钳夹住管子的末端。

（5）将饲管从口中抽出并润滑。

（6）将饲管重新插入食道。

（7）用氧化锌胶带将饲管的末端粘贴到背甲上。将饲管横跨颈部到背甲的对侧，这样可以防止形成一个环，以免龟将前肢插入环中拉出管子。

（8）拍摄 X 线确认饲管的位置。可以先用温水开始灌喂。一旦开始水和营养支持，最初可以先给予可溶性商品化产品（例如 Reptoboost™ 或 Pedialyte™）。

图 5-3-3　龟食道饲管

提供的配方食物应适合该物种食性，可以使用用于食草动物的商业配方粮饲喂陆龟，水龟可以给予肉食动物配方的流食。半水生物种，可以结合两种商业配方饲喂。

四、安乐死

注射巴比妥酸盐是龟安乐死的首选方法。如果需要在动物主人在场的情况下进行安乐死，可能需要镇静放置静脉通路。肌内注射氯胺酮（100 mg/kg）加地西泮或替来他明/唑拉西泮(25～50 mg/kg)可达到所需镇静深度。镇静起效时间有一定变化,但通常在30 min内达到镇静深度。当患病动物体温升高时,药物吸收增强。患病的动物循环减慢,导致镇静所需的时间延长。一旦镇静,安乐死溶液可以通过静脉内(通常通过颈静脉)、体腔内或心内注射。

龟类安乐死最具挑战性的是确认死亡。可以使用多普勒超声检查,但谨慎的做法是要求动物主人离开,直到尸僵证明动物死亡。一旦多普勒探头检测到心脏不再活动,使用皮下注射针刺入动物的枕骨大孔来确保动物死亡。

通过枕骨大孔穿刺以完成安乐死时,动物主人不应在场。如果主人希望立即将尸体带回家埋葬,并且已经在场接受静脉注射、体腔内注射和(或)心内注射,临床医生可以用一根长而略微弯曲的皮下注射针穿过龟的口腔插入颅底,也可以注射少量安乐死溶液。只有在通过多普勒探头检测到没有心跳10 min后才能完成上述操作。或者,可以将动物短暂地带到没有饲主的房间内并损坏脊髓。

冷冻爬行动物是非专业人士常用的安乐死方法,但应该强调的是,这种方法绝不应该使用。它不是一种人道的安乐死形式,因为冷冻时大脑停止非常缓慢,导致动物经历整个冻结过程。人道安乐死应是一种在死亡前先行使动物意识丧失的方法,兽医需要让非专业人员意识到这种差异。

项目4

小型哺乳动物的临床诊疗技术

【知识目标】

1. 掌握小型哺乳动物的保定与临床检查方法。
2. 掌握小型哺乳动物的血液样本采集技术。
3. 掌握小型哺乳动物治疗技术。

【能力目标】

1. 能够正确保定小型哺乳动物并完成临床检查。
2. 能够于颈静脉采集小型哺乳动物血液样本。
3. 能够对小型哺乳动物完成临床给药。

【素质目标】

1. 提升异宠诊疗专业素养与过硬的心理素质。
2. 掌握娴熟的诊断、治疗技术。
3. 锻炼较强的动手能力。
4. 培养团队协作精神。

任务1　杂食性啮齿动物的保定与临床检查

学习任务单

学习目标：1. 掌握杂食性啮齿动物的物理保定与化学保定技术。2. 掌握杂食性啮齿动物的临床检查方法与基础生理指标。

学习资源：1. 教材。2. 实验用杂食性啮齿动物。3. 信息化教学资源。

学习任务：1. 可以有效保定杂食性啮齿动物。2. 可以通过临床检查了解就诊动物体况。

【相关知识】

一、保定

小型啮齿动物属于猎物（被捕食者），面对犬、猫和不熟悉的人等潜在捕食者时可能会进入应激状态，它们的感知途径包括听觉和嗅觉，因此如有可能，应将它们与潜在的捕食者分开安置，并在操作前充分清洁双手以去除其他物种的气味。许多小型啮齿动物动作迅速又难以预测，因此应采取保护措施，避免其意外逃跑或跳到地上（可能引起严重后果）。用毛巾轻柔地包裹通常有助于保定和控制一只易激动的啮齿动物。

1. 花枝鼠的保定

花枝鼠性格温顺，但被激怒的花枝鼠可能咬人。应用一只手握住花枝鼠的胸廓和背部，同时使用拇指和食指固定下巴后端，另一只手捏着尾巴稳定动物（图 5-4-1）。颈部背侧的皮肤也能像保定其他啮齿类动物一样用来捏起花枝鼠。塑料的三明治套袋也可作为花枝鼠和其他小型啮齿类动物的保定工具。将花枝鼠的头放置入三角袋的尖端，然后将边缘折叠至花枝鼠的背侧来限制活动。

2. 仓鼠的保定

仓鼠具有攻击性，一个有效的保定方式为将仓鼠置于平面上并以拇指靠近仓鼠头部用手掌将其覆盖，仓鼠背部皮肤松弛，可用所有手指将其牢牢抓住并举起，当胸腹部皮肤均绷紧时表示仓鼠被安全地举起；仓鼠亦可由颈部背侧与肩胛处拎起，拎起仓鼠时须注意外延的颊囊与过度松弛的皮肤可能使仓鼠转身咬操作者（图 5-4-2）。

仓鼠属于被动冬眠动物，如果气温持续低于 4.5 ℃，它们可能会尝试冬眠。食物供应不足、光周期改变和其他因素也可能导致仓鼠冬眠，尽管这些因个体而异。冬眠不是连续的，而是每隔 2～3 d 会被包括觅食在内的阵发性正常活动打断。冬眠期间，仓鼠对触觉刺激保持敏感，可被轻柔地唤醒。正常的室温（18～22 ℃）和光照时长（12～14 h）不太可能引起仓鼠冬眠。许多主人常将临床症状（例如，缺乏活力、嗜睡、厌食）误认为冬眠的表现，从而延误了带动物到兽医处就诊的时间。

图 5-4-1　花枝鼠的保定

（图片由骆雨朦医师提供）

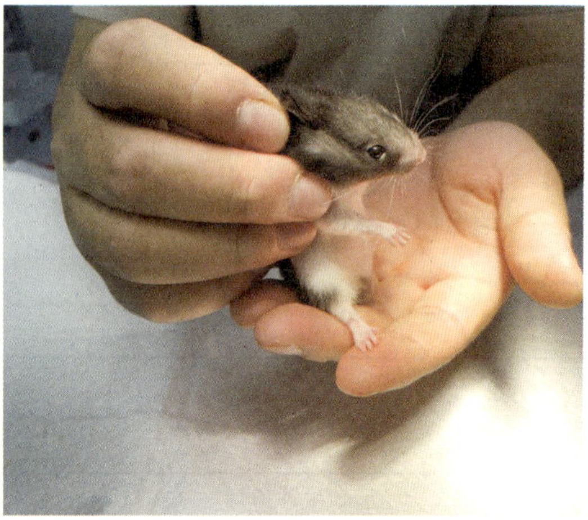

图 5-4-2　仓鼠的保定

（图片由骆雨朦医师提供）

二、整体状态的评估

1. 病史调查

仓鼠、花枝鼠等小型哺乳动物的主人能提供的病史信息通常非常有限。由于在自然界中小型哺乳动物的地位通常为猎物，它们有隐藏病情的天性（猎食者会观察并选择患病猎物捕猎）。

2. 观察动物

保定前，应该要观察动物行为（对陌生环境的反应、活动力、姿势、异常行为）和呼吸频率。

仓鼠、花枝鼠等小型啮齿动物应对陌生环境感兴趣，如果观察到就诊的动物只是蜷缩在笼具中，而非抬起头嗅闻周围环境，通常表明动物发生休克、病情危重，随时可能死亡。未休克的患病动物会表现出更强的攻击行为，通常不咬人的仓鼠可能会突然变得咬人。

仔细观察动物的呼吸状态和口鼻颜色，呼吸系统感染、老年动物心脏病以及腹泻、厌食、难产等导致的低血容量性脱水，都会导致喘息和口鼻颜色发灰、发紫。这也是病情危重的指征。观察动物的呼吸状态，是否有呼吸吃力，仔细听呼吸时是否有异常声音，观察动物身体起伏，记录呼吸频率。

观察后，取出动物进行临床检查。仓鼠、花枝鼠心率非常快，可以用 1234567890、2234567890、3234567890 的方式数 10 s，之后乘以 6，计算出心率。取出动物后，仔细观察口鼻等天然孔是否有分泌物，有分泌物提示呼吸系统疾病；观察会阴部是否脏污，有脏污提示腹泻；触诊腹部是否有大的团块，可能为腹腔肿物，雌性动物可能为难产未产出的胎儿（仓鼠）。使用最小单位为克的电子秤称重，如厨房秤。检查动物皮肤弹性，健康的动物皮肤回缩时间 <1 s，脱水的动物皮肤回缩时间延长，严重脱水的动物皮肤弹性甚至消失。测量动物体温，病情严重的动物会出现体温下降。表 5-4 1 为花枝鼠的基础生理指标，表 5-4-2 为仓鼠的基础生理指标。

表 5-4-1　花枝鼠的基础生理指标

基础生理指标	数值
正常心率	250～450 次/min
正常呼吸频率	70～115 次/min
直肠温度	37.2～38.3 ℃
体重	成年公鼠：450～520 g 成年母鼠：250～320 g

表 5-4-2　仓鼠的基础生理指标

基础生理指标	数值
正常心率	310～471 次/min
正常呼吸频率	38～110 次/min
直肠温度	37～38 ℃
体重	成年公鼠：83～130 g 成年母鼠：95～130 g

任务2　杂食性啮齿动物的治疗技术与麻醉

学习任务单

学习目标：1.掌握杂食性啮齿类动物的给药方法。2.熟知杂食性啮齿类动物的支持治疗方法。

学习资源：1.教材。2.实验用杂食性啮齿类动物。3.信息化教学资源。

学习任务：1.操作完成杂食性啮齿类动物糖浆稀释配口服药、皮下注射、腹腔注射。2.可对杂食性啮齿类动物进行脱水评估、腹腔输液、皮下输液、静脉输液、营养支持。3.了解杂食性啮齿类动物麻醉原则、掌握麻醉流程，制订麻醉计划。

【相关知识】

一、杂食性啮齿类动物治疗原则

啮齿类动物体型小、体重轻，适用于犬、猫的药物通常需要稀释才能给啮齿动物施用。异宠助理需要熟练掌握稀释药物的相关计算，每次给药前应仔细核对。稀释后药物液量不可过大，应综合考虑给药的可操作性以及与体型对应的合理液量。

啮齿类动物投药途径受物种、体型和医生技术水平限制，皮下注射和腹腔内注射是最为常用的肠外给药方式。补液时，各种补液途径有利有弊：经口补液受消化道功能影响(如胃肠淤滞病例存在胃排空障碍，经口补液无法吸收)，皮下注射吸收缓慢，腹腔内注射有损伤脏器风险，静脉补液受到动物体型、医生技术限制，骨内留置针操作需要镇静或麻醉。可根据病患体型、年龄、体况、医生能力等具体情况选择合适的补液方式。

使用食物或水混合药物可能会产生问题，大多啮齿类动物不会食入有不熟悉味道或气味的食物，该种给药方式实际给予药物的剂量不明且有风险，会进一步加重动物能量代谢。

二、杂食性啮齿动物治疗技术

(1)皮下注射　严重脱水的动物由于外周循环障碍，皮下注射吸收缓慢，此时皮下补液效果不可靠，一次注射剂量最多为3%体重。

(2)肌内注射　可选择腰背最长肌、股直肌进行肌内注射。由于仓鼠体型小，肌内注射较为受限，且仓鼠有自损的习性，注射刺激性药物时，可能导致仓鼠自残。

(3)腹腔注射　可用左手抓取并固定动物，右手持注射器，从后腹部向头方向斜刺入腹腔，回抽注射器无回血、无尿液及消化道内容物时，再将药液推入腹腔，一次注射剂量最多为3%体重。

(4)静脉注射　花枝鼠和仓鼠的静脉导管留置通常需要使用气体麻醉剂镇静或麻醉。可选择臂头静脉、外侧隐静脉、腹侧尾静脉(花枝鼠)留置静脉导管。见图5-4-3至图5-4-6。

(5)骨内留置针　骨内留置针会造成疼痛，根据动物体况进行镇静或麻醉。骨内补液效果等同于静脉补液，且骨内可用于输血。留置骨内留置针需要镇静或麻醉，应使用短小的脊髓穿刺针，可有效避免针头被骨组织阻塞，也可选择使用普通注射器针头，刺入骨内留置针后如发现阻塞，可拔出旧针头，沿原位置刺入新针头。骨内留置针通常选择股骨近端，大转子头内侧的转子窝进针。备皮后切开皮肤，触诊到大转子，于大转子内侧（偏头侧），穿过骨松质刺入针头进入骨髓腔。注射少量生理盐水确定通畅，连接肝素帽，缝合皮肤，包扎辅助固定。术后避免动物自损。

除了液体支持外，营养支持也是必要的，不仅是对于厌食的仓鼠、花枝鼠，也包括持续进食却体重减轻、体态变差的仓鼠、花枝鼠。可使用婴儿食物泥（如菠菜、苹果、胡萝卜）混合草粉后使用注射器强饲进行营养支持，可以混合蜂蜜提高口感。

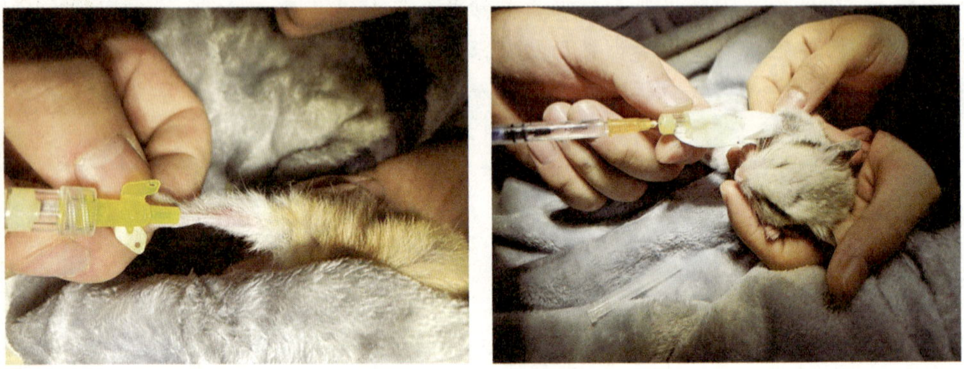

图 5-4-3　给仓鼠放置头静脉留置针头静脉注射药物

（图片由骆雨朦医师提供）

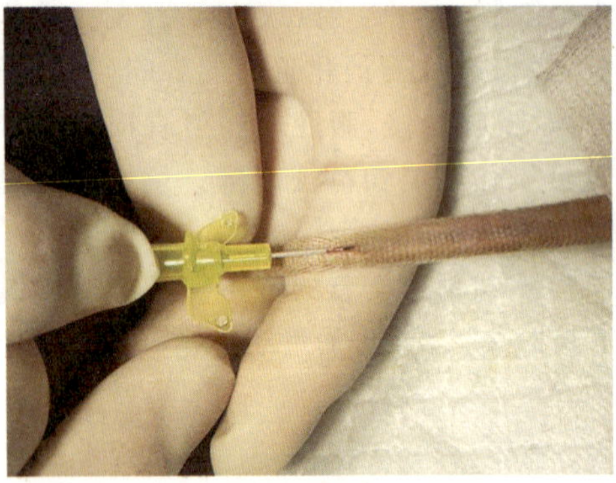

图 5-4-4　腹侧尾静脉放置留置针

（图片由骆雨朦医师提供）

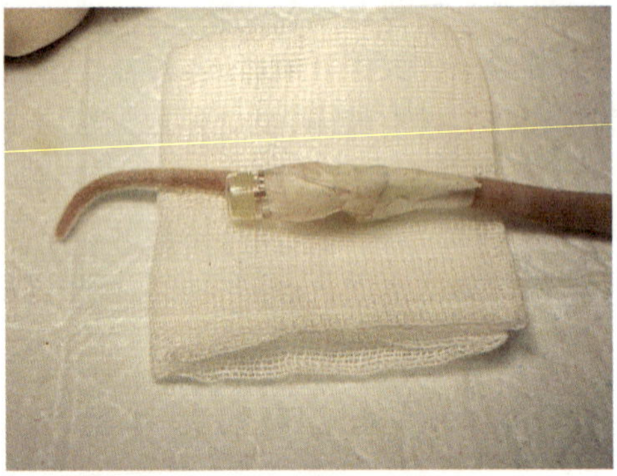

图 5-4-5　腹侧尾静脉留置针包扎

（图片由骆雨朦医师提供）

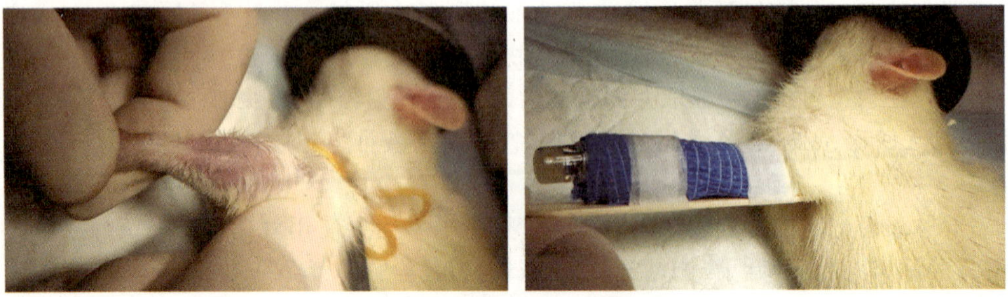

图 5-4-6　花枝鼠的头静脉留置针

（图片由骆雨朦医师提供）

三、杂食性啮齿动物麻醉

1. 麻醉原则

就诊的杂食啮齿动物通常病情危重，需要初步治疗后再麻醉以进一步检查或治疗。纠正低血容量性脱水对提高麻醉成功率至关重要。脱水性休克的仓鼠通常需要补充 65～80 mL/kg 体重的液体，花枝鼠需要 50～70 mL/kg 的液体，给液方式可以选择腹腔注射 30 mL/kg 体重的液体、皮下注射 30 mL/kg 液体。

小型啮齿动物可能出现亚临床呼吸道感染。为小型啮齿动物保暖很重要，因为它们的体表面积与体积之比很大，会导致术中出现显著的体温散失。在麻醉期间也是如此——体温过低可抑制全身功能，也有免疫抑制作用。仅使用隔热材料，如气泡膜包装，通常是不够的，不活跃的、麻醉中的啮齿动物无法产热，并且可能会使动物无法获得周围提供给它的环境热能。将这些动物安置在放有具吸收性的毛巾或其他材料的加热垫上，在防止加热垫变湿的同时减少局部烫伤的风险。

在可能发生体温散失的无毛区域使用隔热反射箔，例如，小鼠和大鼠的尾部、足部和耳郭。无须禁食——长时间禁食可导致低血糖。

很少使用麻醉前用药，虽然麻醉前用药确实能使诱导麻醉变得更加轻松和平稳，应衡量其与短时间操作时苏醒时间延长的冲突。可以选择咪达唑仑作为麻醉前用药，剂量为2.5～5.0 mg/kg 肌内注射。

经面罩或诱导箱来使用异氟醚进行诱导麻醉前，先预吸氧 3～5 min，可以改善血氧饱和度，降低麻醉风险。小型啮齿动物呼吸快，起效也快。

2. 麻醉流程

①临床检查；②初步稳定：补液、保温、吸氧；③再次评估体况；④麻醉前给药；⑤诱导箱预吸氧 3～5 min；⑥将异氟烷挥发罐浓度调至 5%，进行诱导麻醉，观察动物呼吸、活力；⑦面罩维持麻醉、保温，监测心率、呼吸频率；⑧操作。

任务3　杂食性啮齿动物的实验室检查

学习任务单

学习目标：1. 掌握杂食性啮齿动物的血液样本采集操作。2. 熟知杂食性啮齿动物的总血量和最大采血量。

学习资源：1. 教材。2. 实验用杂食性啮齿动物。3. 信息化教学资源。

学习任务：1. 苏醒状态下于花枝鼠内侧隐静脉采血。2. 麻醉状态下进行前腔静脉采血。

【相关知识】

花枝鼠的血容量为 60 mL/kg，采血最大量为 1% 体重。可由内侧隐静脉、颈静脉、尾静脉、前腔静脉、外侧隐静脉或腹侧尾动脉等进行采血。花枝鼠采集血液样本可能需要镇静或麻醉，非麻醉状态下可优先选择内侧隐静脉。见图 5-4-7。

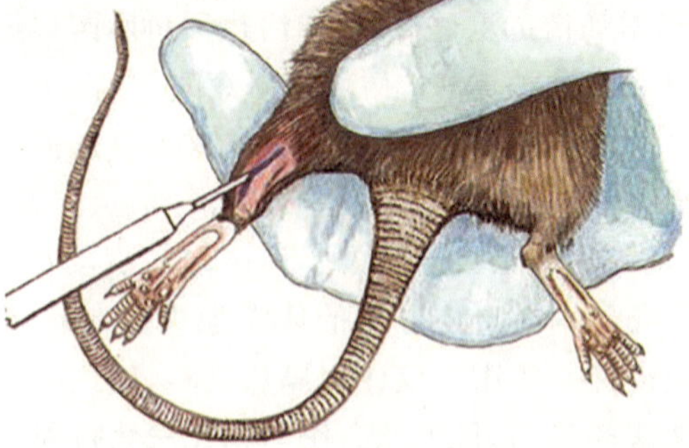

图 5-4-7　非麻醉状态下，花枝鼠保定及内侧隐静脉采血

仓鼠的采血部位包括颈静脉、前腔静脉、隐静脉、头静脉或尾静脉，通常需要镇静或麻醉，诊断测试用采血量应不超过总血量的 10%或约 8.0 mL/kg。见图 5-4-8 至图 5-4-11。

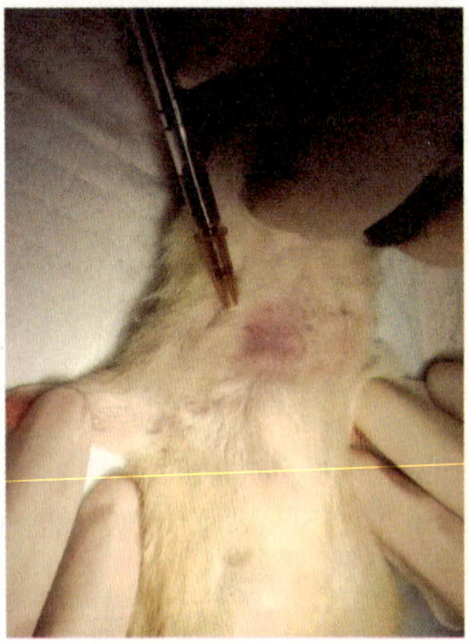

图 5-4-8　花枝鼠的前腔静脉采血

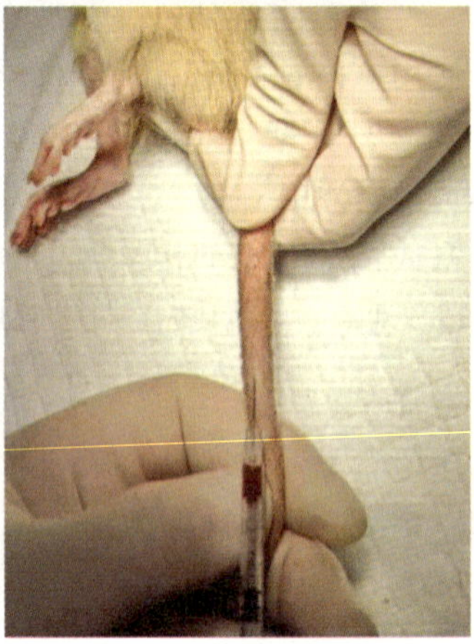

图 5-4-9　花枝鼠腹侧尾动脉采血

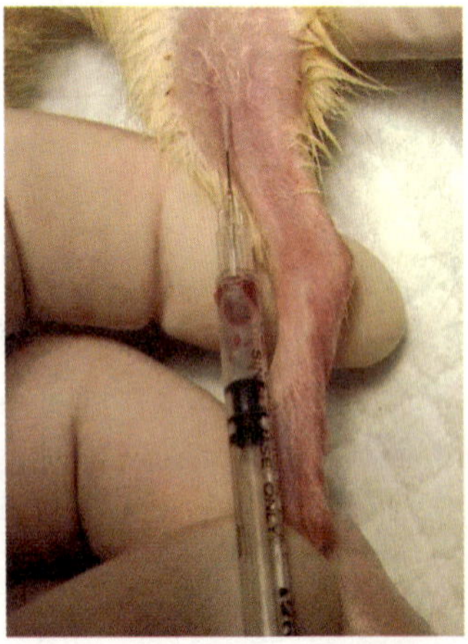

图 5-4-10　花枝鼠腹侧尾动脉采血

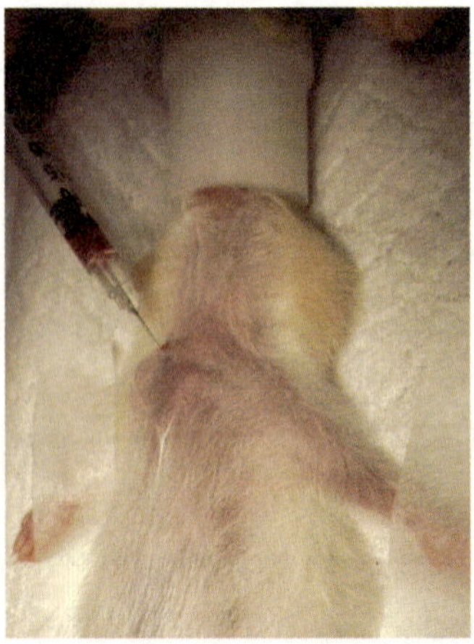

图 5-4-11　仓鼠保定及内侧隐静脉采血

任务4　小型草食性哺乳动物的保定与采血

学习任务单

学习目标：1. 掌握小型食草哺乳动物（兔、豚鼠、龙猫）的保定。2. 掌握小型食草哺乳动物的血液样本采集操作。

学习资源：1. 教材。2. 实验用食草小型哺乳动物。3. 信息化教学资源。

学习任务：采集小型食草哺乳动物的血液样本。

【相关知识】

一、小型食草哺乳动物的保定

作为猎物，兔可能表现出极端的反捕食行为，例如，从检查台上跳下来。在临床检查期间，操作应温和，避免过大的噪声，避免兔惊恐。潜在捕食者（如犬、猫和貂）的气味可能会给一些兔带来压力，因此应在检查之前尽可能清洁双手、检查台和设备来清除这些气味。每次咨询时都要称量兔的体重，体重减轻可能是牙科疾病等慢性疾病的第一个隐匿征兆。大多数兔无须过多的保定就可以在桌子上进行检查。抱起兔时，一只手要放在它们的胸部下方，另一只手支撑它们的身体后部和腿。需要检查它们的会阴和腹部时，可以轻轻翻转兔的身体，以背部朝下的姿势，这样兔就可以在检查者的胸部和手臂之间保持仰卧。可以用耳镜、喉镜来检查口腔，但对于意识清醒的兔，这不能被视为完整的口腔检查。

豚鼠和龙猫很少咬人，虽然总有个别例外。龙猫的“毛滑脱”（fur slip）是一种抵御掠食者的反应，应激个体在被抓住时毛发会成簇滑脱。

二、兔采血

因兔子血管脆弱且易形成血肿，静脉穿刺应小心进行，单次最大抽血量为 10 mL/kg。常用抽血处为外侧隐静脉。需要大量血液时，颈静脉是首选，颈静脉采血须良好保定，兔子可被置于毛巾或猫袋内，以类似于猫的方式将颈部轻轻抬伸，注意勿过度伸展颈部，某些雌兔因有巨大肉垂而降低颈静脉采血的可操作性。通常不于耳缘静脉、头静脉采血，该两处血管常用于留置静脉导管。耳缘静脉留置针有造成血栓形成与耳缘坏死脱落的风险，应避免小耳品种（如侏儒兔）、小于 1.5 kg 个体于此处留置静脉留置针。见图 5-4-12 至图 5-4-15。

三、豚鼠、龙猫采血

豚鼠和龙猫采血进行例行性检查具有挑战性，大多哺乳类可用的周边采血位置（如外隐静脉与头静脉）在豚鼠、龙猫很难看见，且仅能采集到少量血液。可尝试使用颈静脉采血，但它们的脖子短并且对保定的忍受性差使得此处采血受限。通常要取得适当的血液检体必须进行麻醉，一旦麻醉，可尝试进行前腔静脉、股静脉、外侧隐静脉与颈静脉穿刺采血。图 5-4-16 为豚鼠前腔静脉采血。

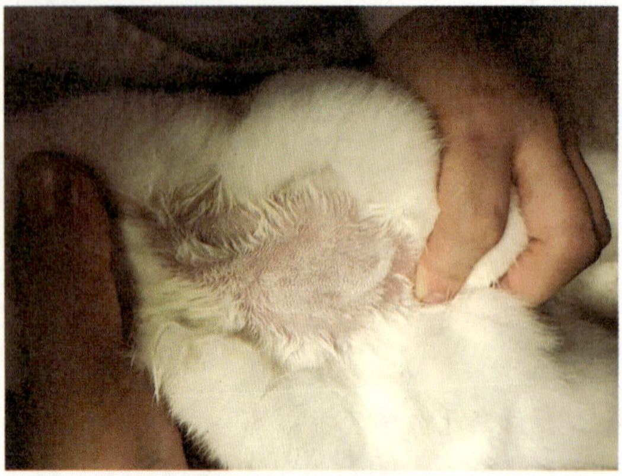

图 5-4-12　兔子颈静脉

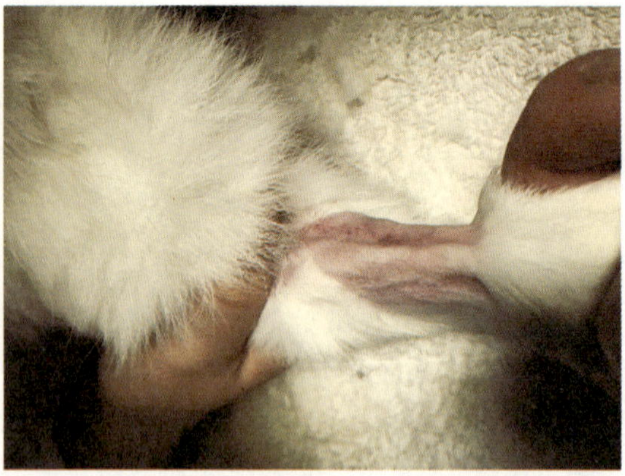

图 5-4-13　兔子头静脉

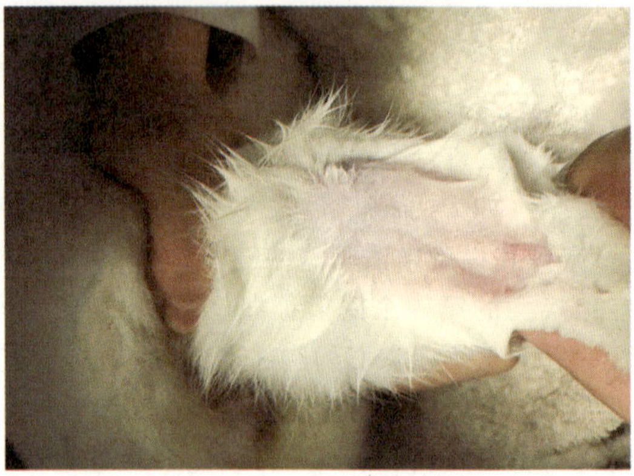

图 5-4-14　兔子外侧隐静脉

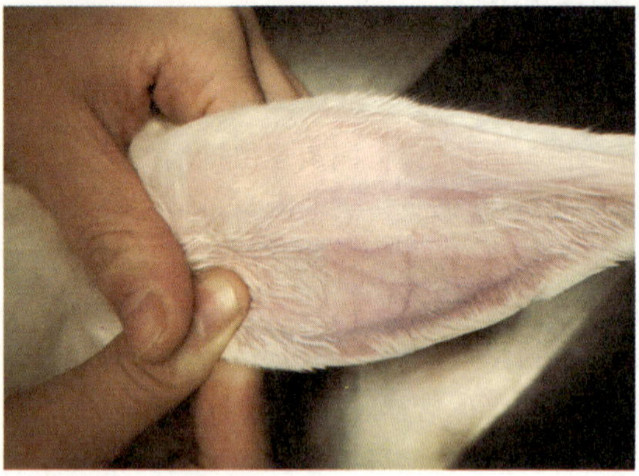

图 5-4-15　兔子耳缘静脉

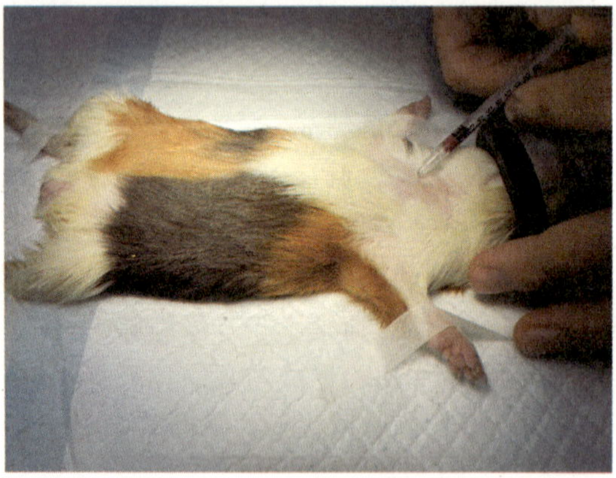

图 5-4-16　豚鼠前腔静脉采血

任务5　小型草食性哺乳动物的治疗技术

学习任务单

学习目标：1. 掌握食草小型哺乳动物的给药方法。2. 熟知食草小型哺乳动物的支持治疗方法。3. 熟知食草小型哺乳动物的抗生素使用注意事项。

学习资源：1. 教材。2. 实验用食草小型哺乳动物。3. 信息化教学资源。

学习任务：1. 可对食草小型哺乳动物进行脱水评估、腹腔输液、皮下输液、静脉输液、营养支持。2. 可对食草小型哺乳动物进行饲管的放置。

【相关知识】

一、宠物兔治疗

（一）脱水评估及液体疗法

兔子的每日饮水量为体重的10%～12%，是小型肉食动物的两倍。脱水所致液体重分布将导致一系列体内变化，包括肠道蠕动性降低（因为水分被肠道吸收）和肠道菌群的灾难性变化。兔消化道具有高需水量的特点，胃肠道液量占比为12%，犬仅为3%。

皮肤弹性为评估脱水状态较好的指标。可同时检查黏膜浸润度、微血管再充填时间（CRT）、股动脉脉搏、眼球位置、血容比主观评估水合状态，之所以脱水评估具有主观性，是因为它们也会受到体脂减少和年龄增加的影响。皮肤回缩时间延长、口腔黏膜干燥、脉搏正常时，估计有4%～6%的脱水；10%的脱水表现为严重的皮肤回缩时间延长；脱水10%以上会伴有低血容量性休克的迹象。

兔子很难从低血压发作中复苏。在代偿性低血容量性休克的早期阶段心率应该增加，但是在这个阶段，临床检查没有观察到兔心率升高。在兔子，当压力感受器检测到动脉压力不足时，迷走神经与交感神经同时受到刺激，心率可能正常或缓慢，而不是犬表现出的典型心动过速。正常兔子的心率180～240次/min，收缩压90～120 mmHg，体温37.7～38.8 ℃。大多数出现低血容量性休克的兔子表现出心率＜200次/min、低血压（收缩压＜90 mmHg）和体温过低（体温＜36.6 ℃）。因为心输出量是收缩力和速率的函数，通常在犬和鸟身上看到的对休克的代偿反应很可能在兔子身上减弱。在犬和鸟身上看到的休克的心输出量增加的迹象在兔子身上通常看不到。兔子休克最常见的是失代偿，表现为心率正常或缓慢、体温严重过低（＜36.6 ℃）、脉搏微弱或不可触及以及明显的精神沉郁。黏膜呈灰色、紫色或白色，毛细血管再充盈不明显。心动过缓和低心输出量会导致体温过低，而体温过低会加重心动过缓。图5-4-17为兔临床检查。

兔意识正常，可自由活动，但临床检查发现唇及舌色呈现灰紫色，该兔心电图及心脏超声检查正常，黏膜颜色异常为低血容量导致的组织缺血缺氧。

前肢血压比后肢更准确，实验测量兔子的收缩动脉压时，中心动脉压测量与多普勒之间的

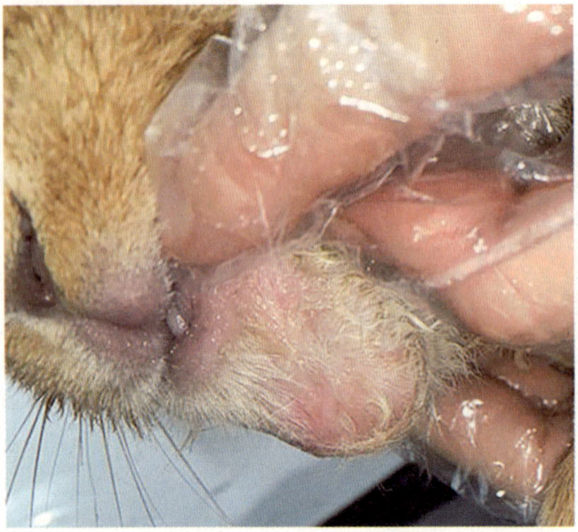

图 5-4-17 兔临床检查

相关性较差，然而多普勒血压已被证明是该物种低血压(<80 mmHg)的可靠指标，多普勒低血压与休克具有临床相关性。示波血压测量与中央动脉有良好的相关性，随着血压升高，示波法准确性下降。

1. 口服补液

由于兔消化道水分占比高，可通过口服补液纠正水合，并且可作为休克复苏治疗计划的一部分。在严重烧伤的情况下，单独口服补液有益，在高钠血症的情况下，口服补充剂可能比静脉补充剂更安全。可以使用注射器强饲液体，也可以通过鼻胃管或食管造口管进行口服补液并长时间留置。兔子从小肠、盲肠和降结肠吸收水分，因此口服途径不能用于胃充气扩张或小肠梗阻的情况。脱水严重时，胃肠道功能受到影响，不可将口服补液作为单一补液途径。皮下补液：1 个部位可给予 20 mL/kg 的液体，如果患病动物皮下一次性给予超过 20 mL/kg 的液体，有出现皮肤坏死的风险。休克动物外周血管收缩减少吸收，不应选择皮下输液。只有等渗液可以用于皮下输液。注射 5%葡萄糖可能会使间质空间中的液体移位并使电解质不平衡恶化。5%葡萄糖造成的低渗虽然是短暂的，但也可能导致坏死。

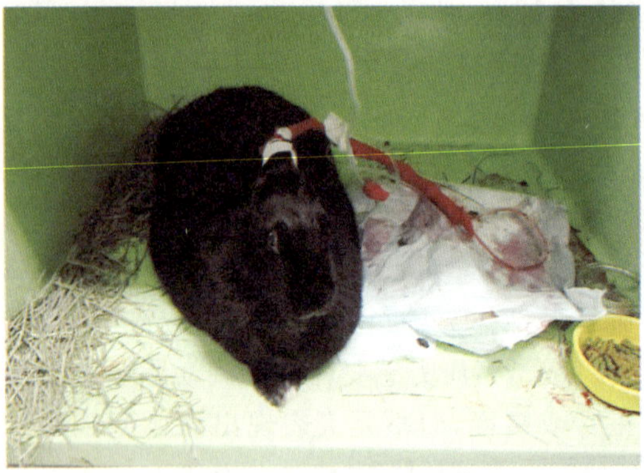

图 5-4-18 兔子耳缘静脉输液

2. 静脉输液

静脉输液治疗是输液和补液的金标准。耳缘静脉输液不会影响兔子运动，因为输液管固定在兔子上方(图 5-4-18)。并发症包括耳缘坏死和耳软骨骨折。兔留置针可以留置于头静脉和外侧隐静脉。兔输液时会在笼中绕圈运动，容易导致输液管缠绕；兔容易啃咬输液管，造成出血。

3. 骨内输液

骨内输液与静脉输液效率相当。幼龄兔急诊可选择骨内输液。可选择股骨用于骨内输液，进针位置为大转子头内侧的转子窝。方法为：镇静并配合局部麻醉后无菌备皮，使用脊髓穿刺针自转子窝刺入股骨的骨髓腔，拔出针芯，连接肝素帽并包扎。

4. 直肠内补液

直肠内液体疗法可用于兔子，兔对此耐受性非常好，且对分布性休克的兔子有效。将导尿管插入肛门约 5 cm，使用温生理盐水恒速直、结肠内输注，休克时液量可至 75 mL/kg。

兔子液体丢失量为 100～120 mL/(kg·d)；维持液输量为 50～70 mL/(kg·d)[3～4 mL/(kg·h)]，其余丢失量经口补齐(表 5-4-3)。

表 5-4-3 兔液体疗法

途径	液量
静脉	24 h 维持 2.5 mL/(kg·h) 手术中 5 mL/(kg·h)
皮下	20 mL/kg

(二)营养支持

兔子发生厌食应被视为急症处理，因为当兔子停止进食时，胃肠道生理变化(如黏膜萎缩)将改变胃肠道通透性而引起一连串可能危及生命的反应(如蠕动减少、水分吸收减少、pH 改变、菌群改变)。处理顺序为先刺激胃肠道蠕动，再诊断厌食原因。提供营养支持是刺激胃肠道蠕动的最佳方式，也可使用蠕动促进剂，但不可用于胃或小肠梗阻的状况。

对轻度至中度患兔而言，首选营养途径为针筒喂食，更严重的病例则应放置口胃管或鼻胃管。鼻饲管型号可选用 3.5～5.0 French，放置前应测量并标记鼻孔与胃之间的距离(鼻孔到肋弓的距离)，将喂食管从鼻道腹内侧进入，沿腹内侧方向推进，放置时兔子头部应保持自然姿势使喂食管能通过，放置后应拍摄 X 线片确认，最后与鼻骨上方皮肤缝合固定。亦可进行咽造口术或放置胃管帮助喂食。

犬、猫所使用的肠道营养配方并不适用于兔子，犬、猫肠道营养配方是基于杂食动物(犬)与肉食动物(猫)的营养需求设计，并不符合草食动物(兔)的营养需求。首选的草食动物重症照护日粮是商品化草粉。也可使用各种饲料、叶菜、蔬菜婴儿泥作为替代品，但其营养并不完善。

静息能量需求(RER)是健康、吃饱的动物在热中性环境中休息时的能量需求，包括运动后恢复和消化食物需要的能量，可以通过计算动物的 RER 确定饲喂量。进行营养支持时，应遵照动物能量需求进行营养支持，营养支持应持续至兔子可自主进食一个 RER 为止。

兔静息能 $RER=70\times BW(kg)^{0.75}$ kcal

(注:BW 为动物体重，单位 kg)

维持能量需求 (MER) 是中等活跃动物在热中性环境中的能量需求。它包括获取、消化和吸收食物以维持体重所需的能量，以及自发活动所需的能量。

二、豚鼠、龙猫治疗

豚鼠、龙猫的支持治疗与宠物兔相似，纠正水合、肠道营养是支持治疗至关重要的一部分。豚鼠与龙猫支持治疗相关操作见图 5-4-19 至图 5-4-22。厌食脱水的豚鼠会于 8～12 h 发生胃肠道菌群变化，以致回肠、结肠致病菌过度生长，可能发生肠毒血症。

豚鼠维持液量是 80～100 mL/(kg·d)。龙猫为干旱地区的物种，日维持液量为 60 mL/(kg·d)。

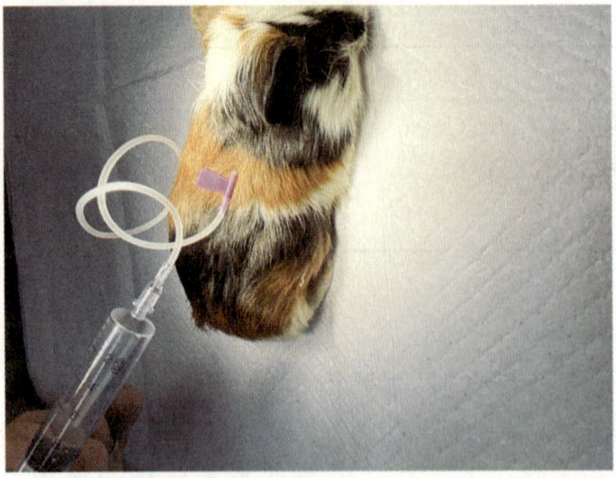

图 5-4-19　豚鼠的皮下补液

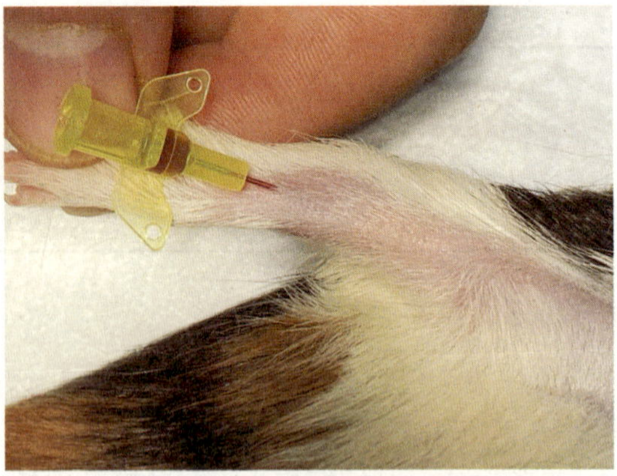

图 5-4-20　豚鼠的头静脉留置针

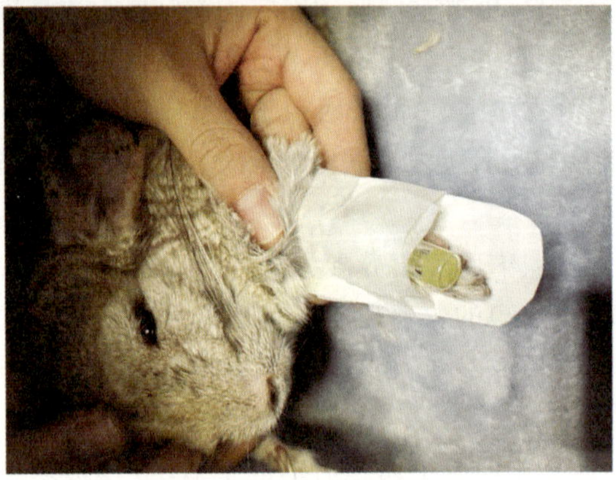

图 5-4-21　龙猫头静脉留置针

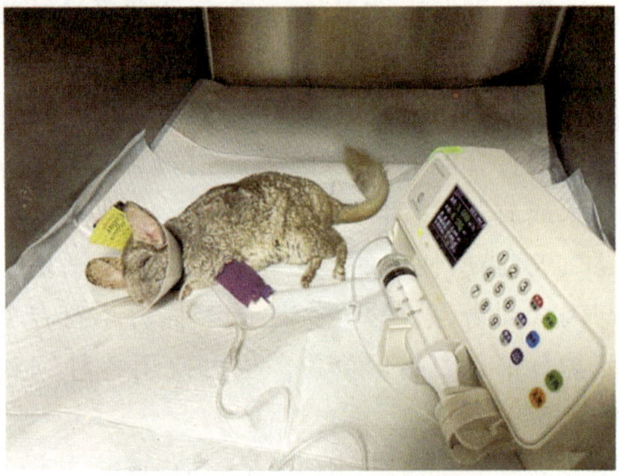

图 5-4-22　为龙猫进行静脉输液

三、食草小型哺乳动物的抗生素疗法

一些药物有一定风险，会引起食草小型哺乳动物的肠毒血症，造成腹泻或因肠道菌群失调导致急性死亡。表 5-4-4 为兔抗生素使用禁忌。

表 5-4-4　兔抗生素使用禁忌

禁忌药物	毒副作用
阿莫西林	肠炎；肠毒血症
阿莫西林 / 克拉维酸	肠炎；肠毒血症
氨苄西林	肠炎；肠毒血症，经口内服时尤其危险
苯并咪唑 （芬苯达唑、奥苯达唑、阿苯达唑）	有发生骨髓抑制的报道
头孢菌素	肠炎；如果经口内服会出现肠毒血症
克林霉素	肠炎；肠毒血症
红霉素	肠炎；肠毒血症
非泼罗尼	可引起神经系统疾病和死亡

续表 5-4-4

禁忌药物	毒副作用
林可霉素	肠炎；肠毒血症
青霉素	肠炎；如果经口内服会出现肠毒血症
普鲁卡因	剂量为 0.4 mg/kg 时可能致命
替来他明	肾毒性

任务 6　蜜袋鼯诊疗技术

学习任务单

学习目标：1. 了解蜜袋鼯的饲养管理与性别鉴定。2. 了解蜜袋鼯的保定与临床检查技术。3. 熟悉蜜袋鼯的临床常规治疗操作与麻醉方法。4. 熟悉蜜袋鼯的常见疾病与治疗方法。

学习资源：1. 教材。2. 实验用蜜袋鼯。3. 信息化教学资源。

学习任务：1. 通过对蜜袋鼯习性的了解，对蜜袋鼯进行有效合适的保定，并进行基础的临床检查。2. 通过学习对蜜袋鼯的疾病做出诊断，并建立相应的治疗方案。3. 可对蜜袋鼯实施麻醉。

【相关知识】

一、蜜袋鼯保定

蜜袋鼯抓握保定反抗程度，往往取决于蜜袋鼯与人类互动的频率。蜜袋鼯在常规保定和检查时的耐受性差异很大，有些习惯抓握保定，有些则会咬人并尽一切努力逃跑。它们速度快，抓握力极好，可以轻松摆脱兽医的控制。蜜袋鼯放松时可以用毛巾盖住，并用毛巾轻柔但牢固地约束住它，这样也可以最大限度地降低被咬伤的风险。蜜袋鼯很小，可以单手抓握，让其面朝外躺在手掌上，用拇指固定下颌下方，食指固定头部上方，将身体捧在手掌中。全面的临床检查可能需要镇静或麻醉。图 5-4-23 为被饲主保定的蜜袋鼯。

图 5-4-23　被饲主保定的蜜袋鼯

（图片由骆雨朦医师提供）

二、临床检查

兽医师可能不易进行蜜袋鼯的生理学检查，因为蜜袋鼯通常不耐触诊与听诊。从远处观察蜜袋鼯是初步评估呼吸、骨骼肌肉协调性、警觉性、被毛状况、视力与听力敏锐度以及对刺激反应的最好机会。

饲主应了解不进行气体麻醉对进一步检查的限制。若饲主选择放弃全身麻醉，则检查开始前应告知饲主在保定过程与紧迫下蜜袋鼯可能产生的反应。

蜜袋鼯为夜行性动物，突然暴露在检查室明亮的灯光下，可能使蜜袋鼯受到惊吓。虽然饲主可能熟悉蜜袋鼯突然受到惊吓时发出短暂的尖叫声，但可能不太习惯保定时发出更长时间的尖叫声。虽然蜜袋鼯可能处于正常的健康状态下，但有必要与饲主讨论营养、饲养、居住环境等，因为具有蜜袋鼯相关知识的饲主，对患病动物未来的健康将有所助益。若蜜袋鼯因健康欠佳而至动物医院就诊，饲主必须了解轻度麻醉的必要性和好处，能减少兽医师进行完整检查与诊断试验(如放射线学检查、验血)时，对患病动物造成的紧迫。兽医学目前对于蜜袋鼯可能发生的疾病尚未完全了解。许多新手蜜袋鼯饲主有几项共同疑惑。公蜜袋鼯的头顶有臭腺，然而饲主可能误认该臭腺为秃斑，并认为是蜜袋鼯头部摩擦笼子、巢箱，或直接摩擦母蜜袋鼯所致。公蜜袋鼯胸部也有臭腺。公蜜袋鼯与其他有袋类动物相同，具有独特的生殖器。公蜜袋鼯的阴茎分叉，阴囊位于前侧，母蜜袋鼯的腹部团块可能表示怀孕。团块的对称性显示母蜜袋鼯怀胎数。

有很多原因会引发食欲降低或食欲不振。紧迫是造成蜜袋鼯饮食习惯不规则较常见的原因之一。蜜袋鼯的紧迫源可能包括环境变化、缺乏黑暗而安全的藏身之处，或者缺少同伴。患病或受伤可能导致食欲降低，牙齿异常或受损也应列入考量，另外，白内障或失明也会明显影响进食。目前已知肥胖亲代的后嗣会有牙科及眼科异常，营养摄取不当所致的失明可能是由亲代肥胖的前置因子诱发，而非真的肥胖。后腿轻瘫或瘫痪在蜜袋鼯已有记录，但确切的病因仍不明，人工饲养造成缺乏运动机会可能为原因之一。应考虑营养缺乏如蛋白质摄取量不足，并可注射复合维生素 B、维生素 C、维生素 A 与维生素 D_3、维生素 E 与硒、钙治疗此疾病。

有许多疾病会造成蜜袋鼯着陆失败、撞上墙壁并回弹、经常跌落等状态。后肢共济失调、失明、肥胖都会造成蜜袋鼯运动失调，但创伤导致长骨骨折、脱臼或软组织损伤的患病动物病征也可能类似。检查站姿是否不稳定或异常应由生理学检查着手，且应全身麻醉以确保能彻底检查。应检查主要肌肉的肌腹是否因萎缩或肿胀而不对称；应触诊脚趾检查是否受伤、感染、异物；应检查四肢关节的对称性和运动性、伸展与屈曲情形；应触诊脊髓是否偏移。放射线学检查有助于确认软组织或骨骼是否受伤。适当的营养与饲养方式，往往有助于减少多种运动异常，因此，饲主养成正确的饲养观念是必需的。

三、液体与营养支持

每天的液体需求量为 60～100 mL/kg。皮下输液可以按照 2%体重，每天 2～4 次给予。请注意，液体可能会积聚在翼膜中。每升液体中加入 0.5～1.0 mL 的透明质酸酶(150 IU/mL)可以促进液体吸收。可以通过股骨进行骨内输液，少量液体也可以选择从头静脉或外侧隐静脉输注。使用市售的粉状恢复期日粮，将其制成糊状。

一些蜜袋鼯可以接受添加了维生素/钙的果汁、酸奶或婴儿食品(适用于 0～3 个月婴儿的不含奶成分的商品果泥)。基本能量需求(BER)＝49×BW (以 $kg^{0.75}$ 为单位)(请注意有袋类动物的常数不同)，维持能量需求(MER)＝1.25×BER。根据环境不同，蜜袋鼯的实际能量需求为 1～2 倍 BER 不等。

四、常见病

1. 抑郁症与自残

蜜袋鼯是群居动物，在可能的情况下需要同种动物的陪伴，如果单独饲养，需要给予它们极人的关注。社会剥夺可导致食欲不振、易怒和自残。尽可能饲养至少两只蜜袋鼯，如果不能或出现暂时只剩一只的情况（如失去同伴后），请给予充足的时间和关注，外加多种玩具以分散其注意力。自残也可能由应激及术后刺激引发。氟西汀 1 mg/kg 体重，口服，q12 h 可能是有效的，但治疗可能需要持续 4～8 周。可能需要使用脖圈来暂时防止自残，但这并不能纠正自残行为，需要解决潜在的问题。其他应激源包括不合适的饮食、性挫折、过度拥挤和不卫生的条件。

自残占据了蜜袋鼯全部病例中的一到两成。自残是因为各种原因使得蜜袋鼯伤害自己身体的行为，自残容易引起外伤造成二次感染，公母均可能发生此病，尤其以生后 6 个月到两年之间，特别是生后九个月左右的时间最为常见（图 5-4-24）。造成自残的原因除了外伤等自身因素之外，还有心理因素。手术后的缝合线或石膏，擦过药的部位，阴茎脱垂，阴茎尿路感染症或泄殖腔细菌感染，原虫，由于肠阻塞而导致的疼痛，这些情况都会让蜜袋鼯咬自己；与同伴或饲主之间缺乏交流，笼子太窄，过于无聊或吵闹，附近有犬、猫等，对环境不熟悉，过度逗弄而使其产生压力等，也是造成自残的原因；也有一些情况是性成熟的公蜜袋鼯没有可交配的对象，于是开始自残或是过度清理阴茎，导致阴茎脱垂进而开始啃咬。在出现这些自残行为之前可能会有一些轻微征兆，像是精神沉郁，不想活动，食欲出现变化，睡眠模式改变。不过自残的最大问题在于，就算缝合完也不一定能治愈，因为蜜袋鼯可能会啃咬治疗部位。自残时需要进行各种检查，粪便、尿液、X 线、血液等检查，以便治疗。也可以给它戴上伊丽莎白项圈让它的嘴巴碰不到患部，至少要戴到伤口痊愈为止，才能取下项圈。治疗时需要确认它是否有正常的进食和饮水，若有必要可进行强迫喂食。另外，如果是和其他蜜袋鼯养在同一个笼子里，请隔离饲养直至痊愈。

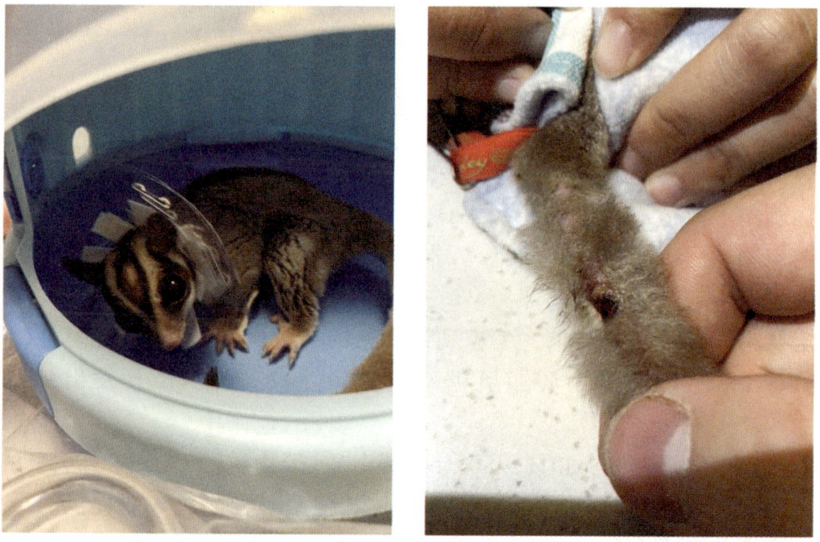

图 5-4-24　蜜袋鼯自残，啃咬自己的尾巴，佩戴自制伊丽莎白项圈

（图片由骆雨朦医师提供）

2. 代谢性骨骼疾病

代谢性骨骼疾病是蜜袋鼯常发的疾病，占蜜袋鼯疾病的 40%～50%。代谢性骨骼疾病是制造骨骼的机制无法正常运作，使得骨骼出现异常疾病的总称，已知有佝偻病、骨骼软化症、骨骼疏松症等。一旦身体停止成长，骨骼就不会有大小的改变，但骨骼本身却会不断地重复破坏与重建，经常制造新的骨骼出来，若是因为某种原因而使得骨骼难以重新制造，骨骼就会变得脆弱弯曲，使得骨骼又松又脆。骨骼一旦变得脆弱，就会使得蜜袋鼯出现运动异常，或发生骨折。蜜袋鼯代谢性骨骼疾病，最大的原因有钙不足，钙与磷的摄入不均衡，可以促进小肠吸收钙与磷来制造骨骼的维生素 D 不足等。在诊断上可以用 X 线检查来确认骨骼的密度和歪斜的情况，并用血液检查来测定血中的钙浓度。主要症状为不愿意活动，不活泼，不想在笼子里爬上爬下，后肢瘫痪、四肢瘫痪、不完全瘫痪、完全瘫痪，关节肿胀、骨骼无法支撑身体而歪向内侧或外侧痉挛等，有时宿主会突然发现蜜袋鼯后脚无法运动。治疗在给予钙剂和维生素 D_3 制剂的同时，也要重新检视日常的饮食，注意钙与磷不均衡的情况，依症状的严重性有时需要改在较矮的笼子内饲养，以预防受伤。

任务 7　刺猬诊疗技术

学习任务单

学习目标：1. 了解刺猬的饲养管理与性别鉴定。2. 了解刺猬的保定与临床检查技术。3. 熟悉刺猬的临床常规治疗操作与麻醉方法。

学习资源：1. 教材。2. 实验用刺猬。3. 信息化教学资源。

学习任务：1. 可以通过对刺猬习性的了解，对刺猬进行有效合适的保定，并进行基础的临床检查。2. 掌握刺猬的支持治疗方法。3. 对刺猬实施麻醉。

【相关知识】

一、物种简介

非洲迷你刺猬［*Atelerix albiventris*(APH)］或四趾刺猬在过去的 10 年左右的时间里已成为受欢迎的宠物，并且经常被带来就诊。非洲猬(属)(*Atelerix* spp.)有 4 种都原产于非洲，非洲迷你刺猬发源于非洲中部和东部。

尚不确定刺猬确切的营养需求。考虑到该动物的杂食性、胃肠道结构简单、纤维素消化不良、肥胖倾向以及缺乏特定营养问题(乳糖不耐受除外)的报道，已开发出刺猬专用的颗粒饲料。

人工饲养下，刺猬饲料包含 30%～50% 的蛋白质(干物质)和 10%～20% 的脂肪。由于缺乏关于刺猬营养需求的科学研究，商业性颗粒饲料似乎是宠物主人能提供的最均衡的饮食。如果没有使用商业性刺猬食物，可以使用猫粮、雪貂粮或食虫动物饲料。

干燥的食物可能有利于牙齿健康，刺猬易患牙周病。

只饲喂商业颗粒饲料不够科学，可补充少量煮熟的鸡蛋、幼鼠、蔬菜和罐装肉类或婴儿食品，蟋蟀和面包虫，切碎的蔬菜和水果。但是，由于有乳糖不耐受的报道，应该避免使用奶酪和牛奶等乳制品。

每天 1～2 茶匙(10 mL)的颗粒饲料是成年刺猬的合理饲喂量，此外，还可提供 1～2 茶匙的各种含水量较高的食物(如罐装猫或犬粮、熟肉或鸡蛋、低脂奶酪)和水果(如香蕉、葡萄、苹果、梨),还应每天提供蔬菜(如豆类、熟胡萝卜、南瓜、豌豆、西红柿、绿叶蔬菜),均衡营养的关键是提供多样性的食物。可提供面包虫、蚯蚓、蜡虫、蟋蟀和猫零食,可将零食隐藏在垫材中,促进刺猬的觅食行为。表5-4-5为刺猬的生物学和生理学指标参考值。

表5-4-5 刺猬的生物学和生理学指标参考值

生物学和生理学指标	参考值
重量	雄性动物,400~600 g
	雌性动物,300~400 g
寿命	平均4~6岁,最长可以活8年
肛温	95.7~98.6 ℉(35.4~37 ℃)
首选环境温度	75~85 ℉(24~29 ℃)
	温度<60 ℉(16 ℃)导致亚冬眠
成年牙计算公式	2(I3/2:C1/1:P3/2:M3/3)=36;已经观察到变化
消化系统	单胃;无盲肠;消化时间12~16 h
心率	180~280次/min
呼吸	25~50次/min
性成熟年龄	雄性,6~8个月
	雌性,2~6个月
育龄	雄性,终身
	雌性,2~3年
妊娠期	34~37 d
奶的成分	蛋白质:16 g/100 g;微量,碳水化合物;脂肪:25.5 g/100 g
产仔数	平均3~4只(范围:1~7只)
出生体重	10~18 g
睁眼时间	14~18 d
乳牙长出时间	第18天开始;所有乳牙都在9周内长出
恒牙长出时间	7~9周开始
断奶期	4~6周(3周开始吃固体食物)
气管插管的大小	14 g;针距静脉导管上方至少2.0 mm
食道造口的大小	8 French

二、临床检查与保定

非洲迷你刺猬可以相当容易地进行保定并且可以接受基本的临床检查。普通刺猬的接受程度通常更为多变。涂刺(anting或anointing)是刺猬在接触新的食物或物质时出现的一种行为。刺猬会过度分泌唾液并在口中咀嚼至黏稠,之后再将其涂抹在体侧和背部的刺上。该行为可能的原因有很多,包括防御捕食者,但其真正的功能尚不清楚。

刺猬可能是皮肤癣菌病的无症状携带者,因此,在接触它们时应始终谨慎。佩戴手套有助于预防皮肤癣菌病，并降低因手掌被刺猬刺破而发生荨麻疹反应的风险。非洲迷你刺猬应饲养在 24～30 ℃的环境温度中。在低于 18 ℃或高于 30 ℃的温度下，它们可能会进入亚冬眠。对于普通刺猬，持续低于 15～17 ℃的温度会诱发真正的冬眠，而出眠则是由高于 12 ℃的温度诱发的。

三、液体与营养支持

可在背部松弛的皮肤下进行给液，最高可达 100 mL/kg，但是吸收可能需要一段时间。血管通路（给液）困难。头静脉可用于推注液体，或者在股骨转子窝和胫骨近端进行骨内注射。可以进行腹腔注射。最佳位置为脐孔右侧。

刺猬需要高能量饮食。正常的饮食应该是由优质猫干粮、活体无脊椎猎物（如黄粉虫）和一些蔬菜配料混合而成。不要饲喂牛奶，因为会导致腹泻。可以给厌食的刺猬饲喂市售的肉食动物或杂食动物的粉状饲料或猫的高热量湿粮。

项目5

鸟类的临床诊疗技术

【知识目标】

1. 掌握接诊及保定技巧。
2. 掌握样本采集、给药方法等临床技术
3. 了解鸟类诊疗相关临床技术。

【能力目标】

1. 能够接诊、保定宠物鸟。
2. 能够完成宠物鸟样本采集工作。
3. 能够完成宠物鸟给药工作。

【素质目标】

1. 职业技术素养以及精益求精的工匠精神。
2. 用心观察、大胆假设、小心求证的科学精神。

任务1　鸟类的保定与临床检查

学习任务单

学习目标：1. 掌握鸟类病史调查方法。2. 掌握常见小型鸟类保定方法。3. 掌握鸟类的临床检查方法。

学习资源：1. 教材。2. 实验用鸟。3. 信息化教学资源。

学习任务：1. 保定实验鸟。2. 记录临床检查结果。

【相关知识】

一、问诊及病史调查

临床兽医永远不要低估询问鸟主人以了解鸟儿病史的价值。针对所有的鸟类都可以通过询问一些基本的问题以了解病史，针对特定的物种可以询问有针对性的问题。

了解伴侣鸟的一些营养和饲养管理的基本情况非常有帮助。首先,这可以很快了解鸟主人的饲养经验及水平。如果客户是有限养经验的鸟主人,要进一步了解宠物鸟的环境布置和营养管理是否符合科学饲养的要求。此外关于鸟类的年龄,从哪里购买,是否接触过其他鸟类,将有助于判断鸟接触到传染性疾病的可能性。笼子摆放位置,是否养了其他动物以及家居环境将帮助了解可能因应激引起的疾病,并可以在问诊过程中为鸟主人提供有价值的建议以提高鸟儿的生活质量和健康状况。收集所有这些信息,有助于兽医制订一个详细的检查和诊断计划,用于完成诊断和后续的治疗。

建议主人使用航空箱等笼具带鸟就诊,尽量避免不用运输箱而直接把鸟带到动物医院。因为在陌生的环境中,鸟儿可能受伤,还会被犬、猫和好奇的人所包围。

二、远距离观察

一旦病史信息收集完成,兽医应该从一定距离外观察患鸟,最好是从鸟儿看不见的地方进行。这一观察可通过一个单向的镜子或检查室门外的小窗口,除非鸟儿是重症或濒死而必须尽快启动急救。对于常规检查、新购买鸟检查、年度体检或非急性病案例,这样远距离的外部检查是有必要的。当只有鸟主人在的情况下,鸟儿会觉得受到保护和感到舒适,兽医有机会发现异常的症状,否则可能会因为鸟儿紧张而掩盖其症状。

远距离的外部检查包括观察鸟儿的呼吸、栖息/行走能力、姿势、羽毛状况和任何其他鸟主人提到的异常。远距离的外部检查也会使兽医和兽医技术人员评估鸟的整体状况,是否适合进行一个保定下的彻底的体格检查。如果鸟儿表现出包括严重呼吸困难或呼吸窘迫的张嘴呼吸,翅膀下垂和尾巴摆动,或站或坐,羽毛竖立,沉郁地站在笼子底部,这些情况出现则不适合立即进行保定下的全面体格检查。

三、保定与体格检查

将鸟取出检查前,确定门窗都已关好,以免发生逃逸。关灯后几秒内,鸟类尚未适应黑暗,此时抓鸟可降低抓住鸟的难度。

鸟应该是背卧位握在手中,鸟头夹在食指和中指之间。大拇指和小手指轻轻握住身体但不限制鸟的呼吸。这一技术可以有效地减少在笼子里追逐鸟儿而造成应激,给鸟主人留下非常好的印象。此技术可应用于小型鹦鹉(如虎皮鹦鹉、牡丹鹦鹉、玄凤鹦鹉)和常见的小型雀类,对体型较大的鸟保定效果不好。

如果鸟发生逃逸或不易抓住,可以使用毛巾辅助保定。将毛巾盖在鸟的身上,之后用毛巾包裹鸟同时将鸟抱起。

鸟类体检需遵循一般的流程,并结合既往病史及目前的健康状况进行。只有通过彻底的体格检查才能帮助兽医列出鉴别诊断列表。

应小心保定嗉囊内有食物的患鸟,也可抽出食物或在食物通过嗉囊前避免保定。由于鸟类的主要淋巴器官是胸腺和法氏囊,所以不需要淋巴结触诊。

从头到肛门或尾脂腺进行详细检查。检查喙和头的对称性和正常喙咬合。检查鼻孔对称性，鼻分泌物。因为大多数鸟类在鼻孔周边有羽毛，所以通过查看周边羽毛就很容易确定是否有鼻涕。

检查晶状体是否混浊，前房状况，角膜、结膜是否发炎。如果有眼分泌物存在，沿头腹侧眼睑边缘的羽毛会粘在一起。可以通过检测眼睛确定脱水状态，下陷的眼球和干燥的角膜提示脱水需要液体治疗。

虽然鸟类很少发生耳部疾病，但仍应该检查耳。耳位于眼后下方。通过拨开覆盖外耳道的羽毛，可以找到耳，检查是否有脓肿或分泌物。

鼻后孔(口腔的背侧)可采用窥镜进行检查。必须小心地在上下喙之间放置窥镜。鸟类口腔应干燥、无分泌物。鼻后孔内衬上皮突起从边缘延伸向中心。如果有上呼吸道系统内发生的炎症，鼻后孔可能发炎或水肿形成乳头状突起，并可能从鼻后孔向边缘侵袭。

在胸廓入口处触诊检查嗉囊是否存在异物或烫伤。胸肌是确定鸟儿身体状况的最佳位置。龙骨指数为 1 分表示患鸟非常瘦弱，而 5 分是超重的体况。评分标准见图 5-5-1。

可以检查体羽的颜色和结构。可通过弯曲和拉伸检查腿和翅膀关节功能。爪的各趾应均匀一致，并表面存在网状结构。如果皮肤表面的网状结构已不明显，需要考虑该区域可能充血，特别是在负重部位的脚趾。脚趾上皮脱落也可能与维生素 A 缺乏或不当的栖架材料有关(如沙砾、水泥)。

很难通过触诊判断鸟类的内部器官，因为鸟类的龙骨尾端扩展到体腔。通过触诊体腔下部，可能会感觉到在输卵管中的卵、胃、肝脏肿大及非融合的耻骨。检查肛门的外观和周围的羽毛是否沾有粪便。正常的肛门周边的羽毛应清洁，无粪便污染。

很多鹦鹉，特别是大型鹦鹉，应外翻肛门检查皮肤黏膜交界处以确定是否存在乳头状瘤。乳头状瘤可能会表现为肛门延伸出的增生组织到皮肤黏膜交界处的组织变得粗糙。如果在诊断乳头状瘤中不确定，可用醋浸润疑似的皮肤区域。如果此区域上皮被破坏，醋会把不健康的组织染白。

尾脂腺是位于鸟尾部最底端背表面的器官，在尾综骨近端(鸟类的尾椎)。应检查尾脂腺的对称性和整体外观。

通过听诊评估心脏和呼吸状况。可采用儿科听诊器在外侧体壁听诊心音，而听诊呼吸音最好通过背侧体壁。在将鸟放回到运输箱前，应该对其称重。可选用量程为 6 kg，精确度位 1 g 的电子秤。

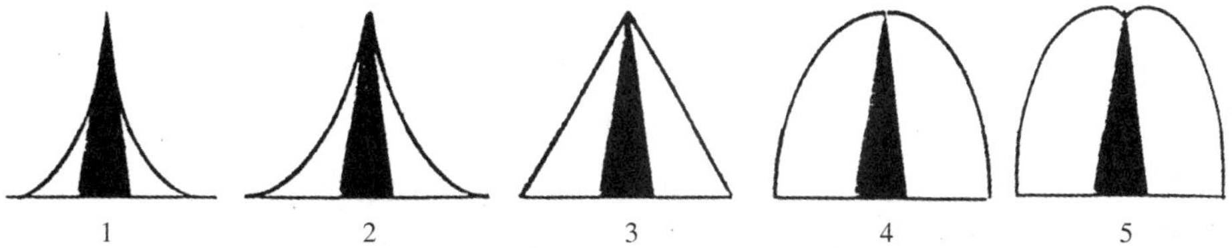

图 5-5-1　鸟类体况评分(keel scores)示意图

任务2　鸟类实验室检查技术

学习任务单

学习目标：掌握临床中常见鸟类的实验室检查样本采集、处理、保存、检查及送检的相关知识。

学习资源：1. 教材。2. 实验用鸟。3. 信息化教学资源。

学习任务：1. 采集实验鸟血液、皮肤、泄殖腔拭子等样本。2. 鸟类血涂片镜检。3. 鸟类粪便检查。

【相关知识】

一、血液样本的采集

健康鸟类的安全采血量为 1 mL/100 g。这样的安全采血量即使对一个小型鸟来说，基本的诊断检查包括血常规及血生化检测也都是足够的。

鸟类常用的采血部位包括右侧颈静脉，贵要静脉和跖内侧静脉。

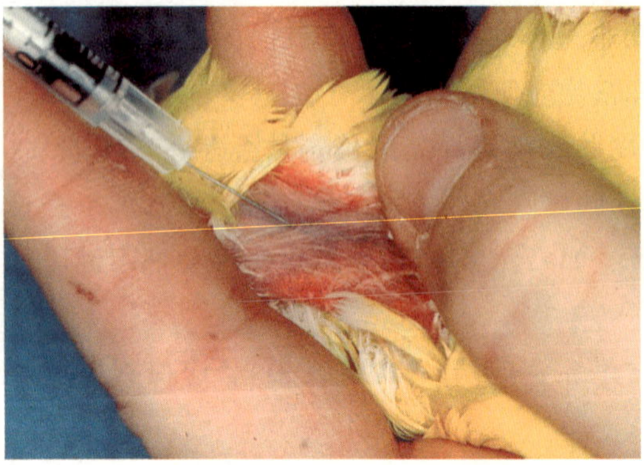

图 5-5-2　鸟颈静脉采血

1. 颈静脉

大多数伴侣鸟的常用采血部位为右侧颈静脉。颈静脉位于颈腹侧方一个没有羽毛覆盖的区域(裸区)。找到血管后按照操作流程采血。鸟类容易采血的原因之一是它们皮肤很薄，很容易看到血管。而其困难的地方在于鸟的血管游离性很强，血管壁非常有弹性，使得采血针很难刺入。当找到血管后，用拇指按压近心端，采血针靠在手指上以确保采血过程的稳定。大多数鸟类可选用带 26 G 针头的 3 mL 注射器进行采血。见图 5-5-2。

2. 贵要静脉

贵要静脉，位于翅尺桡骨近端的腹侧，是鸟类采血的另一种选择部位。从贵要静脉采血的缺点是静脉非常浅表，缺乏支持组织压迫止血，并且大多数鸟的尺静脉很细，并且不充盈。从尺静脉采血时通常需要缓慢抽注射器，以减少对血管的压力。尺静脉很适合静脉注射，因为兽医可以看到针在血管腔将治疗药物注入静脉。如果采用尺静脉注射或采血，需告知鸟主人由于翅膀尺骨/桡骨腹侧缺乏羽毛覆盖可能有明显的血肿。

3. 其他位置

一些鸟可选取跖内侧静脉用于采血或放置静脉留置针。这一静脉位于向下延伸的跗跖骨内侧面的凹槽内。鸟个体越大，跗跖内侧静脉越发达，更适于采血或放置静脉留置针。

虽然已介绍有3处静脉可用于鸟类采血，但这不应该局限兽医选择更适合的采血点。任何大血管都可以成为采血点（如肱静脉、外侧跖静脉）。

二、粪便检查

可以通过泄殖腔拭子采集鸟类粪便，采样时不可像犬、猫粪便采集时将棉签插入过深，否则可能会造成泄殖腔严重出血甚至撕裂。

临床实践中，鸟类的粪便检查主要包括湿涂片镜检、潜血检查，另外可根据需要进行粪便漂浮试验及革兰氏染色。

革兰氏染色法一般包括初染、媒染、脱色、复染4个步骤，具体操作方法为：

①涂片。

②晾干：让涂片在空气中自然干燥。

③固定：让菌膜朝上，通过火焰2～3次固定（以不烫手为宜）。

④染色：将固定过的涂片放在报纸上，滴加草酸铵结晶紫液，染1 min。

⑤水洗：用水缓慢冲洗涂片上的染色液，用吸水纸吸干。简单染色结束可观察细胞形态。

⑥媒染：滴加1滴碘液，染1 min，水洗。

⑦脱色：吸去残留水，连续滴加95%乙醇脱色20～30 s至流出液无紫色，立即水洗。

⑧复染：滴加番红复染3～5 min，水洗。至此，革兰氏染色结束。

革兰氏染色后蓝紫色细菌为阳性菌，红色为阴性菌。

任务3　鸟类的治疗技术

学习任务单

学习目标：掌握临床中常见鸟类的给药方法及支持治疗技术。

学习资源：1. 教材。2. 实验用鸟。3. 信息化教学资源。

学习任务：1. 进行口服给药、皮下注射等操作。2. 对相关病例开具支持治疗处方。

【相关知识】

一旦病患稳定及收集了诊断需要的样本后，可以基于确定或怀疑的诊断进行给药。给药途径的选择取决于：患鸟接受保定的程度、患鸟的状态、药物、兽医的经验和用药习惯。

一、给药方法

1. 口服给药

与犬、猫相似，患鸟也常选用口服给药的方式。鸟类常选择经口嗉囊饲管投喂液体状态的口服药物。建议两人配合进行操作，可以选用金属的尖端钝圆的硬质饲管，也可选择软管，配合开口器或纱布打开口腔后下软质饲管进行投药。见图5-5-3。

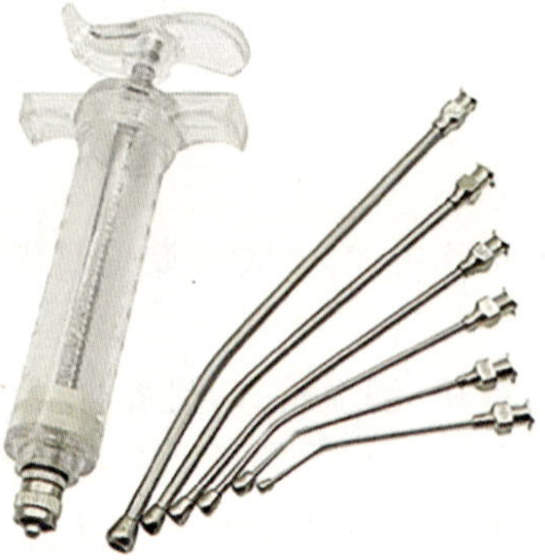
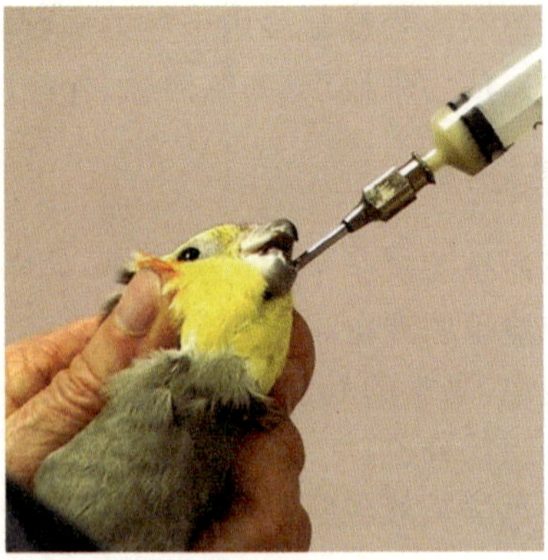

图 5-5-3 鸟金属饲喂管、鸟经口嗉囊饲管

2. 皮下注射

常用于脱水患鸟的液体治疗。常选择的部位为双侧腹股沟及背侧双侧肩胛之间的区域。通常每公斤体重每个位置可注射 10 mL 的液体。见图 5-5-4。

3. 肌内注射

鸟类常用的肌内注射部位为胸肌。注射方法与犬、猫类似。如注射存在刺激性的药物，如恩诺沙星注射液，建议稀释后再进行注射，以减少对组织的刺激。见图 5-5-5。

图 5-5-4 鸟皮下注射

图 5-5-5 鸟肌内注射

4. 静脉/骨内注射

相对前两者，静脉或骨内注射较少在鸟类中应用。静脉注射选择的方法与犬、猫类似，但鸟类较少使用静脉留置针。鸟类骨内输液的效果与静脉输液类似。鸟类骨内留置针首选的安置处是尺骨，将腕关节屈曲，触摸到尺骨远端的背侧脊。注射针从尺骨远端与尺腕骨之间插入并进入骨髓腔。在安置过程中一只手固定好尺骨，确保穿刺时的角度正确。同样可以用抽吸、注射后再抽吸的方式确认安置是否正确。向安置正确的尺骨骨内留置针给予大量液体时，应

该会在贵要静脉血管中出现可见的“血液稀释”，这是因为液体进入了血液循环。确认留置针安置正确后，需要用绷带8字包扎翅膀并进行固定。

二、外用药物

可以给鸟外涂水溶性药物或其他药物，但是不可外用脂溶性药物。鸟打理羽毛的行为会使这些药物分散到全身羽毛，破坏羽毛的隔热性以及防水性。此外，需要注意到鸟类的皮肤很薄，很多药物容易透皮吸收。

雾化常用于治疗呼吸系统疾病，既可以直接向呼吸道局部给药又可以湿润呼吸道。鸟类独特的呼吸道解剖结构要求雾化产生的颗粒需要达到1～3 μm的大小。可以用高渗生理盐水或者稀释的乙酰半胱氨酸（生理盐水稀释成2%）来降低呼吸道分泌物的黏度。可以向雾化的溶液中加入抗生素和抗真菌药。

三、营养支持

患病的鸟常不进食；如果持续不进食鸟可能死亡。因此，对于厌食或消瘦而胃肠道功能正常的患鸟来说，提供营养支持是至关重要的。操作步骤与经嗉囊口服给药是一样的；如果预期患鸟需要长期人工喂食或由于某些原因不能经嗉囊灌喂，那么可以安置食道饲管，方法与犬、猫类似。

四、温度支持

鸟类的体温较哺乳动物高，常会高于40 ℃。而且大多数宠物鸟类的体型都很小，这意味着其体表面积与体重比值更大，更容易散失体温。建议给所有生病的宠物鸟都提供加热，使其环境温度维持在30 ℃左右，但不要超过35 ℃。

思考与测试题

一、选择题

1. 室内饲养爬行动物最大的弊端是（　　）。

A. 无法完全模拟太阳光照　　B. 无法满足其饮水

C. 无法满足其饮食　　D. 无法满足其生活的温度

2. UV-B灯通常需要（　　）更换一次。

A. 1～3个月　　B. 6～12个月

C. 12～18个月　　D. 24～36个月

3. 佛格森区分为（　　）区。

A. 2　　B. 4

C. 6　　D. 8

4. 鸟类非常瘦弱，可用体况评分标准的（　　）描述。

A. 1　　B. 2

C. 3　　D. 4

5. 吃干饲料的兔子的每日饮水量为体重的(　　)。

A. 5%～10%　　B. 10%～12%

C. 15%～20%　　D. 18%～25%

二、思考题

1. 爬行动物皮肤合成维生素 D_3 的条件包括哪两个？维生素 D_3 有什么作用？
2. 何为晒背温度？如何测量？
3. UV-B 是否可以穿过玻璃？隔玻璃晒太阳是否能够合成维生素 D_3？
4. UV-B 灯有哪些种类？分别有什么特点？
5. 佛格森区分为几区？1 区和 4 区的动物有什么特点、对紫外线需求怎样？
6. 鬃狮蜥与绿鬣蜥成年后为杂食动物还是草食动物？过高蛋白质会导致什么问题？
7. 应该给爬行动物提供黄色光还是白色光的灯？为什么？
8. 为什么不建议通过口服的方式给爬行动物补充维生素 D_3？应该如何为爬行动物补充维生素 D_3？
9. 食虫爬行动物容易缺哪些营养元素？如何补充？
10. 如何对兔进行脱水评估及液体支持？
11. 兔低血容量性休克有什么特点，与犬、猫有何不同？
12. 食草性小型哺乳动物消化道生理解剖有何特点？为什么脱水容易导致其胀气？
13. 食草性小型哺乳动物用药有什么注意事项？
14. 蜜袋鼯有哪些常见病？如何预防与诊治？
15. 鸟类呼吸系统有何特点？
16. 以牡丹鹦鹉为例，简述如何接近及保定就诊的鸟。
17. 简述鸟类临床检查方法。
18. 患鸟出现“掉毛”后，要考虑哪些疾病？

参考答案：1. A　2. B　3. B　4. A　5. A

参考文献

[1] 李志.宠物疾病诊治[M].4版.北京:中国农业出版社,2019.

[2] 李玉冰,刘海.宠物疾病临床诊疗技术[M].北京:中国农业出版社,2019.

[3] 石冬梅,蔡友忠.宠物疾病临床诊疗技术[M].2版.北京:化学工业出版社,2021.

[4] 邢玉娟,张磊.宠物疾病诊疗技术[M].北京:中国农业大学出版社,2015.

[5] 王金福.宠物临床基础治疗技术[M].北京:化学工业出版社,2022.

[6] Linda Medleau, Keith A Hnilica.小动物皮肤病彩色图谱与治疗指南[M].北京:中国农业大学出版社,2009.

[7] 范开,刘明江,张兆霞.宠物临床显微检验及图谱[M].北京:化学工业出版社,2021.

[8] J Jill Heatley. Exotic Animal Laboratory Diagnosis. New Jersey: Wiley-Blackwell,2020.

[9] Robert Johnson. Clinical Technique: Handling and Treating Venomous Snakes[J]. Journal of Exotic Pet Medicine, 2011(20):124-130.

[10] Lance Jepson. Exotic Animal Medicine: A Quick Reference Guide. Amsterdam :Elesvier,2016.

[11] Roger J. Klingenberg. Understanding Reptile Parasites. London:Bow Tie Press,2007.

[12] Stephen J. Divers. Mader's reptile and amphibian medicine and surgery. 3ed. Amsterdam :Elesvier,2019.

[13] Robert Johnson. Clinical Technique: Handling and Treating Venomous Snakes[J]. Journal of Exotic Pet Medicine, 2011(20):124-130.

[14] Douglas R. Mader. Reptile Medicine and Surgery. Philadelphia :Saunders,2006.

[15] Minh Huynh, et al. Assessment and Care of the Critically Ill Rabbit. Vet Clin Exot Anim 19 (2016): 379-409.

[16] Donald E. ThrallTextbook of Veterinary Diagnostic Radiology. 7ed. Amsterdam :Elesvier,2021.

[17] Todd R. Tams. Small Animal Endoscopy. 3ed. Amsterdam :Elesvier,2010.